Webデザイナーのための

モーションデザインことはじめ

著　Adobe Community Evangelist
浅野 桜　山下 大輔

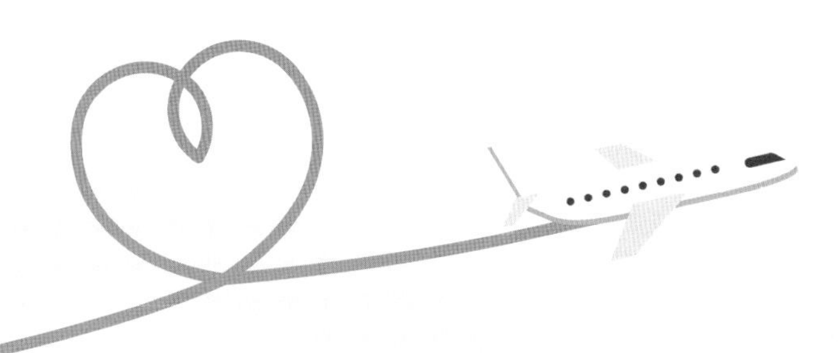

Born Digital, Inc.

[アプリケーションの対応バージョン]
本書の内容およびサンプルデータは、After Effects v23.6とIllustrator v27.5にて執筆しております。なお、動作検証はAfter Effects v24.0にて確認済みです。

[本書のダウンロードデータと書籍情報について]
本書に掲載したサンプルプログラムのダウンロードデータは、ボーンデジタルのウェブサイトの本書の書籍ページ、または書籍のサポートページからダウンロードいただけます。
また、本書のウェブページでは、発売日以降に判明した正誤情報やその他の更新情報を掲載しています。本書に関するお問い合わせの際は、一度当ページをご確認ください。
https://www.borndigital.co.jp/book/

はじめに

本書は、著者の2名が講師を勤めたAdobe公式のオンライン講座『Illustratorユーザーのためのモーションデザインことはじめ』の内容をベースにしています。表題の通り、グラフィックやウェブデザインのスキルをお持ちの方や、Illustratorを勉強した学生の皆さんに向けた内容なのですが、講師の一人である私（浅野）自身がAfter Effectsをまったく使えない状態で、共著者である山下大輔さんに教えを請うという形式が特徴的でした。同業の皆さんの仕事や趣味の幅が広がることを願って企画した講座で、実際に仕事で活用できたという声などの具体的な反響を頂けた、よい講座でした。まず、オンライン講座を主催して下さったAdobeの皆さま、途中私の産休のために講師を引き継いで下さった、あさひな。さまにこの場を借りて感謝申し上げます。

今回再び機会に恵まれ、当時の方向性はそのままに作例やテキストをすべて一新し、通称『モーデザことはじめ』を1冊の書籍としてまとめることができました。デザイナーの皆さんからするとAfter Effectsはやや敷居の高いツールに感じることもあるかもしれませんが、自分のイラストやデザインが少し動くだけでも達成感はひとしおです。ぜひインストールして挑戦してみてください。

最後になりますが、書籍化の機会を下さったボーンデジタル佐藤さま、企画・編集にご尽力下さった小関 匡さま、デザイン・DTPを担当して下さった佐藤理樹さま、そして共著者でありAfter Effectsの先生である山下大輔さんと、講座や書籍化を応援して下さった皆さまに深く御礼申し上げます。

2023年10月
著者を代表して　浅野 桜

モーデザことはじめとは

「Illustrator＋After Effects」に特化したAdobe公式のオンライン講座

本書は、2021年～2022年にAdobeが主催したオンライン講座「Illustratorユーザーのためのモーションデザインことはじめ」、通称「モーデザことはじめ」の内容がベースになっています 01。

「モーデザことはじめ」はシーズン1～シーズン3まであります。なお、各シーズンのタイトルは以下のようになっています。

●モーションデザインことはじめ講座 シーズン1

- 第1回：After Effectsを起動！モーション制作の考え方＆準備編
- 第2回：Illustratorのデータを動かしながらAfter Effectsの基本操作を覚えよう
- 第3回：After Effectsのパスでなめらかなアニメーションを作ろう
- 第4回：モーションの演出とAfter Effectsのテクニックを学ぼう
- 第5回：Illustratorのレイヤー分け＆After Effectsでキャラクターを動かそう
- 第6回：プチCMの完成！ 仕上げと書き出しをしよう

●モーションデザインことはじめ講座 シーズン2

- 第1回：After Effectsをはじめよう！動かし方のきほんの「き」
- 第2回：キネティック・タイポグラフィ① ～好きな言葉を動かそう～
- 第3回：After Effectsをはじめよう！動くデジタル広告を作ろう
- 第4回：After Effectsをはじめよう！ロゴを動かそう
- 第5回：キネティック・タイポグラフィ②目を引く＆手軽に使えるテクニック集
- 第6回：After Effects、もう始めた？最終回、質問＆要望にお答えします

●モーションデザインことはじめ講座 シーズン3

- 第1回：After Effectsでキャラクターを動かしてみよう！基本編
- 第2回：たくさんのオブジェクトをかたまりで動かす
- 第3回：色々なエフェクトを使ってみよう！
- 第4回：After Effectsで背景を賑やかに動かしたい！
- 第5回：それぞれのアニメーションを繋げよう
- 第6回：最終回まとめ＆質問回

01 Adobe主催講座「Illustratorユーザーのためのモーションデザインことはじめ」のトップページ

シーズン1・シーズン2は本書著者である浅野と山下が担当しています。シーズン3は山下とイラストレーターの「あさひな。」さんが担当しています。

書籍版「モーデザことはじめ」は、（主にシーズン1・シーズン2で）実施した講座の中で特にグラフィックデザイナーの皆さんからの反響や要望の多かった内容を中心に構成されています。他にも色々な作例に挑戦してみたいという方は、オンライン講座のアーカイブ動画をぜひご覧ください（各1時間・全18回）02。

02 オンライン講座の様子

山下さんPC

なお、オンライン講座のアーカイブ動画は、2023年現在では、次のURLへアクセスしてAdobe IDでログインすることで無料で視聴が可能です（過去の収録のため、After Effects CC 2021や2022での操作になるため、本書で使用しているAfter Effects CC 2023とは一部インターフェースが異なることに注意してください）。

講座のURL
https://www.adobe.com/jp/events/training/aftereffects-for-designers.html

本書に登場する偉人アフーとは何者？

講座版「モーデザことはじめ」の中で、時折登場して参考になる格言をくださるのが、偉人アフー・エフクトス氏です03。本書でも、脇でちょっとした助言をいただいていますので、アフー氏アイコン04に注目してみてください。

03 「モーデザことはじめ」オンライン講座に登場するアフー氏

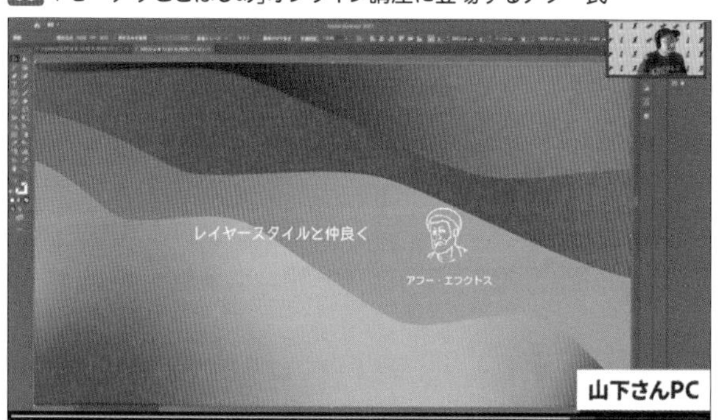

04 本書で登場する偉人アフー・エフクトス氏

CONTENTS

Chapter 1
モーションデザインきほんのキ

Chapter 2
Illustratorのデータを動かしながらAfter Effectsの基本操作を覚えよう

Chapter 3
実用的&簡単な動きを作ってみよう

Chapter 4
モーションの演出とAfter Effectsのテクニックを学ぼう

Chapter 5
キャラクターを動かそう

CONTENTS

Chapter 6
仕上げと書き出しをしよう

Chapter 7
実践編！「モーデザ」をはじめよう

本書の使い方

本書はIllustratorの使い方を知っていて、かつAfter Effectsの初心者の方を対象に、Illustratorのデータを用いて、After Effectsで動き（モーション）をつける方法を、サンプルデータを用いながら解説しています。なお、本書のページは以下のような構成になっています。

●本書の紙面構成

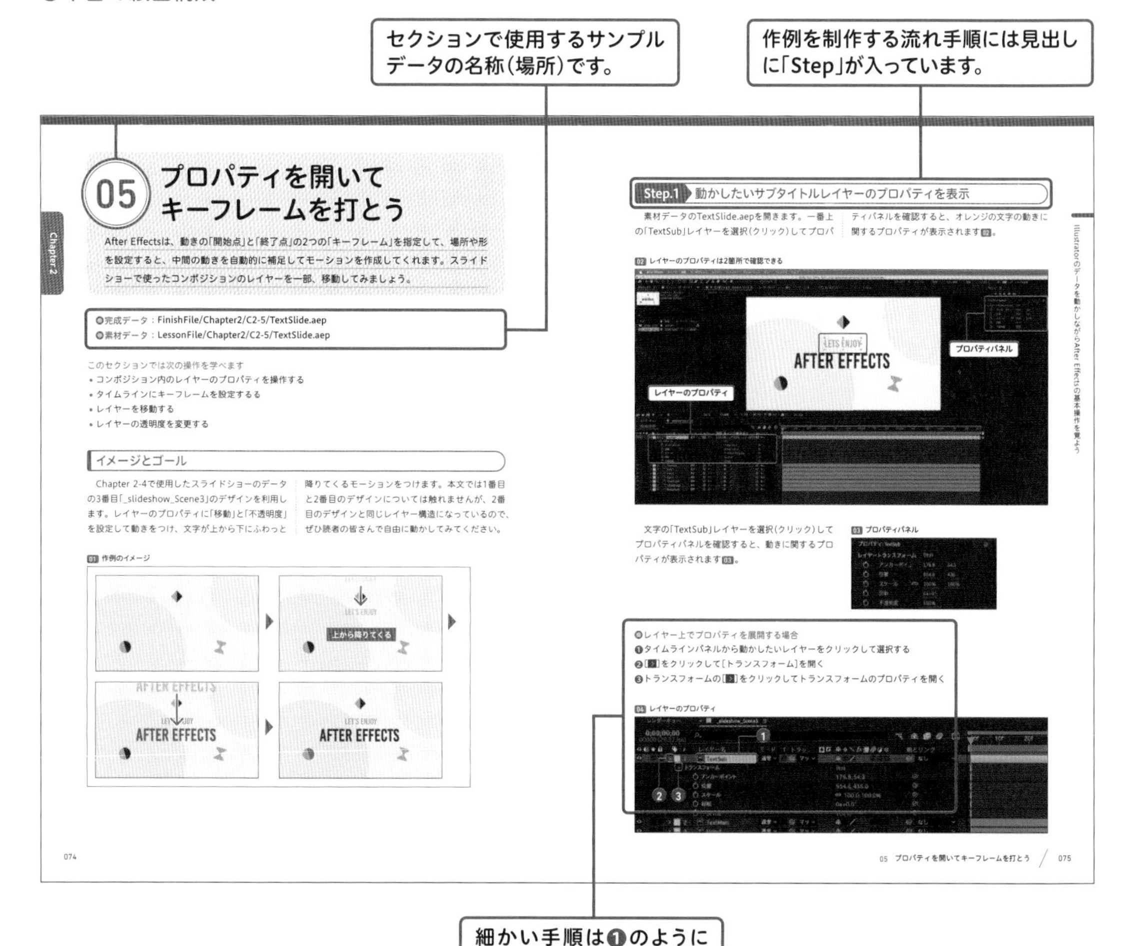

●ご注意

本書に掲載されている情報は2023年10月現在のものです。以降の技術仕様の変更等により、記載されている内容が実際と異なる場合があります。

また、本書に記載されている固有名詞・サイト名やURLについても、予告なく変更される場合があります。あらかじめご了承ください。

サンプルデータについて

サンプルデータのダウンロード方法と使い方は、P044を参考にしてください。なお、各Chapterの扉には、作例の制作手順を解説した動画を表示するQRコードが掲載されています。こちらも参考にしながら手順を進めてみてください。

以下のサイトで本書で使用している作例の手順および完成動画をご覧いただけます。

- Chapter 1：https://motion-design.work/c1/
- Chapter 2：https://motion-design.work/c2/
- Chapter 3：https://motion-design.work/c3/
- Chapter 4：https://motion-design.work/c4/
- Chapter 5：https://motion-design.work/c5/
- Chapter 6：https://motion-design.work/c6/
- Chapter 7：https://motion-design.work/c7/

本書はAfter Effects CC 2023で作成し、After Effects CC 2024（24.0.0）でも検証しております。

・After Effects CC 2024でサンプルデータを開く場合は、はじめに「このプロジェクトから変換する必要があります」というダイアログが表示されるので、そのまま［OK］をし、変換後のデータをご利用下さい。

Chapter

モーションデザイン きほんのキ

サンプルの制作手順を紹介した動画が
以下にアップされているので、
つまったら参考にするのじゃ。

https://motion-design.work/c1/

Chapter 1

01 モーションデザインをはじめよう

昨今、動画制作はより身近なスキルになってきました。元々ウェブや印刷物を制作・勉強している方にとっては、元のデザイン素材を動画に生かせるのは大きなアドバンテージです。はじめに、必要な考え方を紹介していきます。ぜひ一緒に"モーデザ"をはじめましょう。

活気づく「モーションデザイン」

動画制作のジャンルの中でも、特に多くのデザイナーが注目しているものが、本書で扱うモーションデザインの分野です。なお、本書ではロゴや数枚のイラストを動かすことをモーションデザインと呼びます。

テレビコマーシャルなどの動画広告の中に企業ロゴが静止画として数秒登場しても印象に残りません。そこで、ロゴに動きをつけてより視聴者に対して印象づけをします。こうした動き＝モーションを使ったイラストやロゴの演出はテレビのみならず、SNSの動画01、店頭や屋外広告のデジタルサイネージなど多岐に渡ります。

また、UIデザインの分野においてもこういったモーションに注目が集まっています。なお、スクリーン上での演出やUIを向上させることを目的とした小さな動きのことをマイクロインタラクションと呼びます。そして、より複雑なマイクロインタラクションを実装するにあたって必要なものがモーションデザインの知識や制作スキルです。

01 動画の中で動くロゴは印象に残る

注意

ゲームやアニメーション業界ではキャラクターに動きをつけることを指して同様に「モーションデザイン」と呼びます。この場合は3Dソフトが必要になるなど、また別のスキルです。

WORD

UI：User Interface
ユーザーインターフェースの略。コンピューターとユーザーの間で情報のやりとりをするためのインターフェース（接点）のこと。スクリーンメディアのUIは、ボタンやテキストなどの要素やその配置を指すことが多い。

モーションデザインを作るために必要な環境

この本では、Adobeから販売されているAfter Effects（アフターエフェクツ）02とIllustrator（イラストレーター）を使用してモーションデザインを制作していきます。本書ではAfter Effects 2023を使用しています。After Effectsについては、2022などの過去のバージョンでは一部再現できない工程があるので注意してください。Illustratorについては、CCであれば数バージョン前のものであっても大きな問題はありません。

02 After Effectsのインターフェース

コンピュータはWindowsとmacOSのどちらでも問題ありません。ただし、データを受け渡す場合にはOSの違いが問題になる場合があるので、他人と共有する場合は特にファイルの命名などに注意が必要です。詳細はChapter 2-8（P090）で解説します。

どんなふうに動かしたいかを想像する

思い通りのモーションデザインを作成するには、デザイナー自身が「どんなモーションを作りたいか」を具体的に想像する必要があります。

静止画の作成に慣れているデザイナーには、動きや時間軸という概念が出てくると、イメージが難しいと感じてしまうかもしれません。なので、まずは**日常的に気になる動きや自分が気持ちのいいと感じる動きを意識するようにして、頭の中にストックしておきましょう**。その動きを言語化してメモに残すのも効果的です。

実際にイラストやデザインを動かす際、どんな動きがよいのかを具体的にイメージできるようになれば理想的です。作業の前に、動きのスケッチを描いて、簡単な絵コンテを作成するのもおすすめです。イメージできないまま手をつけると、かえって手間がかかるのは、どんなデザインでも同じです。

Column

バージョンの確認方法とアップデート方法

After Effectsを立ち上げて上部メニューの[After Effects]→[After Effectsについて]を選択すると、開いているアプリのバージョンを確認できます。(Windowsの場合は［ヘルプ］→［After Effectsについて］を選択します)

なお、Adobe Creative Cloudのアプリを開くと[すべてのアプリ]もしくは[アップデート]から、インストールされているアプリのバージョンの確認とアップデートを実行できます。

02 モーションデザインとアプリ

まず、動画作成によく利用されるアプリについて簡単に紹介します。動画を作成するアプリには用途ごとにさまざまなものが存在しますが、ここではAfter Effectsと同じAdobe製のアプリを紹介します。

撮影素材を繋いで編集できる「Premiere Pro」

Adobe Premiere Pro（プレミア プロ）は撮影した動画素材を元に動画を編集し、動画作品を作成するためのアプリです 01 。必要のない部分はカットしてテーマに沿った部分だけを繋ぎあわせたり、字幕や音声をつけたりといった用途に利用されており、長時間の動画制作に向いています。

なお、テロップを左から右に動かす、拡大するといった簡単な動きをつける作業はPremiere Proだけでもできますが、素材同士を合成したり、ロゴやイラストなどの個別の要素に複雑な動きを与える作業はAfter Effectsのほうが得意です。また、After Effectsで作成したデータは、Premiere Proに読み込んで、素材のひとつとして利用できます(P202)。

01 Premiere Proの編集画面

アニメーション制作なら「Animate」や「Character Animator」

Illustratorの素材を利用できるアニメーションの制作アプリとしてはAdobe Animate（アニメイト）もあります02。Animateは2Dのアニメーションツールですが、ウェブ媒体とも相性がよく、クリックすると反応するようなインタラクティブな作品を作ることもできます。ウェブで利用するボタンなどをデザインするだけであればAfter EffectsとAnimateのどちらを使ってもよいでしょう。

Adobe Character Animator（キャラクター アニメーター）というアプリを使うとウェブカメラに写った人間の動きにあわせてキャラクターの表情などを動かすことができます。アニメーション制作に興味のある方はぜひ勉強してみてください。03では、カメラに写った人物が首を傾けると犬のデータも首が同じ方向に傾いています。

02 Animateの編集画面

03 Character Animatorの編集画面

VFXにも活かされる「After Effects」のポテンシャル

After Effectsは動画素材や3Dを扱うことができるので、VFXの制作にも使われています04。実写の素材にAfter Effectsで効果を加えることにより、元の動画のよさを生かしてインパクトや躍動感のある映像に仕上げることができます。ゼロから思い通りの映像を作るには、アプリの操作だけでなく事前の入念なプランニングと高度な撮影テクニックが必要となりますが、この本でAfter Effectsの基礎を学んだ皆さんにも将来的にチャレンジしてみてほしい題材です。

WORD

VFX：Visual Effects

「視覚効果」の意味で、現実ではありえない効果をコンピュータの処理で実現させること。VFXは実際の映像を元に効果を加えていくことを指す場合が多い。

04 After Effectsで実写の素材にVFXを加える

03 動画作り基本のキ

普段、静止画のデザインをしている方が動画を作成する時は、はじめに静止画と動画の違いを理解しておく必要があります。ここでは、静止画と動画にどのような違いがあるのかについて解説します。

静止画のデザイン

静止画のデザインの例としては、看板やチラシなどがあります。これらは1枚の画像内に、情報のすべてを配置します。伝えたいコピーや売りたい商品の情報などを画面に散りばめて、パッと見てわかるようにレイアウトや色を工夫します。

静止画のデザインは、どの情報を先に読むかをユーザー自らが決定します。特にチラシのように情報が多いデザインでは、制作者側が意図する順番で読んでもらえるように工夫する必要があります01。

01 静止画のデザインでは情報をわかりやすく伝える

動画のデザイン

動画のデザインの例としては、TVやネット上にある動画広告などがあります。動画のデザインは、静止画のデザインにおける平面構成に時間という概念が追加されます。時間が進むにつれて刻々と変わる動きにユーザーは反応します。動きがあることで、静止画のデザインよりもユーザーの注目が集まりやすくなります02。

02 動画のデザインでは動きによってユーザーの注目を集める

動画にするメリット

人は動きがあるとその部分に注目します 03 。そのため動画は主題を伝えるための視線誘導が得意です。また、動画は静止画よりも多くの情報を一度に素早く伝えることが可能なため、直感的に多くの情報をユーザーに届けることができます。さらに、動画は視聴者を受け身にするため、目的に沿った演出で狙った効果を引き出すことが可能です。

03 人は動きがあると注目する

動画は連続した画像と考える

動画はパラパラ漫画のように、画像が連続して切り替わる状態と考えることができます。

たとえば、TVであれば1秒間に30枚（29.97fps）の画像が、映画やアニメーションであれば1秒間に24枚（24fps）の画像が切り替わります 04 。

04 動画は連続した画像と考える

1枚だけ
JPEG
画像
VS
連続している
JPEG
動画

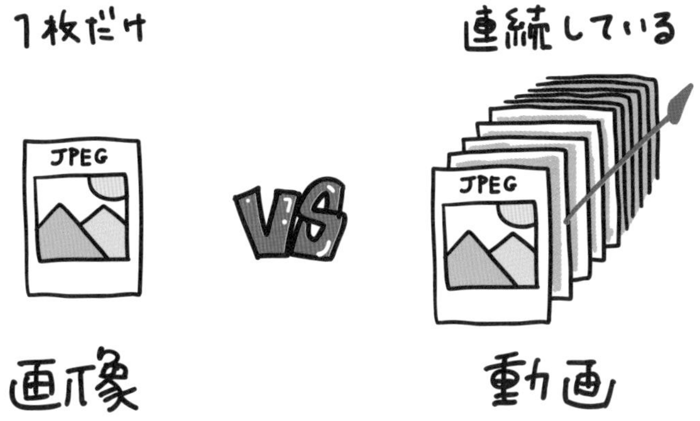

WORD

fps

Frame Per Secondの略で1秒間に切り替わるフレーム（画像）数を表す単位のこと。

memo

TV放送では、モノクロからカラーに変更した際に、映像と音声にわずかなずれが生じたため、その調整のためにフレームを間引いた結果、30fpsではなく29.97fpsとなっている。

視聴デバイスを意識する

動画をデザインする際には、それがどこのデバイスで試聴されるのかを意識しましょう。

TVのような大きなモニターと、スマートフォンのような小さな画面とでは、同じ動画であっても、画面から伝わるメッセージの印象は大きく変わります。たとえば、大きな画面であれば読めるテキストも、小さな画面では読みにくく伝わらない可能性があります05。

05 視聴デバイスを意識

どこで視聴されるのかを考える

デバイスだけでなく、会社のパソコンなのか、自宅のテレビモニターなのか、通勤中のスマートフォンでなのかなど、どこで視聴されるかを意識するのも重要です。

たとえば、会社のパソコンの場合、音声が出せない環境も考えられるので、テキストを多めにして、必要であれば字幕による補足も検討するとよいでしょう06。

06 どこで視聴されるのかを意識

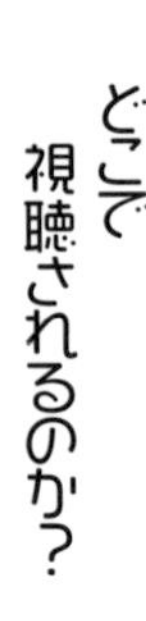

動画で使われる要素

動画には、内容によってさまざまな要素が使用されます。実写動画、写真、イラスト、音など、動画の方向性によって、それらの要素の傾向も変わります。そして、これらの要素を組み合わせ、加工して、演出や装飾を加えることが得意なツールがAfter Effectsなのです07。

07 動画で使われる要素

テーマをシンプルに

動画をデザインする際は、1動画につき1テーマに絞って作成しましょう。1つの動画に複数のテーマを入れてしまうと、主題がぼやけてしまいユーザーに伝えたいことが伝わらなくなります08。

08 シンプルに伝える

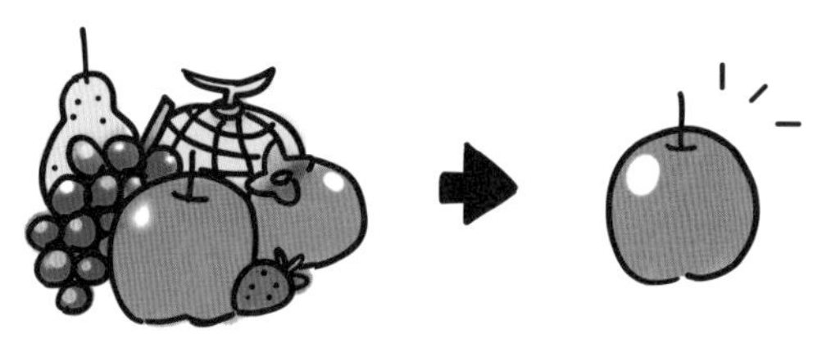

最後まで見てもらうための工夫

動画は最後まで見てもらって、すべてのメッセージが伝わります。そのため飽きさせない工夫が必要です。ユーザーを飽きさせないためにも、必要な演出や装飾を考え、そのための要素(パーツ)を用意しましょう09。

09 最後まで没頭させる

04 モーションデザインの考え方

ここでは、動画のデザイン（モーションデザイン）の基本的な考え方について解説します。モーションデザインにおいて特に重要なポイントは、「それを見た視聴者がどう感じるか」をしっかりとイメージすることです。

動かすことを主題にしない

モーションデザインは「伝えたいことをより伝わりやすくする」ための手法です 01。動かすことが目的ではありません。なんでもかんでも動かしてしまうと、もっとも伝えたいことがぼやけてしまう可能性があります。動かない方が伝わりやすいのであれば、動かす必要はありません。

01 モーションデザインは伝えるための手法

何から見せるのか？

静止画は視聴者が気になったところから読み始められます。一方、動画では視聴者に何をどの順番で伝えるかを制作者側でコントロールできます。視聴者の注意を惹きつけるために、最初に何を見せるのか、意図を伝えるためにどんな流れにするのかについて、工夫を凝らす必要があります 02。

02 動画では制作者が見せる順番をコントロールする

感情を揺さぶる

動画は感情に訴えかけることが得意です。盛り上がる演出に音声をあわせると、よりエモーショナルになります。視聴者の感情を呼び起こすことができれば、注目も集まり伝えたい情報も伝わりやすくなります03。

03 モーションデザインで感情をゆさぶる

つかみを大切に

動画は時間軸があるため最後まで見てもらうことが必要です。そのため、動きを魅力的に付加し動画の冒頭でしっかりと視聴者を掴んでおきましょう04。一般的に、動画では冒頭の10秒が重要と言われています。ここで視聴者の心を掴めないと、最後まで見てもらえず、伝えたいことが伝わらなくなってしまいます。

04 つかみは大事

実際の動きに近づける

人は普段見ている動きと違うものを見ると違和感を覚えてしまいます。モーションデザインは、できるだけ日常にある動きを再現していく必要があります。そのためにも、遠くにある飛行機や近くの車、人の動作など、普段から日常の「動き」を観察しておきましょう05。

05 実際にあわせる

時には誇張も大事

自然な動きだけでは印象に残らない場合もあります。モーションデザインでは、時に日常の動きを誇張して印象に残すことも重要となります。この場合にも実際の動きの延長上を意識して違和感を与えないようにしましょう。もちろん計算した上での演出であれば話は別です06。

06 誇張が大事

デザインを拡張する

モーションには、テーマを、よりわかりやすく伝える効果があります。モーションの効果が最大になるように、デザイン全体の意味を考え、要素の作成や動きの設計をおこなうようにしましょう07。

07 デザインを拡張する

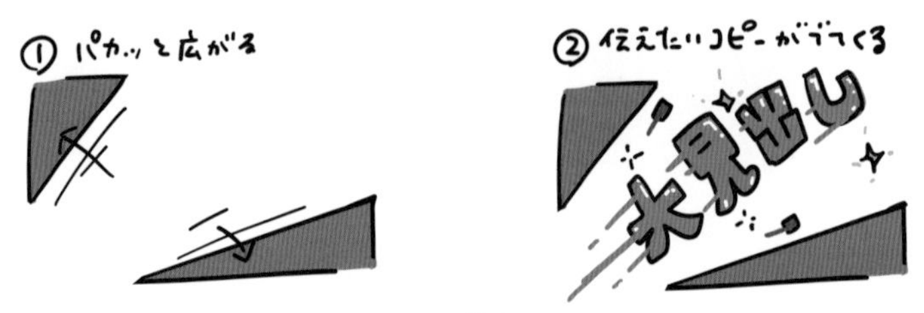

必要のない動きはつけない

よい写真の多くは、必要な情報以外をトリミングして主題を明確にしています。また、静止画のデザインについても、過剰な装飾は主題を不明瞭にするため敬遠されます。モーションデザインも同様に、意味を持たないモーションはつけないようにしましょう。動きがあると、視聴者はそれに意味を求めてしまいます。結果、意味を誤解してしまったり、意味がわからないと視聴を中止したりするようになってしまいます 08 。

08 必要のない動きはつけない

動きには時間がかかることを意識する

当然ながら、モーションには動き始めから動き終わりまでの時間がかかります。大きな動きをつけようとすると、それなりの時間が必要です。短い時間制限があるモーションデザインの場合、あまり大きく動かさず、軽いアクセントに留めるなどの選択肢も必要となります 09 。

09 動きには時間がかかる

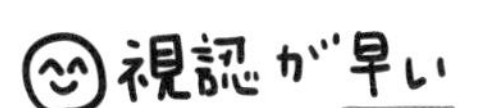

05 モーションデザインに向いてるもの

現在、モーショングラフィックはさまざまな場面で利用されています。それらのシーンから、モーショングラフィックに向いているものについて考えてみましょう。目的はさまざまですが「よりわかりやすく」というコンセプトは変わりません。

ロゴモーション

ロゴを動かし、関連するオブジェクトなどを途中に登場させて、イメージの増幅を狙います。動きがある方が、静止画で表示するよりもより印象に残る効果を得られます01。

01 ロゴを動かして印象的に

CM広告

たとえば動画広告などでは、15秒程度の短い時間で製品やサービスの特徴を伝える必要があります。動画では、動きで視聴者の視線誘導をおこなうことができるので、短時間で意図が伝わるようになります。ただし、単純に動かせばよいのではなく、一目で意図がつたわえるような、みやすさやわかりやすさが求められます02。

02 CM広告では一目で意図をわかりやすく伝える

ループアニメーション

最初と最後がつながってずっと続いているようにみせる演出です03。視聴者を釘付けにしてイメージを伝えることが可能です。同じモーションの繰り返しになるので、何度見ても飽きない工夫が必要です。そのポイントとなるのがキーフレーム管理です。

03 ループアニメーションで連続して見せる

インフォグラフィックス

伝いたい情報やテーマをモーションで補足してわかりやすく伝えます。たとえばグラフの伸びをモーションで表現すれば、成長や効果などを直感的に伝えることができます。インパクトのあるモーションをつけることで、そのジャンルや商品に対して興味がないユーザー層に対しても情報を伝えることができます04。

04 モーションで情報をわかりやすく伝える

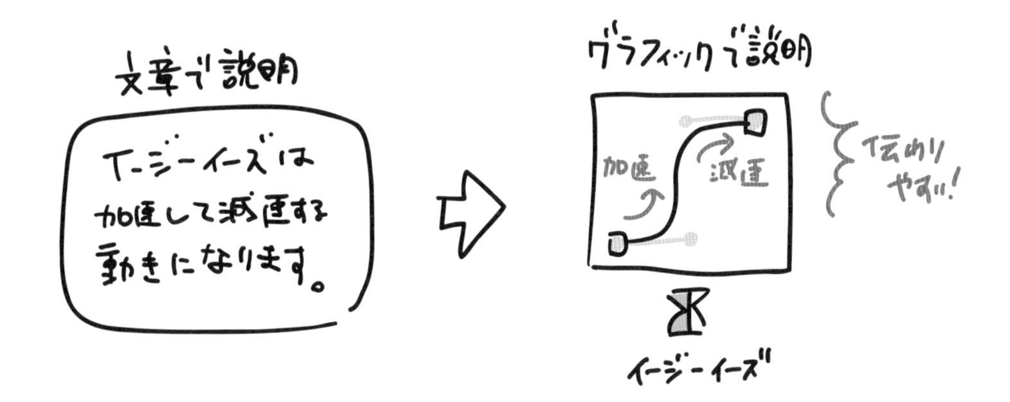

文字PV（リリックモーション）

文字に動きをつけて印象深く表現します。具体的な例としては、イラストにモーションをつけた歌詞のテキストを乗せて表現している、ボーカロイド曲のPVなどがあります。テキストも細かくパーツわけし作業することも多く、そのようなモーションの作成が得意なAfter Effectsがよく利用されます05。

05 文字の動きで印象深く表現

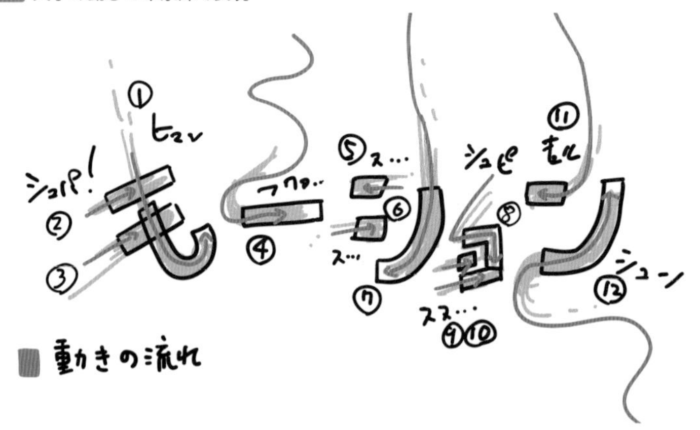

SNS発信

X（Twitter）やInstagramなどのSNSでは、単純なテキストや静止画よりも、動画の方がインプレッション（表示）数が多くなる傾向があります。また、発信する情報量も、テキストよりも動画の方が圧倒的に多くなります06。

06 動画をSNSで発信

ミュージックビデオ（MV）

アーティストの曲の世界観にあわせた視覚効果に使われます。より曲を印象に残し、耳だけでなく体験を記憶に残すことが可能です。前述した文字PVは、文字に特化したものとなりますが、MVは文字も含めたさまざまな要素を組み合わせたものとなります07。

07 音楽の世界観に合わせた視覚効果を表現

ウェブサイト

昨今のウェブサイトでは、バナー以外にも数多くのモーションデザインが利用されています。たとえば、申し込みボタンを動かして目立たせたり、会員向けサイトなどでメールが届いていることをユーザーに伝えたりなど、マイクロインタラクションデザインにモーションはよく利用されます08。

08 ウェブサイトで目立たせたいところをモーションで表現

デジタルサイネージ

最近ではよく街中で見かけるデジタルサイネージなどもモーショングラフィックスと相性がよいです。通常、デジタルサイネージが設置されている場所は、行き交う人の大半は、その広告に対して興味がない人たちです。そのような人たちの興味を引くには、一般的なポスターや看板などの広告よりも、モーションのあるデジタルサイネージの方が、効果的です09。

09 モーションで行き交う人の興味を惹く

動画バナー

ウェブサイトなどで利用されるバナーは、静止画よりもモーションがある動画の方が、よりユーザーの目を引き印象に残りやすくなります。動画の場合、静止画よりもフレーム単位の情報量は少なくして、時間単位で多くの情報を伝えることを目的とします10。

10 動画バナーは時間単位で情報を伝える

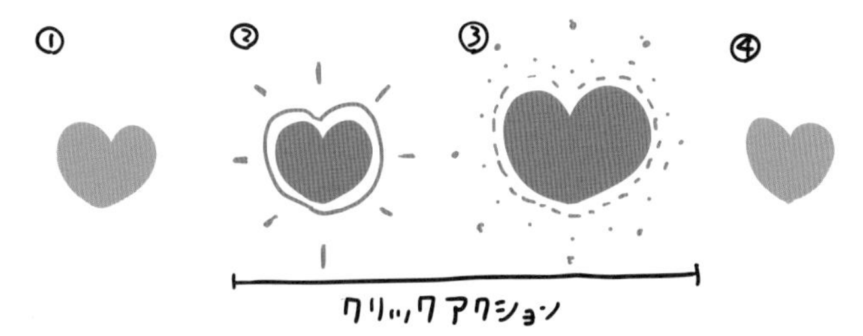

06 動画とAfter Effectsのキーワード

After Effectsでの制作をはじめると、初心者にとっては聴き馴染みのない言葉が多く登場します。ここでは実際にアプリを立ち上げる前に、動画制作やAfter Effectsに関する基本的な用語に触れておきましょう。

動画制作のキーワード

時間や再生といった概念は静止画のデザインにないので、動画初心者が戸惑うポイントです。フレームやデュレーションについてはChapter 2-3の「プロジェクトファイルとコンポジションを知ろう」(P066)でも触れています。

●フレームとフレームレート

時間を表す最小単位がフレームです。フレームはいわば「1枚の画像」です。1秒間に何フレームが表示されるかを決めるのがフレームレートです。フレームレートはfpsで表すことが可能です。テレビであれば29.97fps、ウェブであれば24fpsや30fpsなど、最終的な動画の決まりにあわせます。フレームレートの数字が増えるほどフレーム数(画像の数)は多くなるため映像が滑らかに見える反面、動画の容量も大きくなる傾向にあります。

●フレームサイズ

フレームの大きさです。視聴環境にあわせた横と縦の大きさを決定します。代表的なものはYouTubeなどの1920x1080の16:9サイズです。

その他に、インスタグラムなどの正方形の1080x1080の1:1サイズやデジタルサイネージなどの1080x1920の9:16サイズなどがあります 01 。

●デュレーション

動画全体の時間のことです。After Effectsでは最初の段階で作る動画の時間を決定します。デュレーションを15秒に設定すれば15秒ぴったりの動画になります。After Effectsの場合は最初に［コンポジション設定］でどのくらいのデュレーションになるのかを設定してから作業をはじめます 02 。

●コーデック

動画は何で再生するかで中身の仕組みを変えています。コーデックはその仕組みを表すものです。コーデックが視聴環境とあっていないと動画を再生することができません。動画を作る時は必ずどの媒体で視聴するかを確認しておきましょう。コーデックにはh.264やProRes422など多くの種類があります。

01 フレームサイズ(左16:9、右1:1)

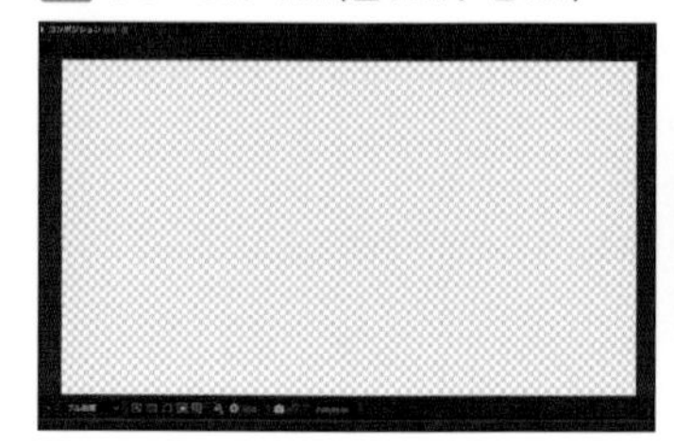

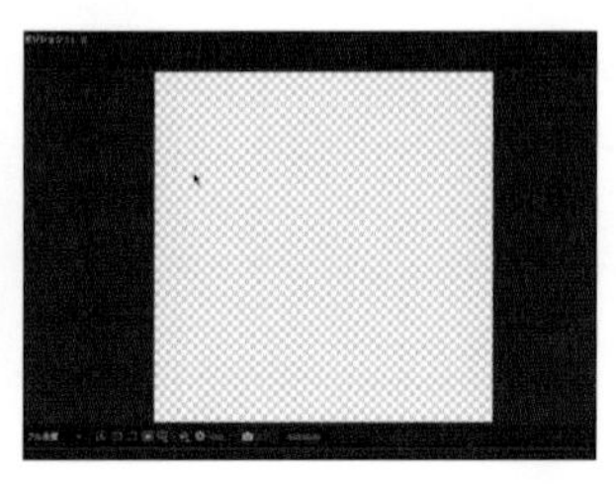

02 コンポジション設定

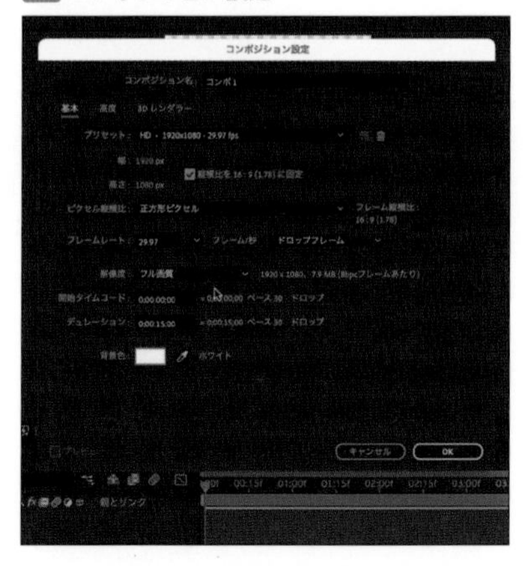

After Effectsのキーワード

After Effectsならではの用語も、はじめのうちは戸惑うかもしれません。そこで、本書や実際の業務でよく耳にするキーワードを紹介します。なお、After Effectsにおける表示場所などについてはChapter2-2（P058）で説明します。ここでは、言葉とその意味について把握しておいてください。

プロジェクト

作品自体や作品を作るパーツすべてを管理する袋のようなものです。After Effectsは内部で作られたもの以外は基本的にプロジェクトの中で管理をしています。各素材はプロジェクト内に埋め込んでいるのではなく、リンクして参照しています。After Effectsでは左上のプロジェクトパネルで、プロジェクトやフッテージの一覧や概要が表示されます 03。

03 プロジェクトパネルの概要

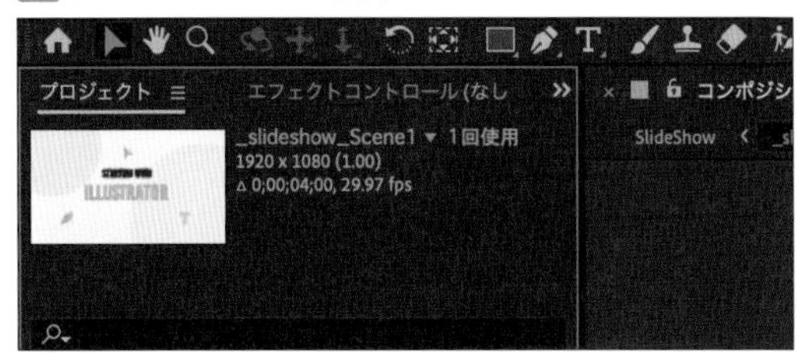

フッテージ

作品を作るために使う作業前の素材のことです。動画、静止画、BGMなど多岐にわたります。

レイヤー

作業中のパーツのことです。レイヤーは層という意味があり重ねて使います。レイヤーは時間軸を持っています。また、作品に使用する部分だけを切り出したり動きをつけたりすることも可能です。基本、レイヤーは上にあるものが優先されてグラフィックが映し出されます。原則として各レイヤーには一つの要素しか置くことができません。プロジェクトパネルで管理しながら、コンポジションやレイヤーへ展開して利用します。

memo

フッテージは加工前、レイヤーは加工中のものと考えるべし。

コンポジション（ファイル）

時間軸を持った作品の設計図です。レイヤーの縦軸ではレイヤー同士を重ねてフレームごとに合成処理などをおこない、横軸では時間の変化でレイヤーに動きをつけアニメーションを作成することが可能です。ひとつのモーションの中で場面ごとやパーツごとなどにわけて複数のコンポジションを使用することも多くあります。After Effectsでは選択中のコンポジションが画面中央のコンポジションパネル 04 に表示されます。

04 コンポジションパネル

キーフレームとイージング

キーフレームは時間軸で各レイヤーに変化をつけた情報を記録しているものです。2つ以上のキーフレームを作成することでそのキーフレーム間の動きを自動で補間しアニメーションしてくれます。After Effectsではタイムラインパネル上のアイコンとして表示されます 05。キーフレームによる動きは、イージングと呼ばれる緩急をつけた動きも可能です。

05 キーフレーム

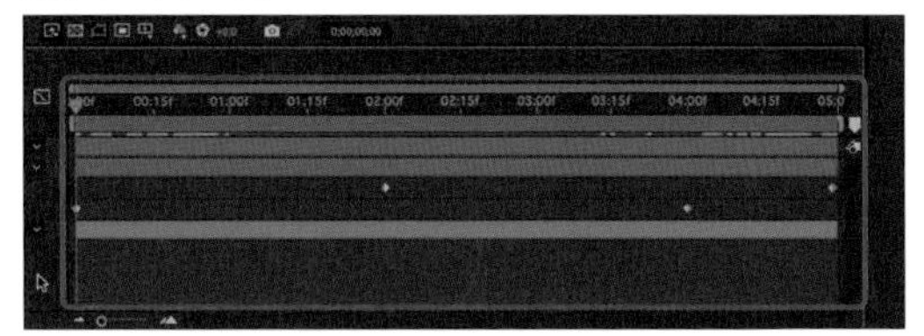

●タイムライン

作品の設計図を開く作業台です。After Effectsでは左右で機能がわかれていて、左はレイヤーの重なりや状態を確認でき、右は時間を管理しキーフレームやレイヤーの表示時間を確認できます。コンポジションを同時に複数開くことが可能です 06 。

●ワークエリア

After Effectsのタイムラインパネルにある作業範囲のことです。毎回全体を確認するのではなく作業箇所だけに絞ることで作業効率を向上させることが可能です。状況を何度も確認しながら試行錯誤するための機能と考えましょう。最終的に動画を書き出す範囲にもなります。

●エフェクト

レイヤーに効果をつける処理です。ただの平面に雲のような加工をしたり、テキストのエッジをラフにするなど、さまざまな効果が用意されています。Photoshopの「フィルター」やIllustratorの「効果」と近い機能です。

●プロパティとパラメータ

After Effectsのレイヤーは位置やスケール、回転など、動きに関するさまざまな属性を持っています。この属性のことをプロパティ、プロパティが持ってる値のことをパラメータと呼びます。プロパティの種類によって持っているパラメータの数が変わります 07 。

●次元に分割

レイヤーの位置プロパティは縦と横の2つの要素を持っています。この要素を別々に分離するのが「次元に分割」です。次元を分割することで効率のよい細かなアニメーションが可能になるケースがあります 08 。After Effectsで次元を分割すると、X軸とY軸それぞれで操作が可能となります。やや高度な調整になるため本書では扱いません。環境設定でも変更が可能です。

06 タイムライン(パネル)

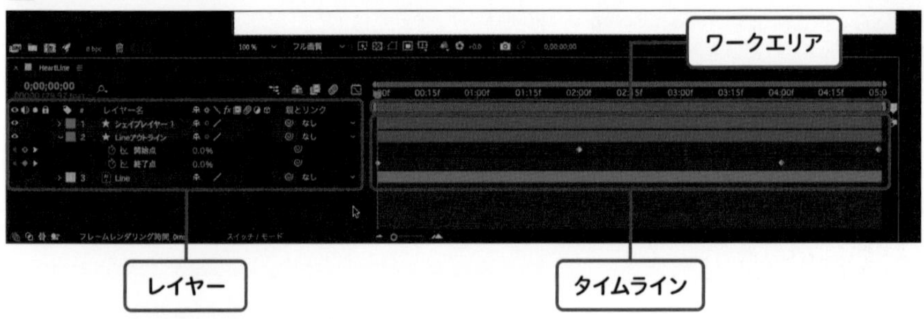

07 プロパティとパラメータ

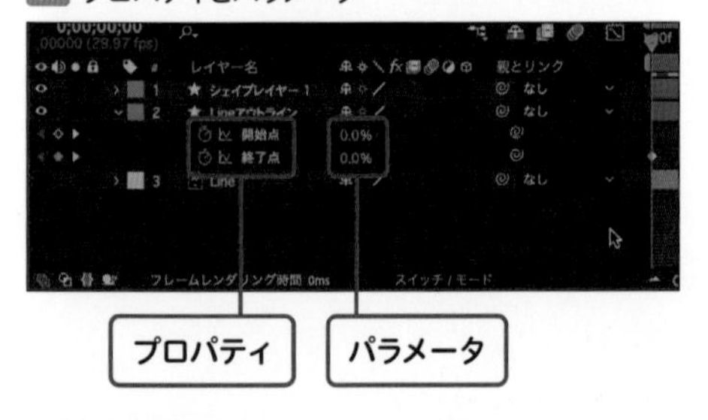

08 次元に分割

●モーションパス

時間軸でレイヤーに動きをつけると動きの軌跡がコンポジションパネルに表示されます。これがモーションパスです。このパスを調整することで直感的な作業が可能になります。Chapter4-4「パスに沿って動かそう」(P140)では、はじめにマスクパスを作成し、モーションパスに変換した作例を紹介しています09。

●グラフエディター

レイヤーに動きの変化をつけたあとに速度の調節などをおこなう専用の機能です10。グラフの種類は速度と値の変化の2種類あり、どちらかを切り替えながら使用します。

●レンダリング

複数のレイヤーを重ねて合成したり、演出のためにエフェクトや動きをつけた結果を表示するための処理です。処理が終わるまでは再生がされないためリアルタイムに表示できないこともあります。

09 Chapter 4-4のモーションパス

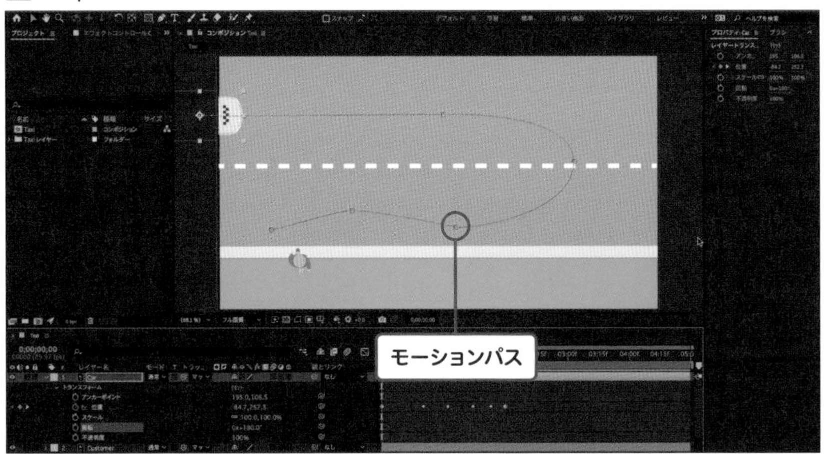

10 Chapter 7-2のグラフエディター

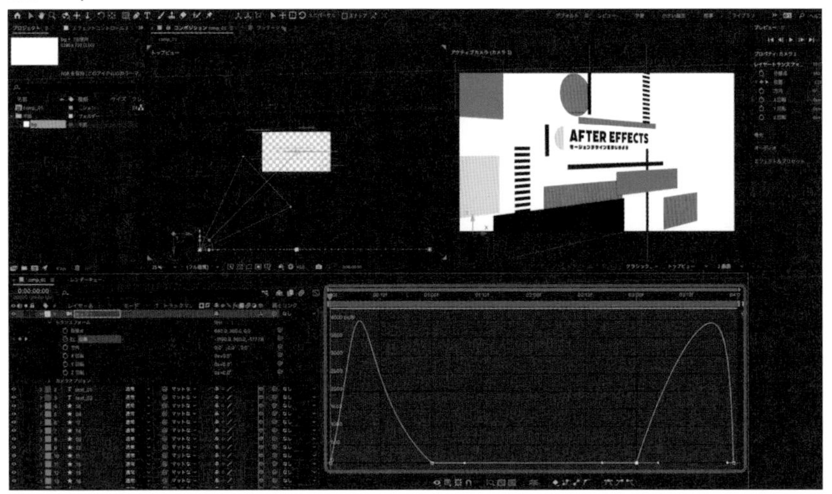

07 立体的な動きづくりのキーワード

After Effectsは3D的な操作や加工に長けたアプリでもあります。3Dやカメラに関するテクニックはChapter7-2で触れていますが、ここではさらに探求してみたい方に向けて立体的な動きづくりに欠かせないキーワードを紹介します。

グラフィックデザインの延長にある「立体表現」

一般的に3Dと言うと、立体的なVFX（視覚効果）のいわゆる3DCG的な見た目を想像するかもしれません。もちろんAfter Effectsはそういった特殊効果にも用いられます。たとえば、タイポグラフィ 01 などに対して、「カメラレイヤー」や「軌道ヌル（後述）」を使うことで視差効果を与えることができます 02。こうしたスキルが身につくと、グラフィック作品のよさをさらに引き立たせる、魅力的なモーションデザインを作ることができます。

01 元となる素材

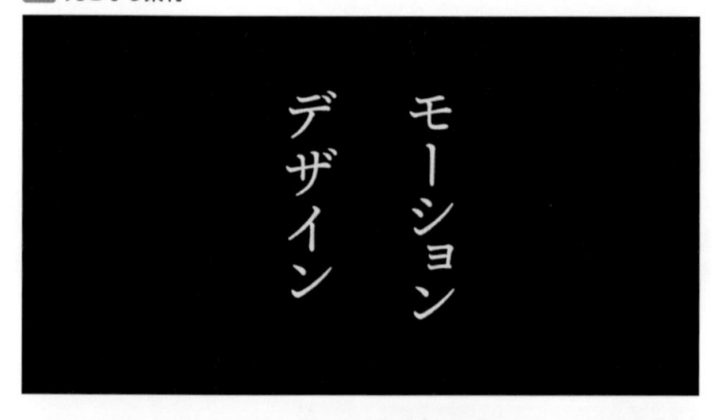

memo

この作例はアドビ公式のチュートリアル記事で手順を紹介している（筆者執筆）。サンプルデータは下記URLからもダウンロード可能。
https://helpx.adobe.com/jp/after-effects/how-to/jp-for-designers-2.html

02 カメラがらせん状に回り込んで遠近感のあるタイポグラフィになる

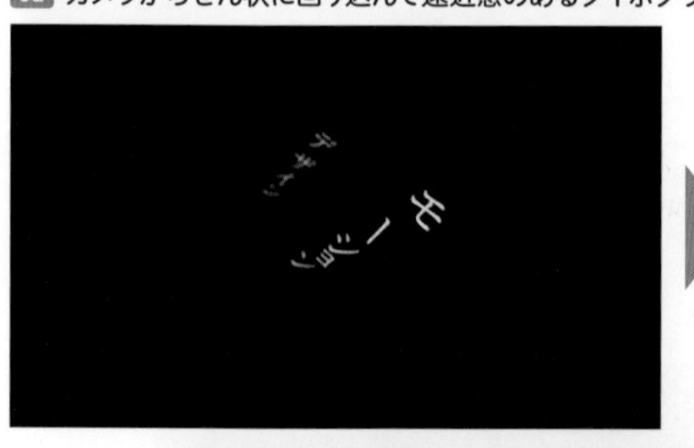

覚えておきたい機能とキーワード

立体的な作品を作るときに必要な機能やキーワードを紹介します。具体的な手順は、一部Chapter 7-2（P242）でも紹介しています。

●3Dレイヤー

平面から立体空間にレイヤーを変化させます。各レイヤーの3Dスイッチにチェックを入れると利用可能になります。アンカーポイント、位置、スケール、回転などが対応しています03。

●変形ギズモ（トランスフォームギズモ）

3Dレイヤーを切り替えるとコントロールのグラフィックが3D用に変化します。赤がX、緑がY、青がZで表現され、選択ツールなどで3D空間の操作が可能になります。矢印が位置、カーブが回転、ボックスがスケールになります04。

●3Dビュー

3D環境で複数のビューを出して状態を確認する機能です。3D空間を色々な角度から見ることで奥行きを把握しやすくなり効率が上がります05。

03 3Dレイヤー

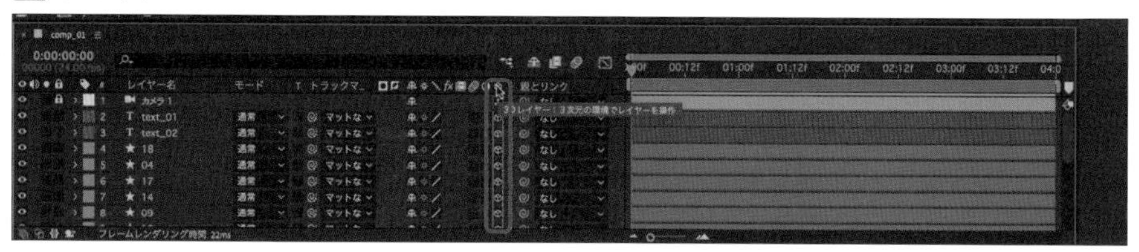

04 変形ギズモ

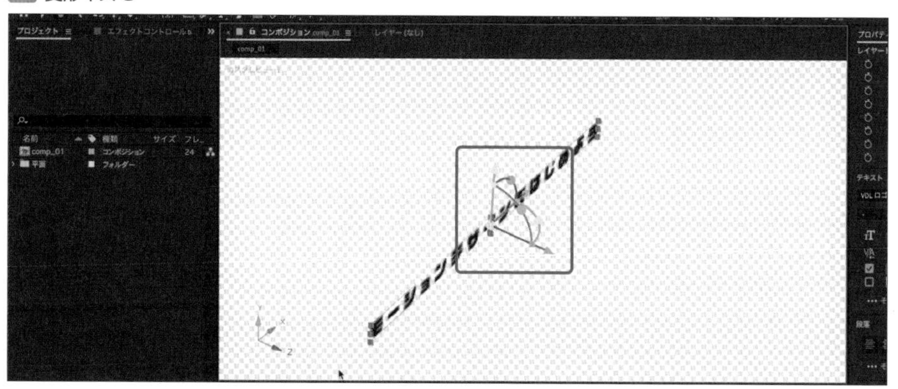

05 3Dビュー

軸モード

3Dレイヤーの作業をおこなう際に扱う軸には3種類あります。コンポジションに紐づくもの、レイヤーに紐づくもの、ビューに紐づくものの3種類です。

コンポジションレンダラー

After Effectsの3D空間は、大きくわけると「クラシック3D」と「cinema4D」の2種類の処理にわかれます。標準のクラシック3Dではエフェクトや被写界深度(ピントがあう範囲)、トラックマットなどが利用できます。cinema4Dでは押し出し、環境レイヤーなどを利用できます。

カメラレイヤー

配置された3Dレイヤーのアングルを変えたり、実際にカメラを動かし配置した3Dレイヤーに近づくことができます。その際に被写界深度などの設定で一部のレイヤーのみにピントをあわせることが可能です。カメラには目標点(軸)をもつ2ノードカメラと、目標点を持たない1ノードカメラがあります 06。

ライトレイヤー

3Dレイヤーに実際にライトを照射するレイヤーです。影などを作ることもでき現実的な演出が可能になります 07。

06 カメラレイヤーの設定

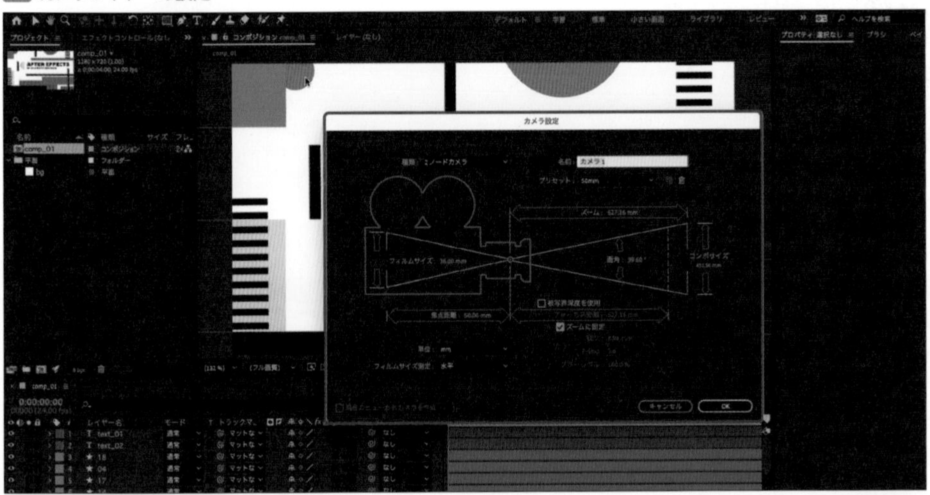

07 ライトレイヤーの設定

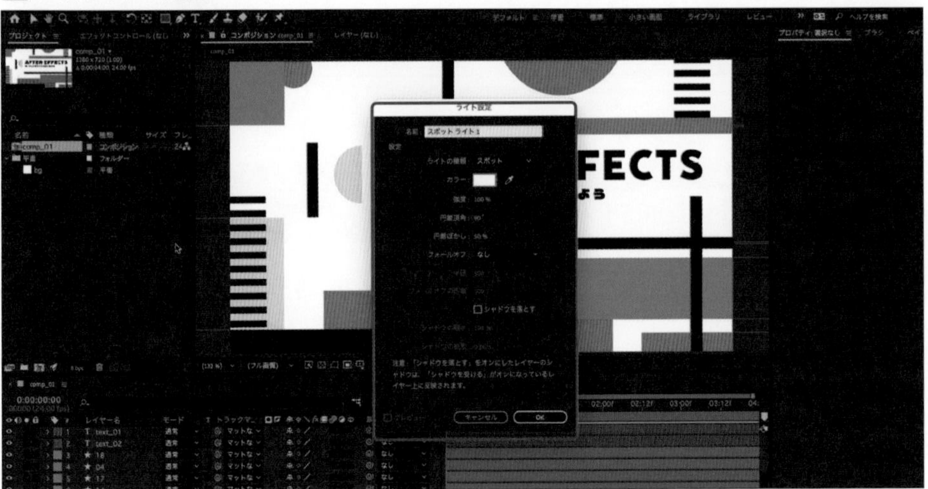

●ドラフト3D

3D作業は重くなりがちなので、グラフィックを制限して配置や動きを確認する機能です 08 。処理が重い時に切り替えると作業効率が向上します。

08 ドラフト3D

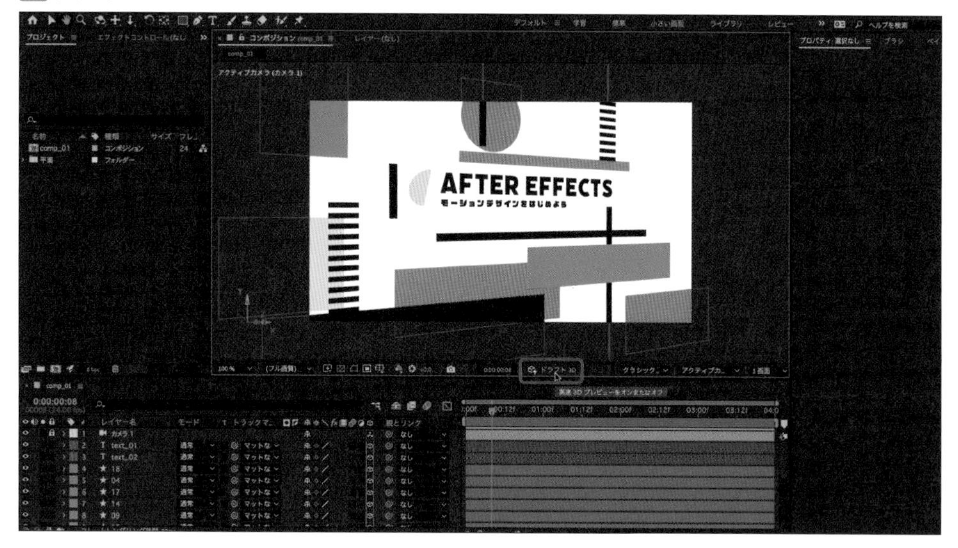

●軌道ヌル

カメラレイヤーを制御する際に簡単に3D用のヌルを親子付けしてくれる機能です。カメラの微調整に使用されます。

以上、After Effectsで3Dモーションを制作する時のキーワードについて簡単に紹介しました。具体的な制作手順についてはChapter7-2（P242）で解説します。なお、After Effectsには3Dモーションを制作するための、多種多様な機能が備わっています。慣れないうちは、苦労することもあるとは思いますが、本書のサンプルなどを参考に、いろいろ試してみてください。

WORD

ヌル（オブジェクト）

親子関係で動きを制御するなどの目的で使用される、非表示のレイヤー。

ウェブ制作で活用するには

After Effectsで作成したモーションや動画をウェブ制作で利用するには、その長さや性質に応じてさまざまな選択肢があります。ここではその選択肢の一例を示します。それぞれの方法の詳細な手順や設定については後半のChapter6で紹介します。

動画ファイルとして書き出して埋め込む

会社や製品の紹介など、長めの動画であればMP4などの一般的な動画フォーマットとして書き出して 01 YouTubeやvimeoなどの外部の動画プラットフォームにアップロードし、発行されたコードを埋め込むのが一般的です。コードのみを貼ればよいので軽量ですし、プラットフォーム側からの閲覧も期待できます。一方で動画プレーヤーのカスタマイズなどに制限があったり、広告が挿入される場合もあります。

再生時間が数秒～30秒ほどでファイル容量もそれほど大きいものでない場合は自分のウェブサイトにMP4ファイルをアップロードした上でvideoタグを使って再生させてもよいでしょう。コントロールボタンを表示したり、CSSと併用してコンテンツの背景に使用したりできます。

動画を自動再生させる場合、一部ブラウザやスマートフォンでの閲覧時にはミュート設定と併用しなくてはいけないけないので注意が必要です。

01 Media Encoderを使ったMP4ファイルの書き出し

注意

特にスマートフォン向けのサイトの場合、ユーザーに承諾なく動画を自動再生してしまうとユーザーのパケットを消費してしまい、却ってユーザー側に悪い印象を与えてしまうこともあります。

memo

Media Encoderを使用した書き出しについてはChapter 6で詳しく紹介する。

GIF形式に書き出す

色数の少ない小さなアニメーションであればGIF形式（アニメーションGIF）として書き出してimgタグで配置します02。GIFはレガシーな拡張子で、After Effectsからも直接書き出せますが、256色までしか扱えない点や、PNGファイルなどと比べて透過の際に斜めの縁がきれいに透過できない点、容量が大きくなりやすいため表示が遅延しやすい点に注意が必要です。

WORD

PNG（ピング、ピーエヌジー）ファイル
代表的な静止画像の拡張子のひとつ。多くの色数を扱え、背景の透過ができるのでベクターなどのイラストなどの拡張子として最適。

02 GIF形式をブラウザで開いた状態

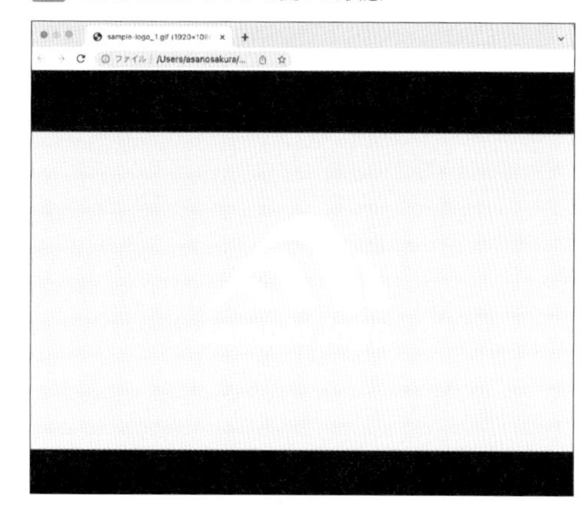

APNG形式に書き出す

レガシーなアニメーションのGIF形式に対して、PNG形式のよさを活かしたAPNG（エーピング）という比較的新しい画像フォーマットもあります。1677万色（24bit）の色数を扱え、透過やドロップシャドウ、グラデーションにも強い形式です。ただし、現在Adobeのアプリからは直接APNG形式に書き出すことができません。After Effects（Media Encoder）でPNGとして保存して連番のPNGデータを作成し、外部の変換ソフトやサービスを利用してAPNGに変換しましょう03。

APNG変換サービスの一例
- APNG Assembler
- アニメ画像に変換する君（無料アプリ）

03「アニメ画像に変換する君」

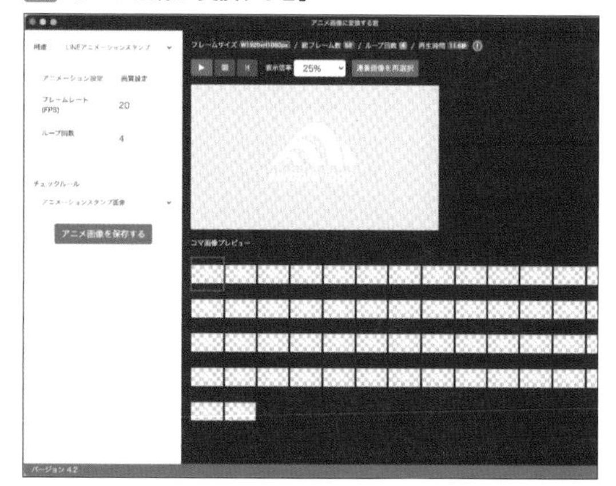

memo

動くLINEスタンプなどはこのAPNG形式で作られている。After Effectsが使えれば、動くスタンプも作れるのだ。

Column

Adobe以外のサービスやプラグインも活用しよう

APNGの書き出しのように2023年現在のAdobeのソリューションだけでは対応できない技術もあります。可能な範囲で外部のサービスやプラグインなどを活用して効率よく作業することが望まれます。無償のものもありますが、便利なプラグインには有償のものが多いです。たとえばP122で紹介しているOverloadは有償のプラグインです。

Lottie（ロッティー）を使ってウェブ上に表示する

Lottie（https://lottiefiles.com）とは、Airbnbが開発したAndroid、iOS、ウェブ、macOS、Windows用のアニメーションライブラリです。SVGをベースにしたアニメーションを複雑なコードを書かずに軽量かつ解像度に依存しない美しいモーションデザインのデータを、ウェブサイトに実装することができます。

ループ再生やホバー再生をコントロールするパラメーターも公開されているので、JavaScriptやCSSと組みあわせるとユーザーのスクロールやホバーなどのアクションにあわせたモーションも可能になり、よりインタラクティブで見ていて楽しいサイトを作ることができます。

ここではLottieとAfter Effectsを連携させる際に必要な機能とその導入手順、書き出しの大まかな流れを紹介します。

●デスクトップアプリからプラグイン「Bodymovin」をインストール

「Bodymovin」はAfter Effectsの拡張機能（プラグイン）です。After Effectsで作成したアニメーションをJSON形式やHTML形式として出力できます 04。

04 デスクトップアプリからBodymovinをインストール

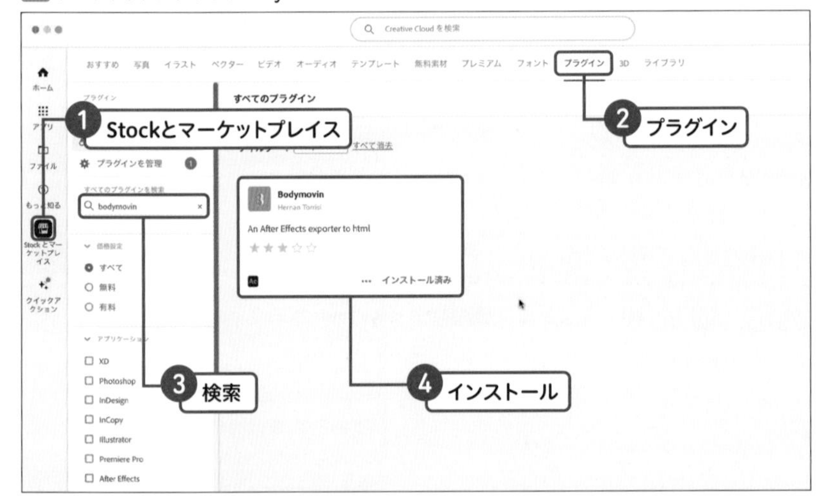

memo

Creative Cloudのデスクトップアプリ上部から検索アイコンをクリックしてBodymovinと入力してもプラグインを表示できる。

●［環境設定］で「スクリプトによるファイルへの書き込みとネットワークへのアクセスを許可」にする

［After Effects］→［環境設定］（Windowsでは［編集］→［環境設定］）→［スクリプトとエクスプレッション］→［アプリケーションのスクリプト］→［スクリプトによるファイルへの書き込みとネットワークへのアクセスを許可］にチェックを入れて［OK］を選択します 05。

05 ［環境設定］→［スクリプトとエクスプレッション］を確認する

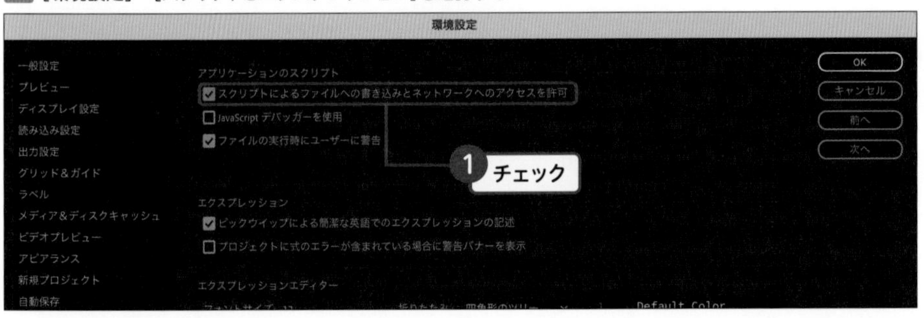

●[Bodymovin]からJSONファイルとHTMLを書き出す

完成したAfter Effectsのファイルを開きます。[ビュー] メニュー→[エクスプレッション]→[Bodymovin] を起動して、書き出したいパーツを指定してJSONファイルを書き出します 06 07。このとき[Settings]の [Export Modes] の[Standard]と[Demo]にチェックを入れておくと、Lottieのウェブサイトで使えるJSONファイルの他にプレビュー用のHTMLファイルを出力できます。簡易的な確認のみであればこのHTMLファイルが活用できます。

memo
ここでは全体の流れを理解できれば大丈夫。詳しい用語や作業手順はP206で紹介する。

06 [Bodymovin]のダイアログ

07 [Render]ボタンからJSONファイルとHTMLファイルを書き出す

Bodymovinを使って書き出したJSONファイルとJavaScriptを使ってウェブサイトでのモーションを制御するテクニックやコードのサンプルについては、Chapter 6-5（P206）で紹介しています。

Column

Lottieでできないこと

After EffectsではできるのにLottie（Bodymovin）では書き出しができない機能がいくつかあります。たとえば、マスクを使ったパスの切り抜きやグラデーション、ビットマップの画像や動画ファイルなどをLottieに含めることはできません。シンプルなアイコンやフラットなイラストを使ったマイクロインタラクションやシンプルなモーションに向いている機能です。

09 おすすめの環境設定

After Effectsで作業する際に「この機能はオンにしておくと作業しやすい」というものがいくつか存在します。作業を始める前に[環境設定]を確認しておきましょう。

シェイプの中央にアンカーポイントを配置

ツールバーからシェイプを描画すると指定した位置に図形を描画できます。その際、軸になるアンカーポイントは図形の中央配置されません。モーション作業をおこなう場合、軸は中心において作業することも多いので、最初から配置されるようにしておきましょう 01 02（アンカーポイントについては、P102で解説します）。

❶[After Effects（Windowsでは[編集]）]メニュー→[設定]→[一般設定]を開く

❷[アンカーポイントを新しいシェイプレイヤーの中央に配置]にチェックを入れる

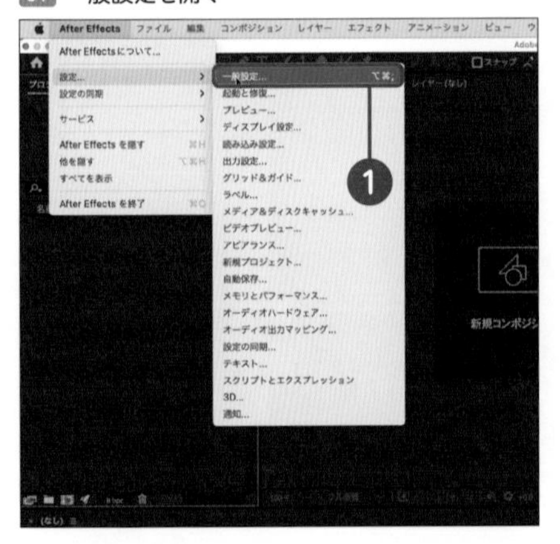

01 一般設定を開く

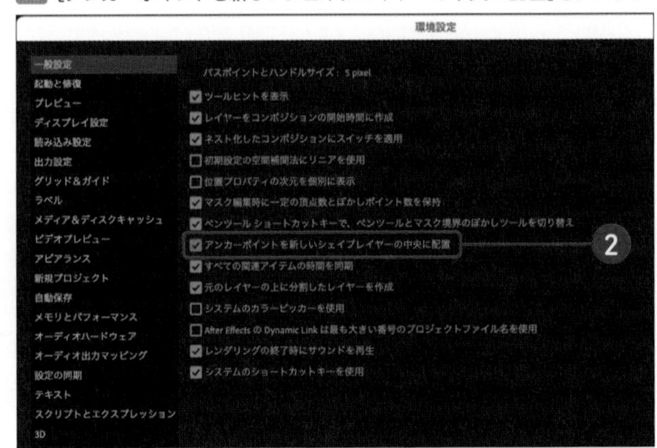

02 [アンカーポイントを新しいシェイプレイヤーの中央に配置]をチェック

空間補完法をリニアに変更

モーションをコントロールするモーションパスなどの空間の初期設定は補完曲線になっています。この状態でキーフレームを途中に追加すると意図せず動きが滑らかになるため、慣れるまでは初期設定をリニアにして直線的な動きから始めるといいでしょう 03。

❶[一般設定]を開く

❷[初期設定の空間補完法をリニアを使用]にチェックを入れる

03 [初期設定の空間補完法をリニアを使用]をチェック

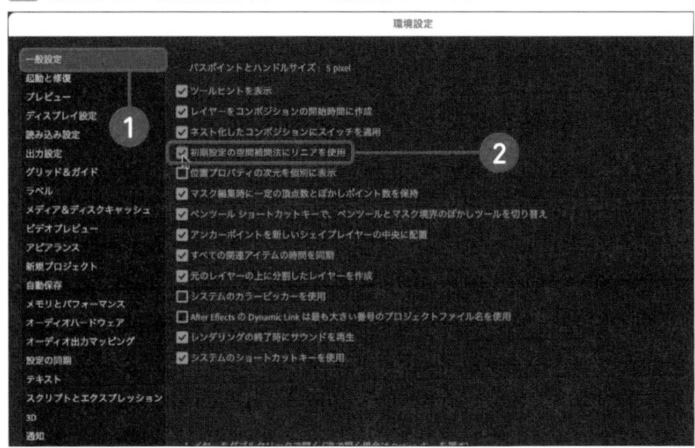

自動保存設定

作業はいつでもサバイバルです。いつ何時何が起こるかわかりません。After Effectsでの作業は比較的作業が複雑化し、処理も重くなるので意図しないクラッシュが発生した際のバックアップの設定は重要です。1分ごとというのは極端ですが15分ごとくらいにはバックアップを設定しておきましょう 04。

❶[自動保存]を選択
❷[保存の間隔]を15分に

04 自動保存を設定

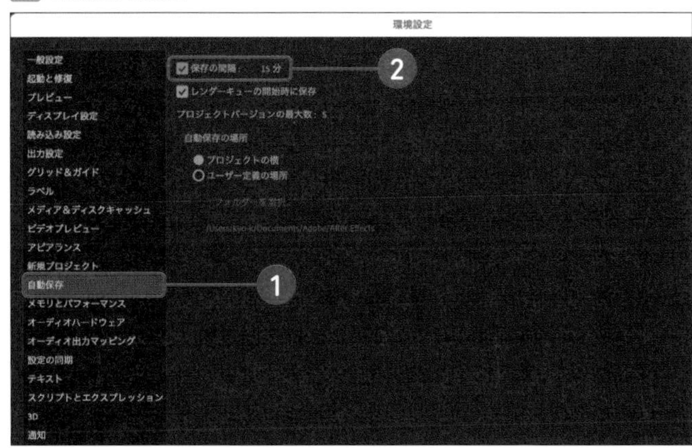

メモリの割り当て

メモリとは作業できる机の大きさと考えるといいでしょう。モーション作業はレイヤーも多くなりやすく、重ねる合成、エフェクト効果などもおこなうため一度の多くの処理をおこないます。メモリの割り当ては可能な限り大きくしましょう。理想は32GB以上です05。

❶[メモリとパフォーマンス]を選択
❷［他のアプリケーション用に確保するRAM］を調整してAfter Effectsのメモリの割り当てを大きくする

05 一般設定を開く

ディスクキャッシュ

ディスクキャッシュはメモリが一時的に保持するフレーム情報を保存する機能です。専用の高速な外部ストレージに保存すればいつでも高速に取り出せるので別途用意することも多くあります。システムのストレージに保存をする場合はシステムを圧迫しないように注意しましょう06。

❶[メディア＆ディスクキャッシュ]を選択
❷必要に応じてディスクキャッシュのサイズや保存場所を選択

06 ディスクキャッシュの設定

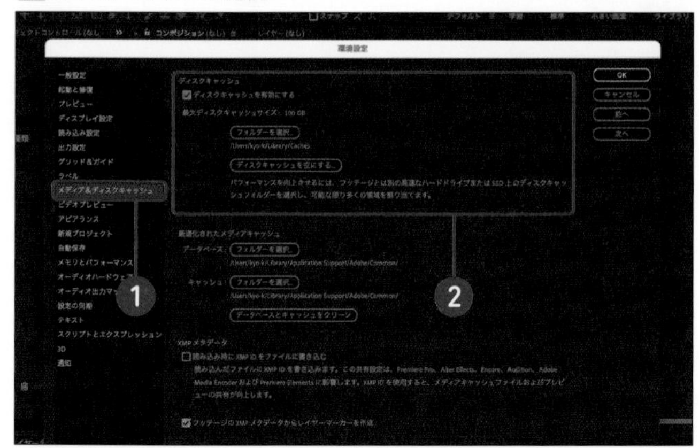

タイムコードの単位

タイムラインパネル上部にはタイムコードが表示されています。なお、After Effectsの初期設定では「秒：フレーム数」で表示されます07。たとえば1秒30フレームの設定で、1:15fと表示されていた場合は、1秒と15フレーム（0.5秒）となります。なお、左上のフレーム数を表示している青文字を［command（WindowsではCtrl）+クリック］すると、タイムコードの単位がフレーム数で表示されます08。

07 タイムコードの単位「秒：フレーム数」

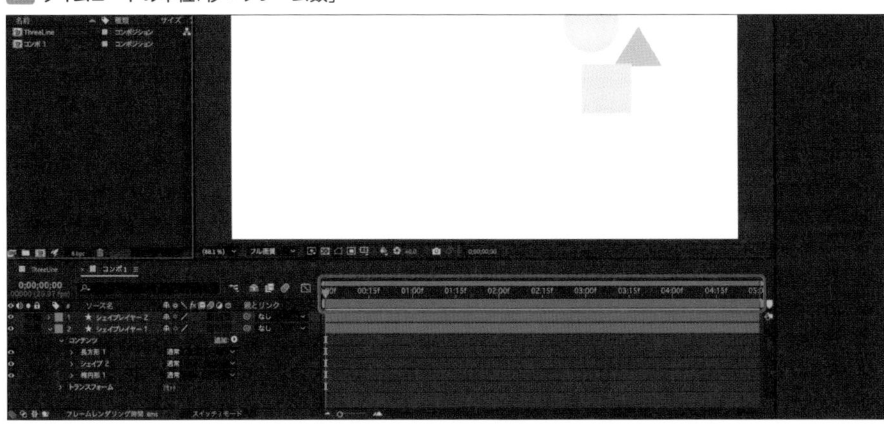

08 タイムコードの単位（フレーム数）

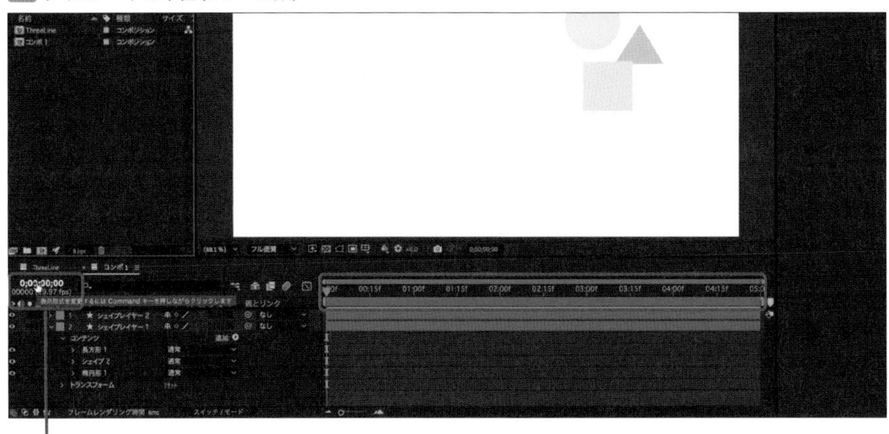

［command（WindowsではCtrl）+クリック］で表示が切り替わる

Column

サンプルデータをダウンロードして開こう

次のChapterからはいよいよ本格的にAfter Effectsを立ち上げていきます。まず、素材データと完成プロジェクトをダウンロードして、開くまでの流れを確認していきましょう。

❶ダウンロード用URL（https://www.borndigital.co.jp/book/support）にアクセス
❷本書のサポートサイトへアクセスし、ダウンロードボタンをクリック

●本書にあわせて作業をする場合

素材用のプロジェクトは「LessonFile」フォルダにあります。[各Chapter]→[各節番号のフォルダ]（例：C2-4）を選択します。中の.aepファイルをダブルクリックして開くと、すでにIllustratorのデータがAfter Effectsへ取り込まれている状態のコンポジションが表示されるので、Step.1と同じ状態から作業をはじめられます。

自分で新しく.aepファイル（プロジェクト）を作った後に素材の.aiファイルを読み込みたい場合は以下の手順を参照して下さい。

❶[ファイル]メニュー→[読み込み]→[ファイル]を選択してウィンドウを表示させ、Illustratorのaiファイルを選択
❷読み込みの種類：[コンポジションーレイヤーサイズを維持]を選択して[開く]を選択
❸コンポジションが表示される
❹プロジェクト（ファイル）を保存する

●After Effectsの完成プロジェクトを確認する場合

完成プロジェクトは「FinishFile」フォルダにあります。[各Chapter]→[各節番号のフォルダ]（例：C2-4）を選択します。中の.aepファイルをダブルクリックして開きます。

After Effectsでは一度にひとつのプロジェクトしか開けません。素材データと完成データを比較したい場合は、素材プロジェクト側を開いたあとで、[ファイル]→[読み込み]→[ファイル]で完成プロジェクトの.aepを読み込むと、.apeファイルがコンポジションとして完成データに読み込まれます。

●素材がリンク切れを起こしている場合

素材のフッテージ（aiデータ）がリンク切れを起こすと、「ファイルが見つかりませんでした」というダイアログが表示され、プロジェクトパネルのレイヤーのアイコンがカラーバー状の表示になります 01。これを修正するには左上のプロジェクトパネルで該当のフッテージをダブルクリックし、正しいファイルを選択し直してリンクを再構築します。

01 リンク切れを起こした状態

Chapter

Illustratorのデータを動かしながらAfter Effectsの基本操作を覚えよう

サンプルの制作手順を紹介した動画が以下にアップされているので、つまったら参考にするのじゃ。

https://motion-design.work/c2/

モーデザに適したIllustratorデータを作る

ここでは、Illustratorの経験がある方に向けて、グラフィックデザインとモーションデザインにおける「データ作成の違い」について解説します。具体的な手法については後半で解説するので、まずは考え方について理解してください。

動画の起承転結を考えよう

まずは動画の起承転結を考えて、シーンごとにアートボードを作成します。手描きで絵コンテを描くのもおすすめです。どのくらいのスピードで、細部をどう動かすのかを早い段階で考えておきましょう。

最終的にはIllustratorのアートボードを1枚ずつ分解してAfter Effectsで読み込みます。場面同士の素材について整合性を取るために、**ひとつのaiファイルで場面ごとにアートボードを作るデータ構造**がよいでしょう。

アートボードは「フィルムとビデオ」のプリセットを使用する

動画の画面サイズには、1280×720（ハイビジョン）、1920×1080（フルハイビジョン）などがあります。画面比率では16:9が多く用いられています。

Illustratorでは、新規ドキュメントプリセット［フィルムとビデオ］を参照してアートボードを作成すると、これらのサイズに準拠した［ビデオアートボード］が作成できます 01 。サイズだけなら［Web］などでも同じサイズのアートボードを作れますが、**モーデザ向けのaiデータは［ビデオアートボード］で作成しましょう**（次ページコラム参照）。

01 Illustratorのビデオアートボード

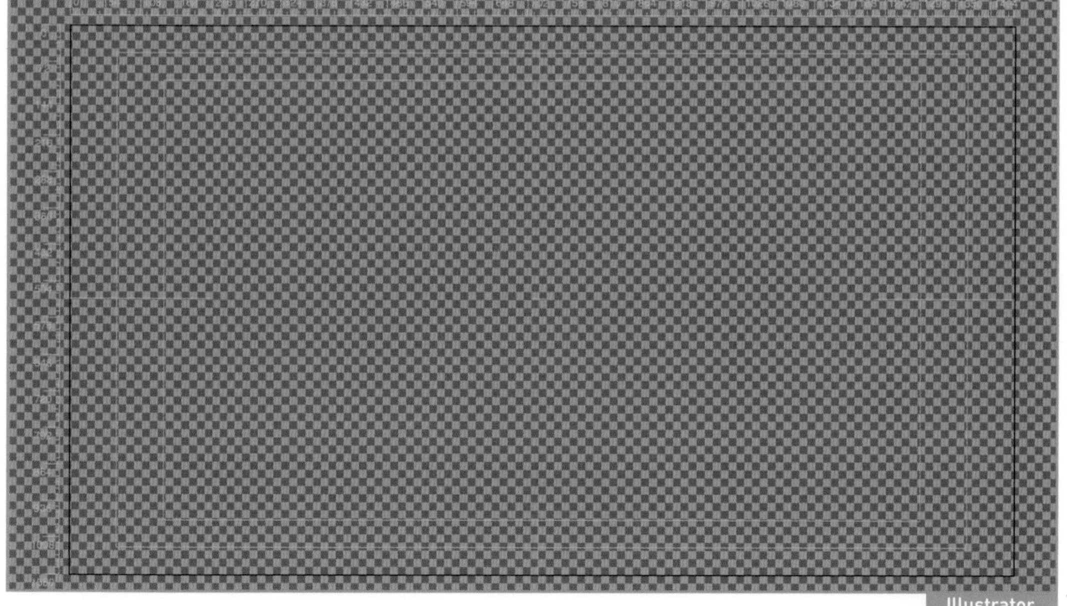

●モーデザ用のデータは必ずRGBで作ろう

色の設定は、印刷物であればCMYKとなりますが、モニタやディスプレイでの表示が前提の場合にはRGBとなります。

Illustratorでは、[ビデオアートボード] のプリセットを利用すれば自動でRGBが選択されるので特にカラーモードを意識する必要はありません。ただ、印刷物のデータからロゴやタイトルなどのオブジェクトを流用するのはよくあることなので、カラーモードについては常に意識しておきましょう。

●透明グリッドを非表示にするには

ビデオアートボードには01のような市松模様状の「透明グリッド」がデフォルトで表示されています。これを見にくいと感じる場合は、上部の[表示]メニュー→[透明グリッドを隠す]を選択します。

プロパティパネルを使用している場合は何も選択されていない状態にしてから[定規とグリッド]欄の右の透明グリッドの表示／非表示アイコンをクリックします02。

02 プロパティパネルでの表示

●既存データのレイヤー構造をそのままビデオアートボードへペーストするには

既存のIllustratorデータのレイヤー構造を保持したままビデオアートボードへペーストするには、はじめにビデオアートボードを作成して、ビデオアートボード側のレイヤーパネルの右上にあるパネルメニュー［ ≡ ］を開き[コピー元のレイヤーにペースト] にチェックを入れてから通常のコピー＆ペーストをおこないます03。

03 パネルメニューの項目

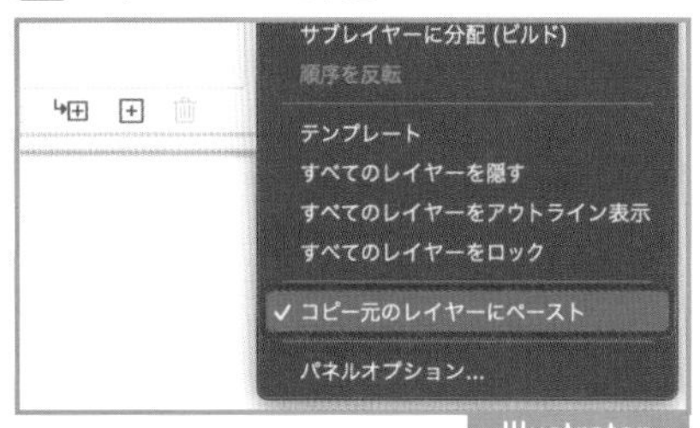

Column

なぜ「ビデオアートボード」がよいのか？特殊な構造を知っておこう

After Effectsでは通常のアートボードを読み込むと、アートボード外のエリア(カンバス)のオブジェクトが表示できないので、アートボード外のデザインがトリミングされてしまいます。ただし、ビデオアートボードであればこの問題を回避できます。その理由は、ビデオアートボードの特殊な構造にあります。

Illustratorでビデオアートボードが1枚だけ作成された状態でアートボードパネルを確認すると、実はアートボードが2枚あることがわかります01。

大きなアートボードの中にユーザーが作成したビデオアートボードが入っている「入れ子」の構造になっていて、「巨大なアートボードの中にオブジェクトがすべて収まっている」という状態なので、After Effectsに取り込んでもトリミングされてしまう心配はありません。

01 ビデオアートボードの入れ子構造

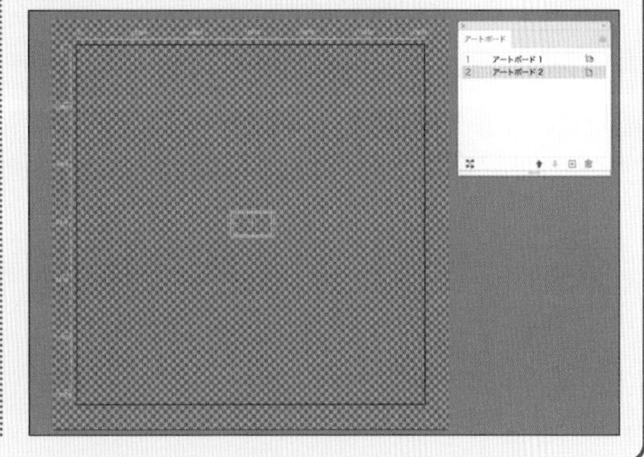

見切れるアートボード外のデザインも用意する

たとえば背景のオブジェクトがアートボードの外側に見切れる場合があります04。グラフィックデザインの場合は裁ち落としだけに気をつければよいのですが、見切れるオブジェクトを動かすのであれば、そのオブジェクトの全体像を描いておく必要があります05。**動かすオブジェクトはアートボードの外側にきちんとはみ出しているかチェックしておきましょう。**クリッピングマスクなども不要です。

04 NGなデータ(アートボードサイズでクリッピングマスク)

memo

上の状態でAfter Effectsに読み込むと、扇状のオブジェクトになってしまう。とはいえ、動かさないのであればそれでもよいという考えもあるので、柔軟にいこう。

05 OKなデータ(外側までオブジェクトを描いている)

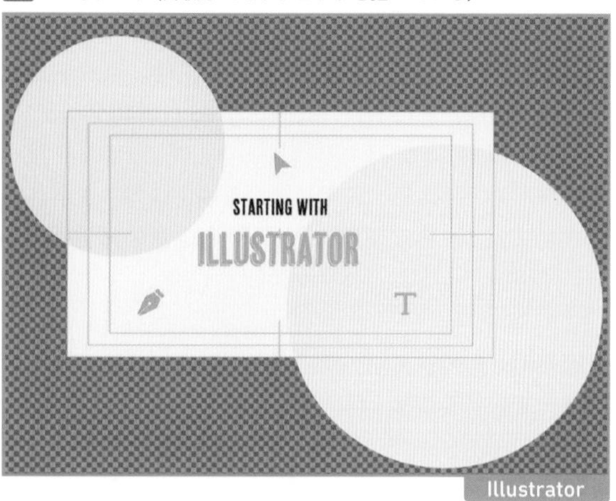

「クリッピングマスク」は使用しないほうがベター

Illustratorでクリッピングマスクしたデータを After Effectsで読み込むと、マスクしたエリアの範囲が透明状態で表示されてしまいます。そのため、位置の情報が変わってしまい、動きをつけるときに邪魔になることがあります06。写真などのラスターイメージであれば、あらかじめPhotoshopでトリミングしておいたり、ベクターデータであればパスファインダなどを使ってオブジェクトを削除して、クリッピングマスクを使わないような処理をしておきましょう。

06 Illustratorでクリッピングマスクしたデータを After Effectsで読み込む

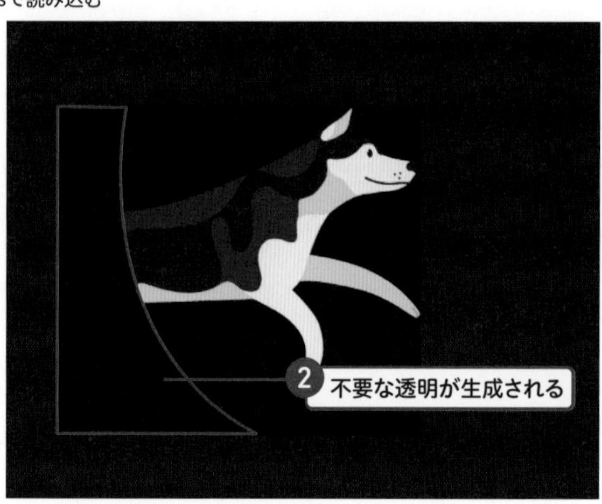

After Effectsにはない「グループ」

Illustratorにあって After Effectsにない機能のひとつが「グループ」です。特にエラーになるものではありませんが、レイヤーを細分化してデータ管理をしていくよう心がけるとよいでしょう。テキストオブジェクトをアウトライン化すると自動的にグループが作成されるので、こういった場合は一度オブジェクトを選択後に右クリックやショートカットでグループを解除してから、レイヤーをわけていきます 07。

07 グループは解除しておく

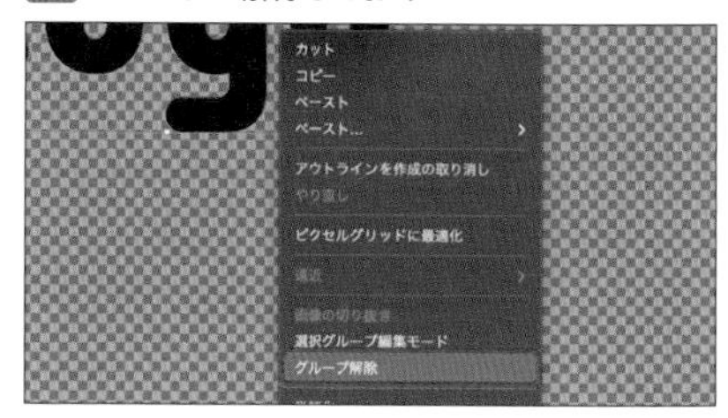

テキストオブジェクトの扱い

テキストオブジェクトを含んだデータを相手に渡す場合は、相手方にフォントがないというという理由でアウトライン化することがあります。もし、**アウトライン化した文字を1字ずつ動かす場合はIllustratorの段階ですべての文字を個別のレイヤーにわけておきます**（わけ方は次のページで解説します）。

テキストオブジェクトはAfter Effects側でも作成でき、より細かいモーションを半自動でつけることも可能です 08 09。そのような効果を利用するためにIllustrator上でのデータは静止状態のデザイン（完成見本）として作成し、**After Effects側でテキストオブジェクトに置き換えることもあります**。再作成のためにフォントの情報などを引き継ぐ際は、アウトライン前のデータを残しておくのも選択肢のひとつです。

08 After Effectsで文字を入力する

09 単語ごとに自動で効果を適用できる（ブラー効果）

線をモーションに使いたければ、線のアウトライン化はしない

After Effectsではパスの軌跡に沿ってオブジェクトを動かしたり、線自体にモーションを掛けることができます 10（P140）。

グラフィックデザインのワークフローでは、意図しない線の拡大や縮小を防ぐためにロゴなどにつけた線をアウトライン化して「塗り」に変えておくことがあります。もし、線を動きに使いたい場合や、線を動かす場合は線のアウトライン化は避けましょう。

10 パスに沿ってオブジェクトを動かせる

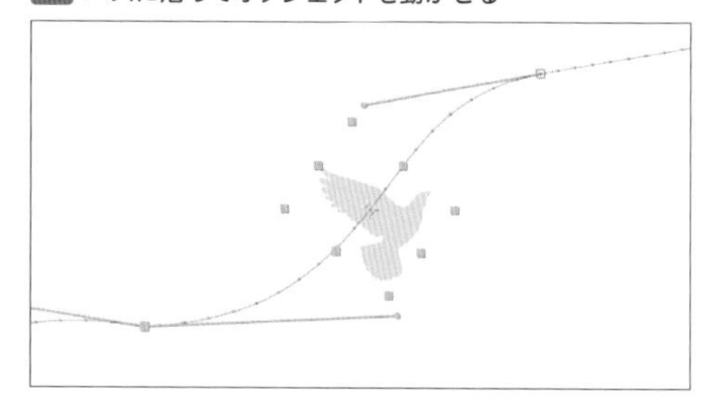

レイヤーを整理して動かしたい要素を明確に

Photoshopと比べると、Illustratorは比較的レイヤーを意識せずに操作のできるアプリです。レイヤーをわける場合も、「タイトル」「イラスト」「テキスト」「背景」といった属性や見え方の順に応じたシンプルなわけ方が好まれます。After EffectsはIllustratorのレイヤーをそのまま読み込めるため、**動かしたい要素ごとにレイヤーを準備しなければいけません。**また、「どういった動かし方をしたいのか」でレイヤーのわけ方は変わってきます。

以下では流れや考え方を紹介していきます。今後紹介する作例のレイヤー構造にも注目してください。

●レイヤー整理の考え方

動かしやすいIllustratorデータを作成するにはレイヤーわけを意識することが重要です 11 12。ただし、すべてのオブジェクトを別々のレイヤーにしてしまうとAfter Effectsでも膨大なレイヤーになってしまうため、管理が大変になります。そのさじ加減が難しいのですが、まずはアクセントになる（モーションで重要になる）レイヤーを、次に動かしたい要素ごとにレイヤーをわけていきましょう 13。

11 レイヤーが一つにまとまっていると別々に動かせない

12 レイヤーがわかれているとAfter Effectsで動かしやすい

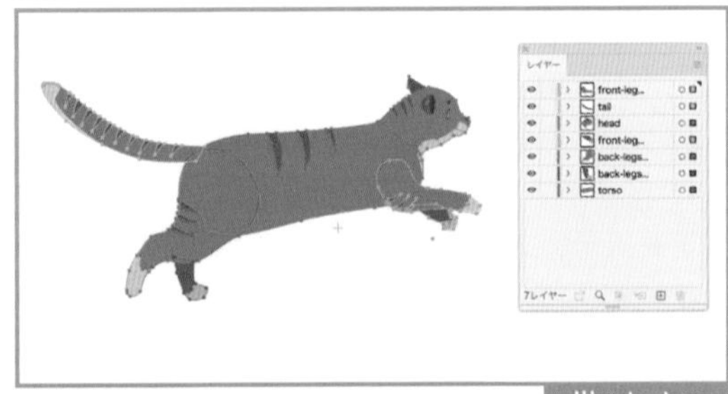

13 After Effectsでパーツごと（レイヤーごと）に動かせるようになる

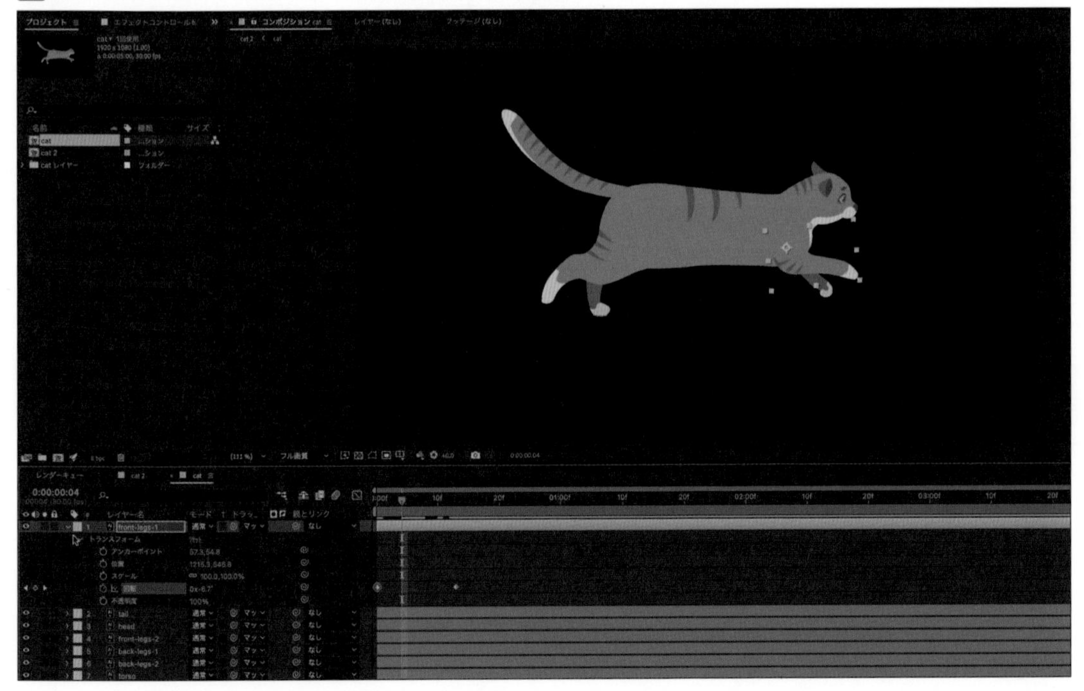

●複合パスを個別のレイヤーにするには[サブレイヤーに分配(シーケンス)]&ドラッグ操作

Illustratorでテキストオブジェクトをアウトライン化するとレイヤーの一種である「複合パス」になります。After Effects向けのデータにするには、この「複合パス」をレイヤーにしなくてはいけません。

複合パスをレイヤー化するには、はじめに親のレイヤー（テキストオブジェクト全体のレイヤー）を選択して、レイヤーパネル右上のパネルメニューをクリックすると表示される［サブレイヤーに分配（シーケンス）］を使います。サブレイヤー自体はAfter Effectsにない機能です。**サブレイヤー化したデータは親レイヤーの上へドラッグ操作すると通常のレイヤーに変換されるので**、これを利用して個別のレイヤーに変換します。

memo

この一連の流れは次のページでロゴの実例を元に紹介していく。

●レイヤーの名称・順序がそのまま反映される

Illustrator側のレイヤーの名称や順序はそのままAfter Effectsに反映されるので、順序が重要になる場合は注意する必要があります14。たとえばテキストオブジェクトはアウトライン化と「複合パスを解除」で個別のサブレイヤーに分配すると、実際の文字の順序とレイヤーの順序が逆になってしまいます。これをドラッグ操作、もしくは**レイヤーパネルのパネルメニューをクリックすると表示される［順序を反転］でレイヤーの順序を修正するとAfter Effectsでの順序にも影響します。特にAfter Effectsにはレイヤーのサムネール表示がないので、レイヤーの名称はとても重要です。**

いずれの作業もひと手間かかりますが、はじめにレイヤーを整理しておくと後の修正で混乱せずに済みます。

14 Illustratorのレイヤーの名称・順序がそのままAfter Effectsに反映される

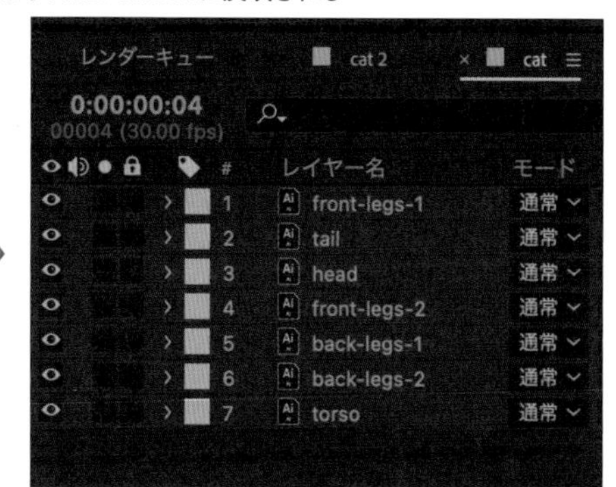

●レイヤーの数は極力Illustratorで確定させておこう

After Effectsのデータと、読み込みに使用したIllustratorデータはリンク関係になっているので、後から追加で別のaiデータを読み込んでいくとリンク関係が複雑になり、データの管理が煩雑になってしまいます。Illustratorデータのレイヤーの数はAfter Effectsへ読み込む前に確定させておくのが理想です。

とは言うものの、実際は後からパーツを追加したい場合も多いでしょう。そこでおすすめなのが、Illustratorで空の予備レイヤーをあらかじめ作っておいて、要素の追加があった場合に予備レイヤーに要素を追加していくという方法です15。この方法であれば複数のaiデータやその管理に悩まされることも少なくなります。

15 はじめに予備の空レイヤーを作っておく

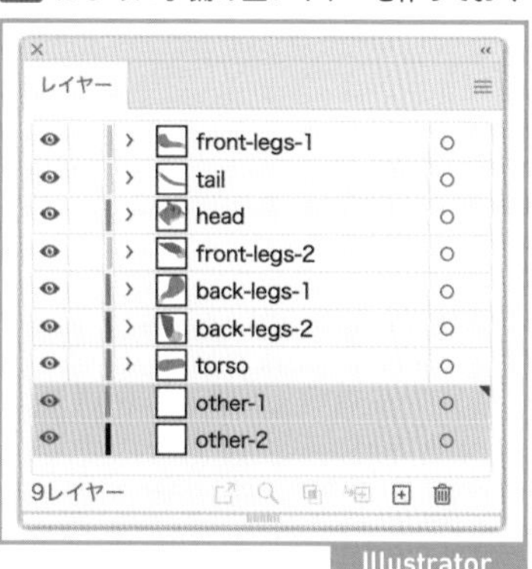

ミニチュートリアル タイトルロゴのレイヤーを整理する

前ページで紹介したレイヤーわけについて、アウトライン前のIllustratorデータを例にポイントを確認してみましょう。STEP.4〜6はどの順序で実行しても問題ありません。常にレイヤーパネルを開きながら作業しましょう。

STEP.1 文字をアウトライン化する

テキストオブジェクトを選択し、[書式] メニュー→[アウトラインを作成]を選択します。レイヤーパネルの「レイヤー1」の横向き矢印のアイコン[›]をクリックしてサブレイヤーを確認しながら作業します16。アウトライン化すると、サブレイヤーの表記が<グループ>になります17。

16 文字を入力した状態

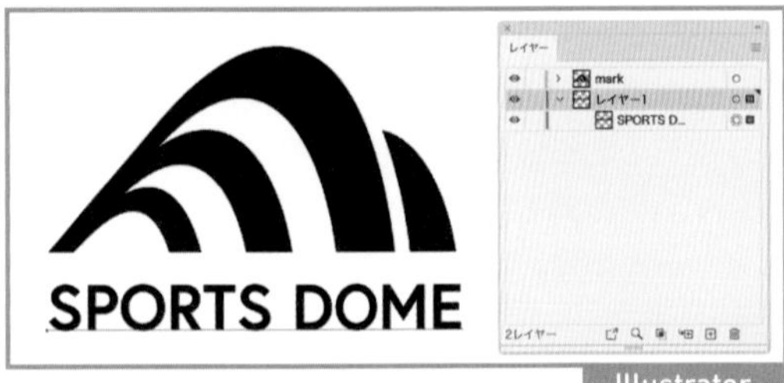

17 文字をアウトライン化する

STEP.2 グループを解除する

アウトライン化されたオブジェクトを選択し、[編集] メニュー→ [グループを解除] を選択します。グループを解除すると、サブレイヤーの表記が<グループ>から個別の<複合パス>の表記になります18。

18 グループを解除して複合パスの表記にする

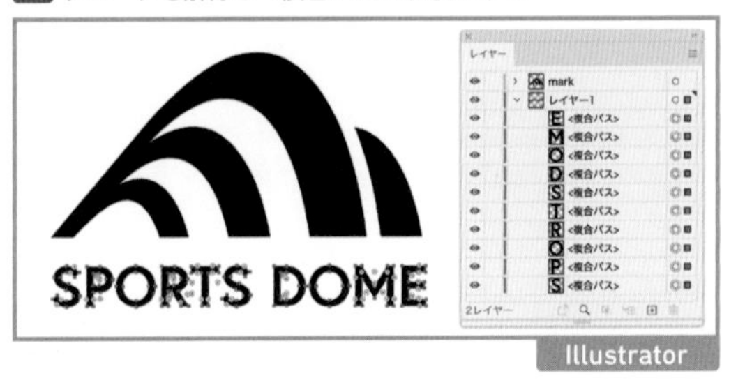

STEP.3 複合パスを「サブレイヤー」にする

レイヤーパネルで親のレイヤー (レイヤー1) をクリックして選択後、レイヤーパネルのパネルメニュー [≡]をクリック→[編集] メニュー→[サブレイヤーに分配 (シーケンス)] を選択し、複合パスをサブレイヤーに変換します19。

19 「サブレイヤーに分配(シーケンス)」を選択

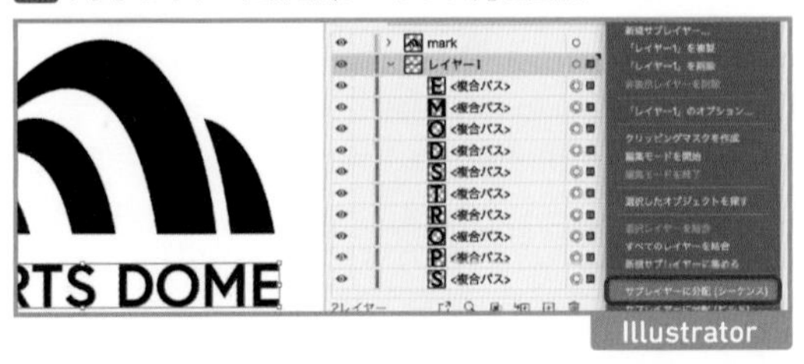

STEP.4 順序を反転

すべてのサブレイヤーを選択してレイヤーパネルのパネルメニューをクリック→ [編集] メニュー→ [順序を反転] を選択します20。読みとは逆の「EMODSTROPS」の順番だったレイヤーが読みと同じ順序に修正されます。

20 「順序を反転」を選択

STEP.5 親レイヤーの上へドラッグしてサブレイヤーを変換

STEP.4のサブレイヤーをすべて選択して、レイヤーパネルの親レイヤー（レイヤー1）の上へドラッグしてサブレイヤーを通常のレイヤーにします21。

21 すべてのサブレイヤーをレイヤー1の上へドラッグ

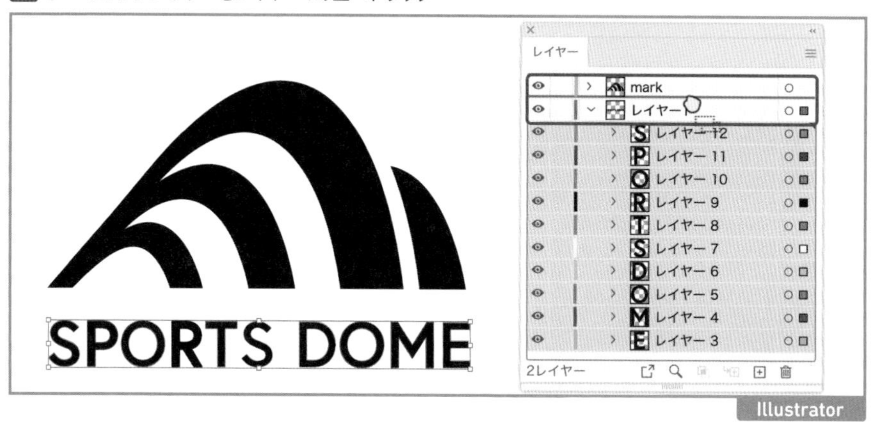

STEP.6 レイヤー名を変更する

レイヤーパネルのレイヤー名を個別にダブルクリックして、レイヤー名をわかりやすいものに変更します22。

memo

規則的なリネームにはスクリプトを使うのもおすすめ。インターネット上で作者によって無料で公開されているものも多いので探してみよう。

22「レイヤー」という名称ではわかりにくい

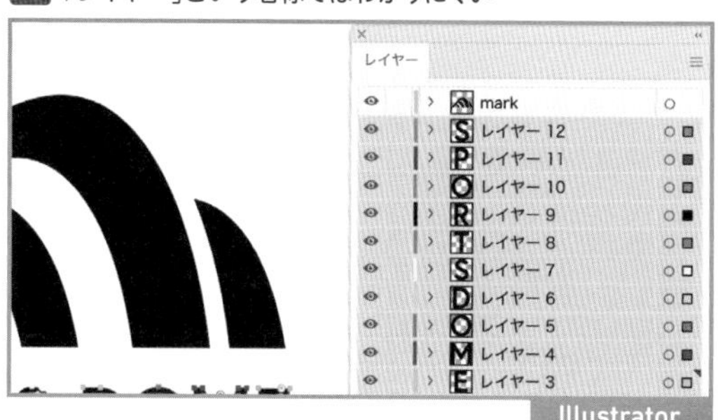

STEP.7 予備のレイヤーを作る

ここまでの作業で、元の親レイヤー（レイヤー1）の中身は空になっています。これは削除してもよいのですが、「other」という名前の空の予備のレイヤーにしておくと、後から要素が追加されたときに利用でき、便利です23。

23 予備のレイヤーを用意

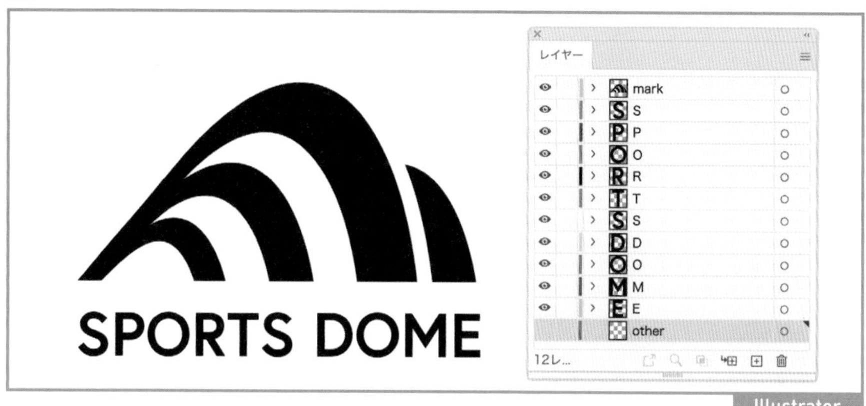

IllustratorとAfter Effectsの両方ができることを知っておく

見ためが同じ要素でも、After Effectsで置き換え可能なものや置き換えが推奨されるものを紹介します。いずれも、「必ず置き換えなくてはいけない」ものではありません。モーションをつける場合にはAfter Effectsのオブジェクトに置き換えたほうがスマート、くらいの認識で結構です。After Effectsの操作に慣れてきた頃に必要に応じてオブジェクトの再作成にトライしてみましょう。

●単色やグラデーションの背景と「平面レイヤー」

Illustratorには「背景を設定する」機能がないので、四角形などを描いて背景として利用しています24。After Effectsでは、**単色の背景色であれば「平面レイヤー」などで設定できるので**25、最終的にはIllustratorの背景用のオブジェクト自体は使用されない場合もあります。デザイナー自身がモーションを作る場合はAfter Effects側で作成することを前提に、Illustratorでは背景用オブジェクトを作成しないか、削除を前提にレイヤーをわけておきましょう。ただし、グラデーションメッシュやフリーグラデーションといった**リッチなグラデーションはAfter Effectsの機能にはないため**、こういった背景やオブジェクトはIllustratorで作成したデータを利用します。

24 Illustratorの単色背景は長方形のオブジェクトで描く

25 After Effectsは「平面レイヤー」などで単色背景を作れる

●アピアランスと「エフェクト」「レイヤー効果」

Illustratorの「アピアランス」機能を活かす場合、オブジェクトのパスを活かして形を変えるようなモーションはできません。**[ドロップシャドウ]や[ワープ]などの一部の効果はAfter Effectsでもつけることができるので**、たとえばワープの形状が変化するようなモーションをおこなう時には、Illustrator側のアピアランスを削除してからAfter Effects側のエフェクト(効果)に差し替える場合があります。ドロップシャドウには[エフェクト]や[レイヤー効果]機能を利用します26。

After Effectsの[エフェクト]メニューにはほかにもさまざまな効果があり、多くのエフェクトを掛けることができます。操作に慣れてきたら実際に手元のデータに適用してみたり、エフェクトの名称で調べてみることで作品のアイディアにも結びつくでしょう。

26 ワープとドロップシャドウ。左：Illustrator、右：After Effects

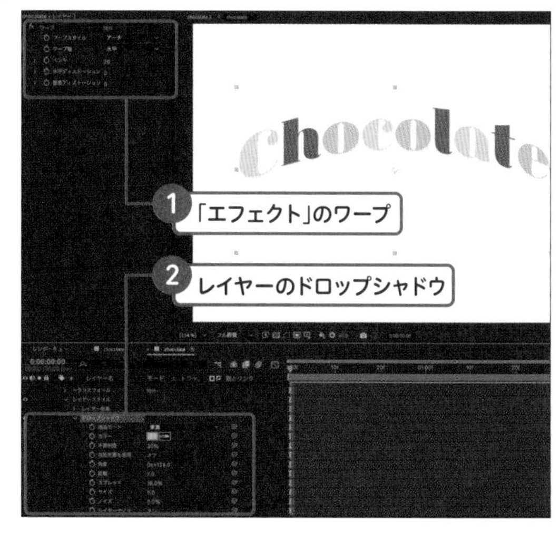

◎パターンやリピートと「リピーター」

Illustratorのパターン**27**やリピートと類似する機能がAfter Effectsの［リピーター］です。［リピーター］を使うことで、ひとつのレイヤーに複数のシェイプを増やしながらモーションを作成できます**28**。

たとえば背景のパターンが動いたり、花火が散るようなバーストするモーションなどに［リピーター］が利用されます。［リピーター］用に元のシェイプのうちのひとつを別途レイヤーわけしておくとよいでしょう。［リピーター］はAfter Effectsの「シェイプレイヤー」で適用できるので、Illustratorのデータをリピートさせるには変換の必要があります。

27 Illustratorの「パターン」

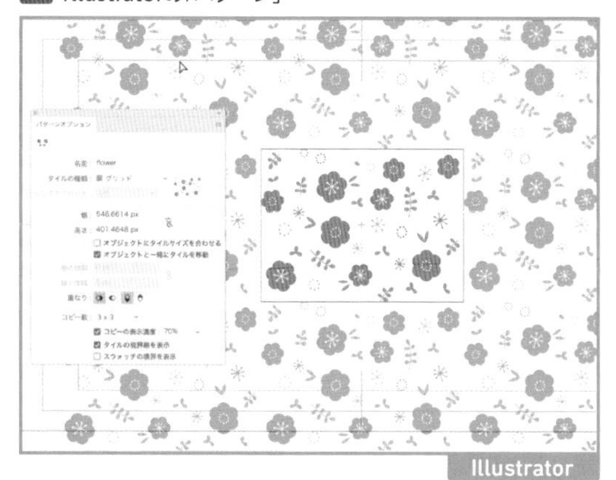

28 After Effectsの「リピーター」

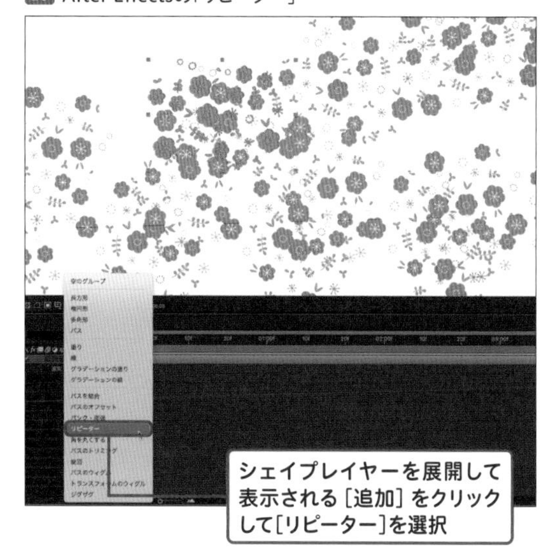

不要なデータは削除しておく

Illustratorの孤立点や非表示になっているオブジェクト・レイヤーは削除しておきましょう。孤立点は中身のオブジェクトがないので気づきにくいのですが、Illustratorの［表示］メニュー→［アウトライン表示］で確認できるほか、［選択］メニュー→［オブジェクト］→［孤立点］で選択できるので、［delete］キーで削除します。

WORD
孤立点（Illustrator）
中身が何もない余分なパスや空のテキストオブジェクトなどのデータのこと。

ファイルの保存方法

●アートボードが1枚だけで完結する場合

レイヤーわけがされていればそのまま保存してAfter Effectsで使用します。

●アートボードが複数ある場合

全体のデータを保存した後、Illustratorの［ファイル］メニュー→［別名で保存］→Illustratorオプションのダイアログで［各アートボードを個別のファイルに保存］にチェックして全体のデータとは別にアートボードを個別のaiデータとして書き出します 29。

29 アートボードを個別に保存する

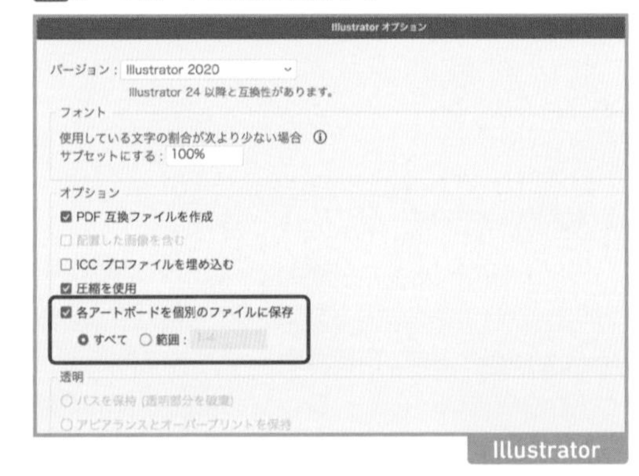

Illustratorのデータに追加や修正があったら？

After Effectsで取り込んだIllustratorデータは、いわゆる「リンク配置」の関係になるので、After Effectsに読み込んだ後もIllustratorで開いて再編集できます 30。更新に便利な一方、元のデータの場所が変わるとリンク切れになるので注意しましょう。

●すでにAfter Effectsに取り込んだaiデータをIllustratorで再編集する方法

❶After Effectsのプロジェクトパネルの中からIllustratorの素材（フッテージ）を選択
❷［編集］メニュー→［オリジナルを編集］を選択
（ショートカット：Mac ［command］ + ［E］、Win ［Ctrl］ + ［E］）

30 素材を選択して［オリジナルを編集］を選択

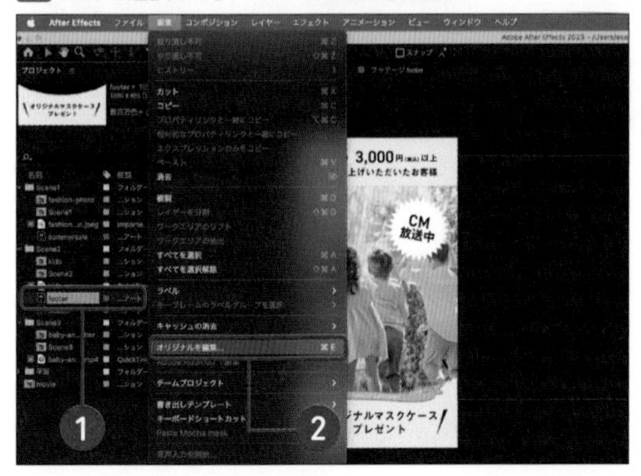

31 Illustratorで再編集ができる

データの管理やわかりやすさの観点からは、同じIllustratorのデータのみで完結するのが理想的ですが、案件によっては途中から追加で別のIllustratorデータを組み込む必要があります。そういったときはフッテージ設定で追加レイヤーを読み込みます。こちらも「リンク配置」の関係になるので、追加のaiデータが多いほどデータ管理に気を配る必要があります。

◯後から別のIllustratorデータを追加する方法

❶After Effectsの[ファイル]メニュー→[読み込み]→[ファイル]でaiファイルを選択

❷読み込みの種類：[フッテージ]を選択→[レイヤーを統合(もしくはレイヤー)]を選択 32

❸プロジェクトパネルにフッテージとしてaiデータが表示されるので、作業の中のコンポジションにドラッグして使用 33

32 編集中に別のaiファイルをフッテージとして読み込む

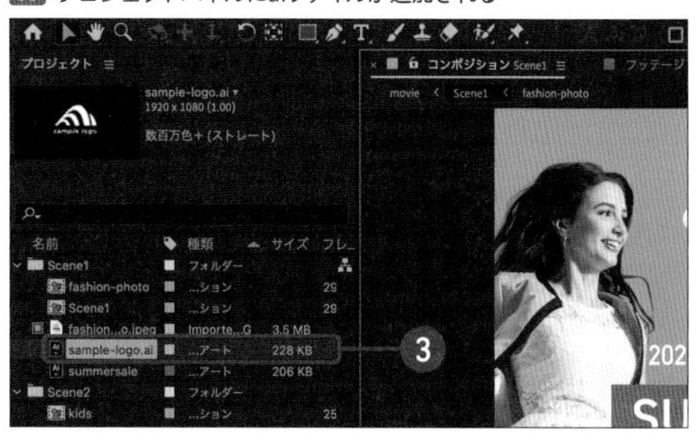

33 プロジェクトパネルにaiファイルが追加される

このChapterで作成する「スライドショー」のIllustratorデータ

Chapter 2-4（P068）では、3つのシーン（3枚のアートボード）を順番に切り替える「スライドショー」を作成します。大元のデータとレイヤー構造は 34 35 の通りです。ビデオアートボードで作成したデータを[別名で保存]して、個別のアートボードとして書き出します。

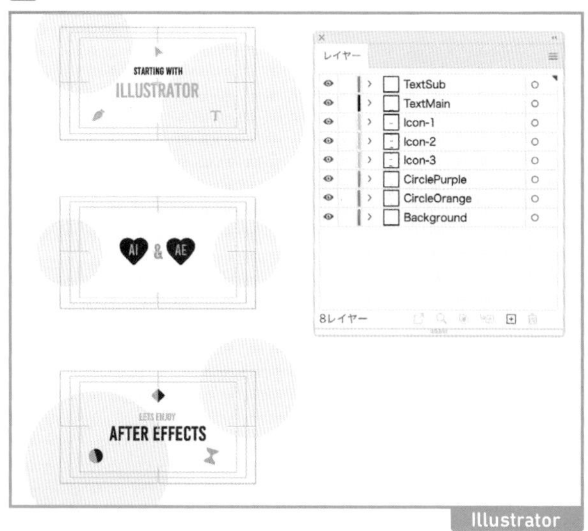

34 全体のデータとレイヤー構造

35 個別のデータとして書き出す

02 After Effectsの ワークスペースを見てみよう

ここからAfter Effectsの操作について解説します。まずは「コンポジション」を作成してみましょう。はじめて聞く用語もあるかもしれませんが、まずは手順に沿って学んでみてください。

新規プロジェクトとコンポジションを作る

After Effectsを立ち上げると、はじめに「ホーム画面」が表示されます 01。［新規プロジェクト］ボタンを選択して、［新規コンポジションを作成］を選択します 02。コンポジション設定ダイアログ 03 で［OK］を押すと、空のコンポジションが作成されます。

❶［新規プロジェクト］ボタンを選択
❷［新規コンポジションを作成］を選択
❸コンポジション設定ダイアログで［OK］をクリック

01 After Effectsのホーム画面

WORD

プロジェクト
「ファイル」や「ドキュメント」と同じ。Premiere Proも同様にプロジェクトと言う。After Effectsのプロジェクトの拡張子は.aep

注意
CC2022より以前のバージョンでは新規ファイルの作成時には「プロジェクト設定」ダイアログが表示されます。

02 中央左側のボタンから新規コンポジション］を作成

03 ［コンポジション設定］ダイアログ

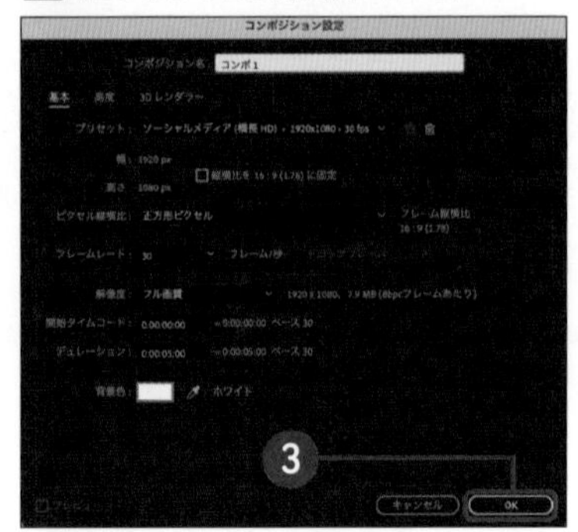

memo
「コンポジション」はP066で詳しく解説する。ここではワークスペースを確認するだけ。まずは表示してみよう。

After Effectsのワークスペース

Illustratorでは、カンバス(アートボード)は常にワークスペースの中央に配置されています。一方、After Effectsのワークスペースは、メニューバー以外はすべて「パネル」で構成されています。なお、04の画面は、[ウィンドウ]メニュー→[デフォルト]を選択しています。

ワークスペースの切り替えは、ウィンドウメニューからアクセスする以外に、ツールパネルの右側にあるワークスペースバーの項目を選択する方法があります。[ウィンドウ]メニューから他のパネルを表示することもできます。ここでは[デフォルト]のワークスペースに表示されている基本のバーやパネルについて解説します。

❶メニューバー
❷ツールパネル
❸プロジェクトパネル
❹コンポジションパネル(モニター)
❺タイムラインパネル
❻ワークスペースバー
❼プロパティパネル

04 After Effectsのワークスペース

❶メニューバー

モーションの編集に必要な機能が格納されています。[After Effects]や[ファイル]、[編集]、[レイヤー]、[ウィンドウ]など、他のAdobeアプリと共通する内容も多く、経験のあるユーザーには馴染みやすい項目でしょう。[ビュー]はIllustratorの[表示]と同じく、ワークスペースの表示に関する項目が並んでいます05。

WORD

「バー」と「パネル」

ツールパネルは「ツールバー」と解説されているものもあるが、本書では配置を変更できるものは「パネル」と呼ぶ。

05 メニューバー(macOS)

After Effects	ファイル	編集	コンポジション	レイヤー	エフェクト	アニメーション	ビュー	ウィンドウ	ヘルプ

❷ツールパネル

After Effectsのツールパネル(ツールアイコン)は横方向に並んでいます06。右下に三角形のアイコンのあるツールを押し続けるとサブツールに切り替えることができるのはIllustratorと同じです。選択ツールなど、共通するツールもあれば細かい点が異なるツールもあります。また、ショートカットがIllustratorとは異なります。とはいえ、IllustratorやPhotoshopと比較するとツールの数は少ないので、他のAdobeアプリの経験があればツールの学習自体はそれほど難しくないでしょう。なお、一部のグレーになっているツール(軸モード)は、3Dレイヤーを利用することでアクティブになります(P243)。

06 ツールパネル

❸プロジェクトパネル

プロジェクトに関する素材が格納されているパネルです07。外部からファイルを読み込んだり、新規で制作したりして追加します。これらの素材をプロジェクトパネルから次ページ❺のタイムラインパネルへドラッグして編集を進めていきます。プロジェクトパネルに読み込んだ素材は時間やサイズなどの情報が表示されます。素材を選択して右クリックすると名称や設定を変更できます。

静止画や動画ファイルなども扱うことができるため素材の数が膨大になりがちですが、検索やフォルダわけをおこなえたりラベルでの管理ができます。

07 プロジェクトパネル

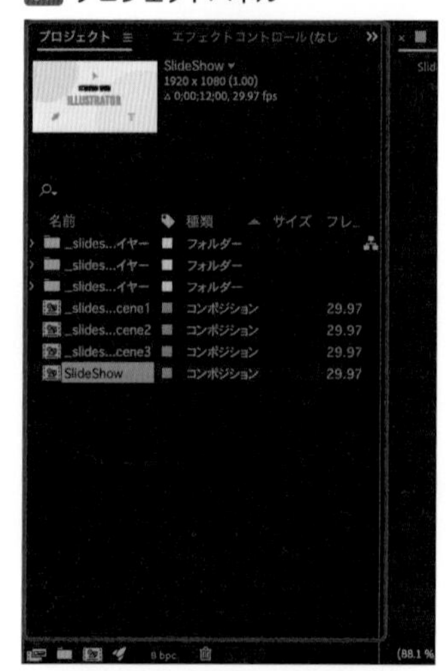

❹コンポジションパネル(モニター)

複数の素材を構成して(コンポジションを作成して)、モーションのレイアウトをしたり、再生して確認するための画面です08。拡大・縮小倍率のほかに、再生画質を調整する欄などがあります。複雑なコンポジションを高画質で再生すると実際のモーションよりも動作が遅くなってしまうこともあります。

08 コンポジションパネル(中央)

◎ビューア

コンポジションパネルにはコンポジションやフッテージなどを表示しておくことができます。これらはビューアとも呼ばれます 09。ひとつのコンポジションパネルに対して複数のビューアを表示させ、親のコンポジションと子のコンポジションを並べて編集することもできます。コンポジション名の左側に表示されている鍵のアイコン[🔒]をクリックするとビューアのロック/ロックの解除が可能です。

09 ビューアを2つ表示した状態

- 別のビューアの表示：コンポジションパネルを選択して[ビュー]メニュー→[新規ビューア]

❺タイムラインパネル

タイムラインパネルは**素材を表示する左側の「レイヤー」❶と、時間の経過を表示する右側の「レイヤーバーモード」❷**の2つの画面に分割されています 10。プロジェクトパネルからレイヤーパネルに素材をドラッグし、タイムラインパネルで動作の種類やタイミングを設定しながら、コンポジションパネルで確認やレイアウトをおこないます。

10 タイムラインパネル

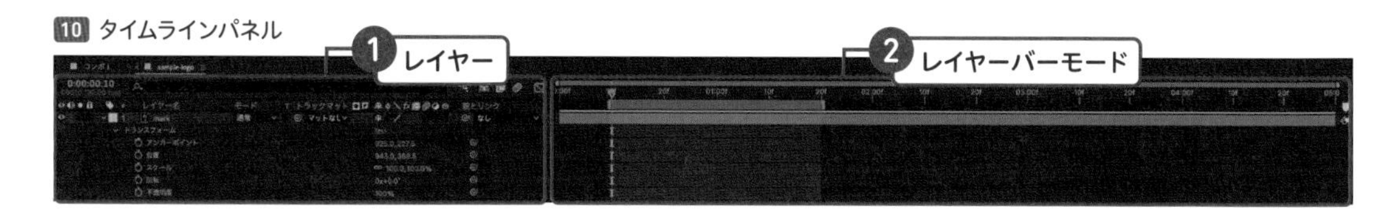

◎レイヤー

各レイヤーの表示、非表示、ロック、ドラッグ操作による上下の入れ替えなどはIllustratorと似た部分もあります。また、クリックしたレイヤーだけを表示するソロボタンというユニークな機能もあります。[▶]のマークをクリック❶して**レイヤーのプロパティを開閉できる❷**のが特徴的です。このプロパティに対して操作を加えていくことで、選択したレイヤーの素材に動きを与えられます。

11 レイヤーのプロパティ

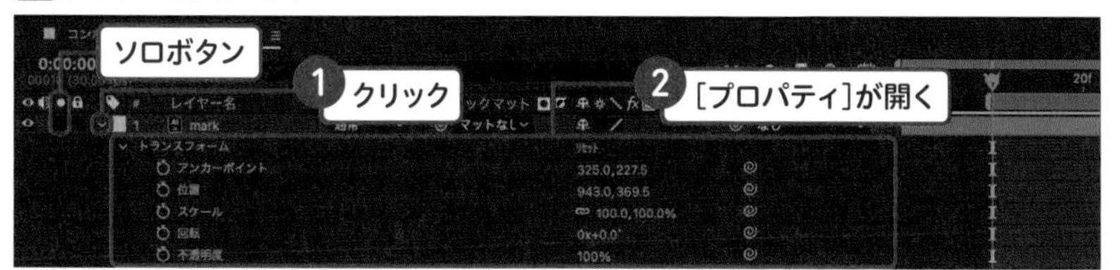

memo

「レイヤーのプロパティ」は、Illustratorユーザーにとっては馴染みがあるようでないような言葉。今後たくさん出てくるので要チェック。

Column

レイヤーの項目が書籍と異なるときには

レイヤーの表記の一部は上のメニュー(アイコン部分)を右クリック([control] +クリック)したり、パネルの左下のアイコンをクリックして表示/非表示を切り替えられるので確認してみましょう。

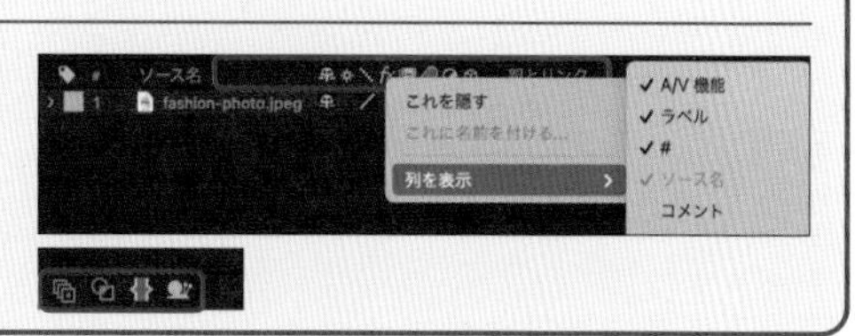

After Effects 2023から追加された「プロパティパネル」

デフォルトのワークスペースで、After Effectsの右側上に表示されているパネルは「プロパティパネル」と呼ばれます。これは2023年6月のバージョン23.4.0から追加された機能です。レイヤーを選択するだけでレイヤーのプロパティを確認できるので、レイヤーでプロパティをクリックして「展開」する手間を省けます。なお、Illustratorの「プロパティパネル」と同じように、選択したレイヤーの内容によって表示される内容が変わります。プロパティの階層が深くなってくると、より便利さが実感できる機能です。

●選択なし

初期状態ではレイヤーを何も選択していないときには、プロパティパネルには何も表示されません12。

12 なにも選択していない状態

●aiファイルから読み込んだレイヤー/平面レイヤー/ヌルオブジェクトレイヤーなどを選択

レイヤーを選択するとアンカーポイント、位置、スケール、回転、不透明度のレイヤートランスフォームの基本項目が表示されます。時間インジケーター（P064）を操作しながらプロパティパネルのストップウォッチアイコンをクリックすると、キーフレームの設定ができます13。

13 レイヤーを選択

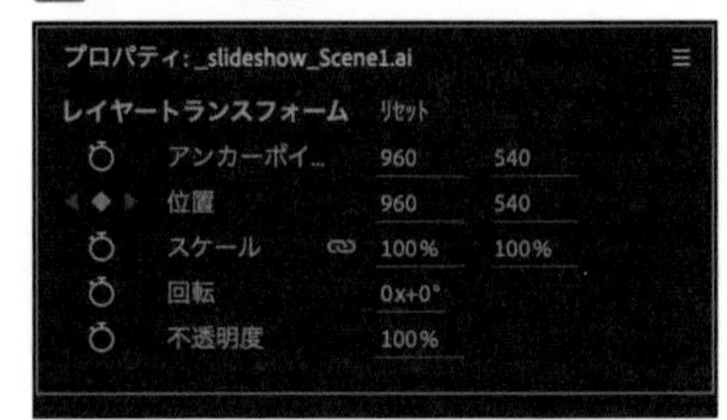

●テキストレイヤーを選択

After Effects上で横書き（縦書き）文字ツールを使って作った「テキストレイヤー」を選択しているときには、レイヤートランスフォーム以外に「テキスト」や「段落」、「テキストアニメーション」が表示されます14。

14 テキストレイヤーを選択

memo

プロパティパネルの「テキスト」には、Illustratorのプロパティパネルと同様に、本来の「文字パネル」の簡易的な機能が表示される。

◎シェイプレイヤーを選択

Chapter 2-6 (P080)などで解説している「シェイプレイヤー」を選択すると、プロパティパネルには多くの項目が表示されます。これらの項目はシェイプレイヤーが元々持っている性質に紐づいています。

シェイプレイヤーは、1枚に複数のシェイプオブジェクトを含めることができます。そして、シェイプレイヤー空間と個々のシェイプオブジェクトに対して別々にトランスフォームをかけることができます。たとえば 15 16 はChapter3-2 (P100) で紹介している3つのシェイプを内包したシェイプレイヤーを選択・展開したものです。ここでは「トランスフォーム」の項目が4つあることが確認できます。一番下の「トランスフォーム」がシェイプレイヤー全体の動きを制御するトランスフォームです。こうした性質は便利な反面、レイヤーを展開してみると階層が深く、クリックの回数も多く必要になることから、特に初心者にとってはわかりづらく感じる場合もあるでしょう。そこでプロパティパネルを見ていきます。

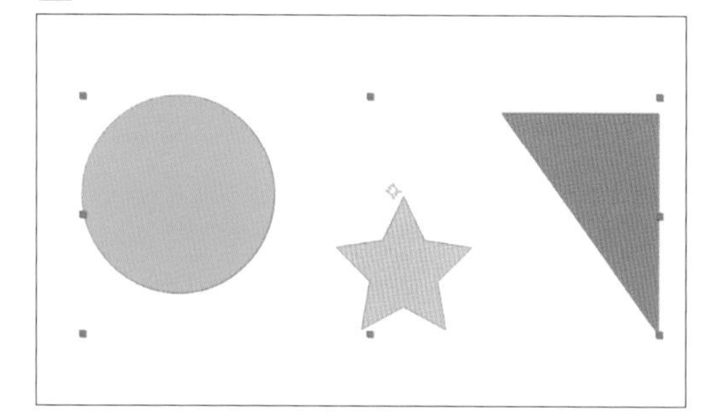

15 1枚のシェイプレイヤー

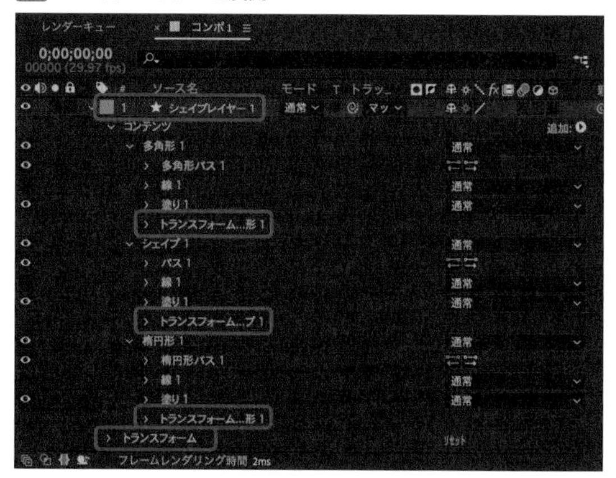

16 シェイプレイヤーを展開

プロパティパネルではこれらを区別して、シェイプを選択している時には項目が❶❷❸❹のブロックにわかれて表示されます。

レイヤー全体に作用する「レイヤートランスフォーム❶」のほかに、「レイヤーの内容❷」としてシェイプの構成が確認できるので、ここから内容を選択して、それぞれの「シェイプのプロパティ❸」と、「シェイプのトランスフォーム❹」の設定を調整できます。

特に初心者にとって通常のレイヤーは 16 のように、シェイプレイヤー全体と個別のプロパティのどちらのトランスフォームを編集するのかがわかりにくいこともあるので、プロパティパネル 17 の見方がわかると便利です。

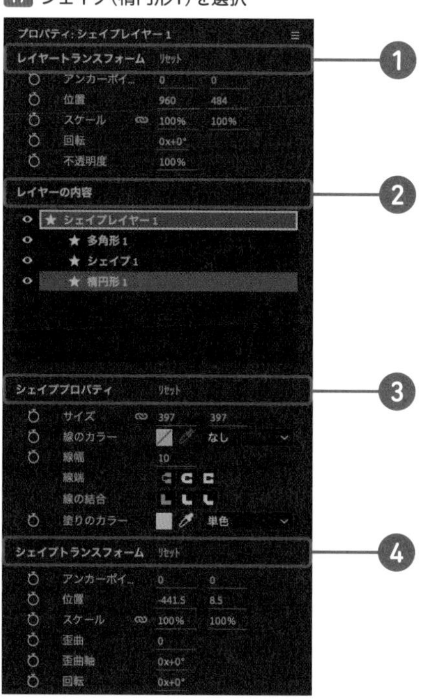

17 シェイプ(楕円形1)を選択

●「時間インジケーター」「ワークエリアバー」「レイヤーデュレーションバー」「タイムナビゲーター」

タイムラインパネルの右側には、**ワークエリアバー**と**レイヤーデュレーションバー**が表示されます。コンポジションパネルで再生している箇所には青い縦の線が入ります。この線を**時間インジケーター**と呼びます。

18 時間インジケーター、ワークエリア、デュレーションバー

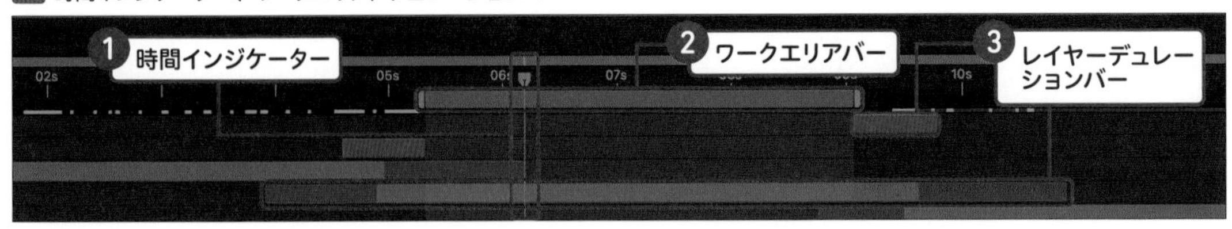

「時間インジケーター❶」は頻繁に操作する項目です。タイムラインパネルの任意の位置へ時間インジケーターをドラッグで移動し、コンポジションパネルやレイヤーパネルで動きの設定や修正をおこないます。

- [space] バーを押すと時間インジケーターの再生と停止
  ([space] バーを押しっぱなしにすると手のひらツールになり、ドラッグ操作と組み合わせると移動になります)

コンポジション全体ではなく、一部だけを再生したり書き出したい場合には、「ワークエリアバー❷」を操作します。ワークエリアバーの左端(始点)と右端(終点)をドラッグして、ワークエリアのデュレーションの範囲(時間)を指定できます。ドラッグした範囲は若干明るくハイライトされ、時間インジケーターはその範囲内で動くようになります。モーション全体を再生すると、描画処理に時間がかかってしまう場合があるので、ワークエリアバーを使って再生範囲を限定する方法を覚えておくと便利です。

- 再生を開始したい点まで時間インジケーターを移動し[B]キーを押すとワークエリアの開始位置を指定
- 再生を終了したい点まで時間インジケーターを移動し[N]キーで終了位置を指定
- [Shift] + [fn] + [←] で開始点にインジケーターを移動(Windowsの場合は[Shift] +[Home])
- [Shift] + [fn] + [→] で終了点にインジケーターを移動(Windowsの場合は[Shift] + [End])

「レイヤーデューレーションバー❸」をドラッグ操作すると該当するレイヤーを前後に動かすことができます。また、両端をドラッグすると該当するレイヤーの長さを変更することがでいます。

上部に表示されている「タイムナビゲーター❹」をドラッグすると、タイムラインの拡大・縮小ができます19。

WORD
デュレーション
コンポジションなどの継続時間のこと

19 タイムナビゲーター

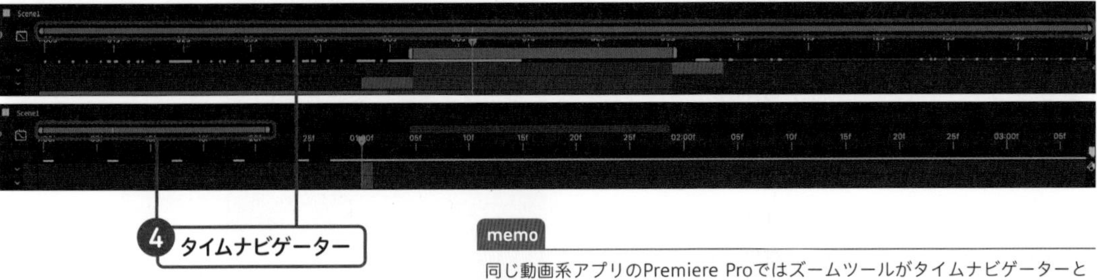

memo
同じ動画系アプリのPremiere Proではズームツールがタイムナビゲーターと同じ機能を持つが、After EffectsのズームツールはIllustratorなどと同じくコンポジションパネルの拡大に使われる。

パネルの移動とロック

パネルは移動や変形ができます。はじめてAfter Effectsを触るときには、意図せずパネルを移動してしまうこともあるので、パネルのコントロールについても知っておきましょう。本書では、「デフォルト」のワークスペースを基準に解説をしていきます。

◎パネルの展開

パネル名のみが表示されている状態のパネルをクリックすると、パネルの項目が開きます。

◎パネルをドッキングする

パネルをドラッグ＆ドロップして他のパネルに重ねると、パネルを合体できます。

◎パネルのドッキングを解除する

パネルメニューをクリックして「パネルのドッキングを解除」を選択すると、パネルがフローティングします（浮き上がります）20。複数のモニタで作業しているときに特定のパネルを切り離して別のモニタに表示させておきたい場合などに便利です（macOSの場合は［command］＋ドラッグでパネルを分離できます）。

20 パネルのドッキングを解除

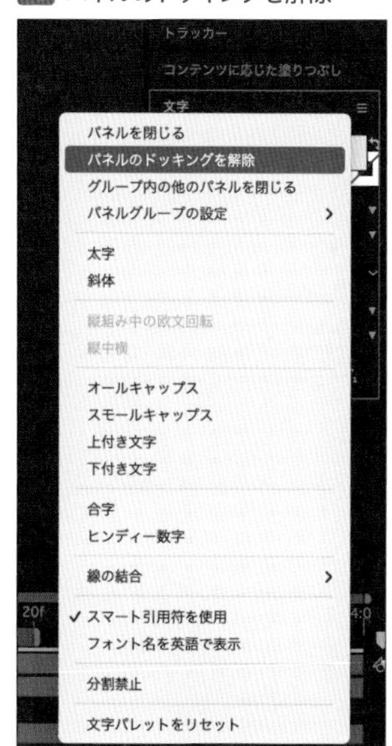

◎パネルの位置をリセットする

［ウインドウ］メニュー→［ワークスペース］→［（ワークスペース名）を保存されたレイアウトにリセット］　を選択すると元のワークスペースへ戻すことができます。また、ワークスペース列の名前をダブルクリックすることでもレイアウトのリセットが可能です。

これらの操作は、やや癖があるので慣れるまで違和感があるかもしれません。ただ、頻繁に操作する部分でもあるので、いろいろ操作を試して慣れていってください。

自分が使いやすい見た目で作業するのはどのアプリでも同じ

Illustratorユーザーがafter Effectsをはじめて見たとき、その見た目の違いには少し驚くかもしれません。たとえば同じ名称を持つものでも、その見た目や役割が大きく異なるものも少なくありません。**一方で、レイヤーやワークスペース、パネルなど、共通する用語もあります。**目的に応じてパネルやワークスペースを切り替えるのは両者ともに変わりません。テキストを動かすのであれば、ほかに段落パネルや文字パネルを開いておくといった具合に、**自分が使いやすいワークスペースを意識することが大切です。**

03 プロジェクトファイルと「コンポジション」を知ろう

ここではAfter Effectsのプロジェクトを構成するフッテージとコンポジションについて紹介します。特に［コンポジション］メニューはよく使う項目なので、あらかじめ確認しておきましょう。

プロジェクトとコンポジション、フッテージ

After Effectsのドキュメントは「プロジェクト」と呼ばれます。拡張子は.aepです。ひとつのプロジェクトには完成したモーションのほかに、元になる素材のリンク情報を含めることができます。プロジェクトを構成するデータには素材そのものである「フッテージ」と素材や動きのプロパティを含んだ「コンポジション」をはじめ、調整レイヤー、平面レイヤー、ヌルオブジェクトなどがあります。

●フッテージ

元々はひとつのシーンやフィルム素材を指す用語で、未編集の動画や静止画の素材データを指します。

●コンポジション

複数の素材を組みあわせたデータのことで、コンポジションにはフッテージのほかに、After Effectsで作成した文字やシェイプのレイヤーや、別のコンポジションを含める（入れ子にする）ことができます。

素材データをフッテージとして読み込み、パーツやシーンごとに「コンポジション」を作成して動きをつけ、それをさらにひとつにまとめて「作品としてのコンポジション」を構成するといった作り方が一般的です。

01 プロジェクト、フッテージ、コンポジションの関係

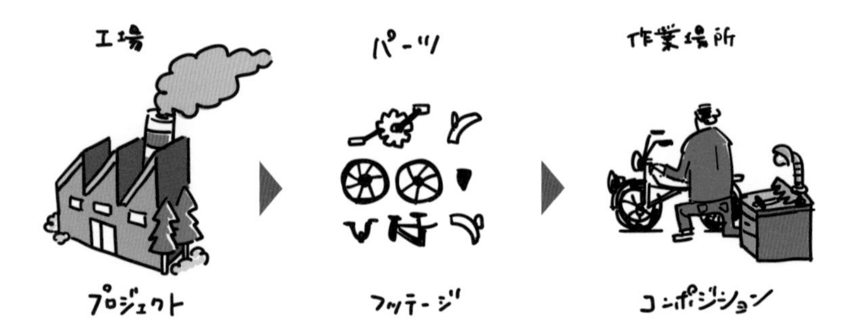

02 コンポジションの概念

memo

Illustratorの概念に置き換えると、フッテージはリンクファイル、コンポジションはシンボル、と捉えると理解が進むかもしれない。入れ子にできるという点ではPhotoshopのスマートオブジェクトもコンポジションと似ていると言える……（かもしれない）。

●プロジェクトパネル

JPGなどの静止画やPhotoshop、Illustratorなどで作成した素材ファイルをAfter Effectsに読み込むとプロジェクトパネルに「フッテージ」として登録されます。

レイヤーをともなうファイルを読み込んだときには統合するか、分割するかを選択します。プロジェクトパネルでは、コンポジションは［ ］アイコン、フッテージは素材の種別に応じたアイコンが表示されます。コンポジションをダブルクリックするとそれぞれのコンポジションの内容を展開できます03。

03 プロジェクトパネル

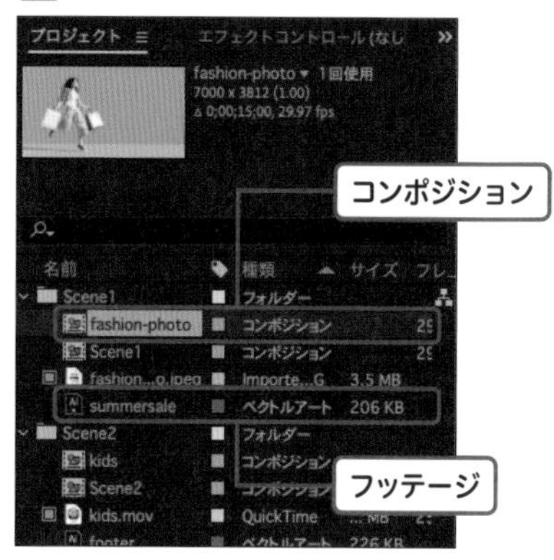

コンポジションのダイアログで設定できる項目

上部［コンポジション］メニュー→［新規コンポジションを作成］、もしくは03のプロジェクトパネルからコンポジションを右クリックなどの操作で表示されるダイアログから［コンポジション設定］を選択します。すると、コンポジションのサイズや時間、背景の設定ができます04。ここでの背景は、Illustratorの白いアートボードのような、レイヤーの視認性をよくするための色の設定で、書き出しの対象ではありません。白や黒を基本に作業しやすい色を指定します。特に見ておきたいのは、幅や高さの画面サイズと、デュレーションです。コンポジションのデュレーションを5秒としたい場合、「デュレーション」の欄に05と入力します。

04 「新規コンポジションを作成」ダイアログ

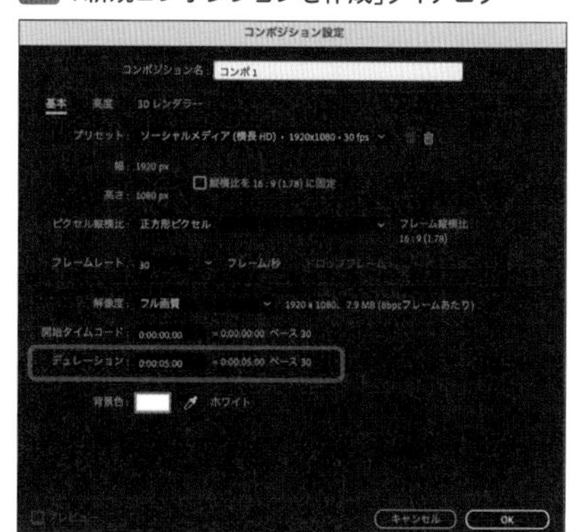

05 時間は「時間：分；秒：フレーム」の順に表示される

時間	分	秒	フレーム
0	00	05	00

0:00:05:00

06 コンポジション設定の項目

名称	説明	初心者へおすすめの設定
コンポジション名	コンポジションの名称	任意の名称
プリセット	メディアにあわせたサイズ設定	HD（1920×1080）など
幅と高さ	サイズの指定や確認	任意
ピクセル縦横比	ピクセルの比率	正方形ピクセル
フレームレート	1秒に何フレーム表示されるかの設定	30.00（29.97）
解像度	作業中の画質の設定	フル画質
開始タイムコード	カウントアップの初期値	0:00:00:00
デュレーション	コンポジションの表示時間	任意の時間を設定
背景色	背景色を指定	なし/任意の色を設定

WORD

フレーム
モーションや映像を構成する1枚1枚静止画像のこと。フレームが多いとなめらかな動きになる。

フレームレート
1秒間で見せるコマ数を表す単位。30fpsの場合、0:00:00:30が1秒になる。

ピクセル縦横比
コンピュータのモニタ上ではピクセルは正方形だが、テレビ放送（NTSC）などでは異なる比率のピクセルが採用されている。モニタに表示するのであれば「正方形」でよい。

タイムコード
経過時間。After Effectsではレイヤーの上部にタイムコードが表示される。

04 Illustratorのデータでスライドショーを作ろう

IllustratorのaiデータをAfter Effectsへ取り込む方法はいくつかあります。はじめに、コンポジションとしてIllustratorのデータを取り込む方法を紹介します。コンポジションには12秒のデュレーションを設定して、スライドショーを作っていきます。

◎完成データ：FinishFile/Chapter2/C2-4/SlideShow.aep
◎素材データ：LessonFile/Chapter2/C2-4/slideshow.ai

このセクションでは次の操作を学びます
- Illustratorのデータからコンポジションを作る
- コンポジション名やデュレーションを設定する
- コンポジション同士をひとつにまとめる
- まとめたコンポジション同士を並べる

イメージとゴール

Illustratorで作った3枚のアートボードを順番に表示するスライドショー状のモーションデザインを作成します。シンプルなスライドショーの作成を通して、素材の読み込み方やコンポジションの概念に触れていきましょう 01。

memo
いきなり派手なモーションを目指すのは却って挫折の元。あせらず、ここではAfter Effectsの画面や操作に慣れていこう。こういったスライドショーは特にデジタルサイネージなどにぴったりで実用性も◎だぞ。

01 作例のイメージ

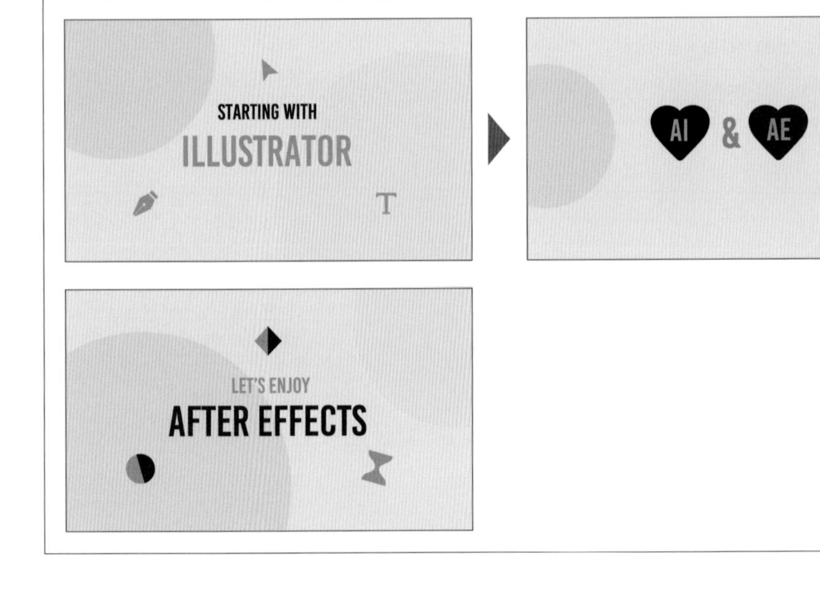

Step.1 Illustratorでデータの準備をする

サンプルのaiデータ（slideshow.ai）には3枚のデザイン（アートボード）があります。これをIllustratorで開き、個別のアートボードとして保存し直します。

●個別のアートボードとして書き出す

①［ファイル］メニュー→［別名で保存］→Illustratorオプションのダイアログで「各アートボードを個別のファイルに保存」にチェック 02

データを保存すると、元のaiデータの別名データと同じ階層に、（ファイル名）_scene1.ai,（ファイル名）_scene2.ai…という名称の個別のアートボードが作成されます。After Effectsへ読み込むときにこのファイル名がコンポジション名になるので、現時点でファイル名をわかりやすいものに変えておいてもよいでしょう。分割前の元のファイル名との関連性をもたせておきたいとき（たとえば大元の複数アートボードのデータを修正して上書きする形で別名保存して更新したい、といった場合）はIllustratorのファイルはリネームせずにおきましょう。

サンプルのaiデータを使わない場合は、Chapter 2-1（P046）で紹介している次のポイントに注目してデータを作成しましょう。

02 アートボードを個別のファイルに保存

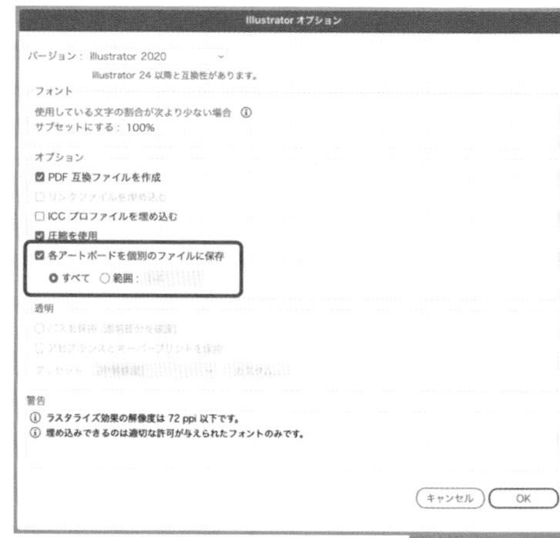

注意

After Effectsの作業中に読み込んだ元のaiデータの位置が変わるとAfter Effects上でもリンク切れになるので、ファイルを格納するフォルダの管理も重要です。

Point

- 「フィルムとビデオ」のプリセットを選択して1920px×1080pxのビデオアートボードを使う
- 一部が見切れるオブジェクトは1920px×1080pxのアートボードの外まで描いておく
- フォントや線はアウトライン化しない
- 動かしたい要素ごとにレイヤーをわけて名前をつけておく

Step.2 プロジェクトとコンポジションの作成

After Effectsを起動して新規プロジェクトを作成し、Step.1のaiファイル（素材データのaiファイル）を読み込みます。

●新規プロジェクトの作成

❶［ファイル］メニュー→［新規］→［新規プロジェクトを作成］を選択

●After Effectsに複数のIllustratorファイルを読み込む

❶[ファイル]メニュー→[読み込み]→[ファイル]を選択
❷分割した3つのaiファイルをすべて選択
❸読み込みの種類：「コンポジション-レイヤーサイズを維持」，「コンポジションを作成」を選択して[開く]を選択 03

［開く］を選択すると、それぞれのファイルが3つのコンポジションとして読み込まれます 04。「コンポジション-レイヤーサイズを維持」を選択すると、Illustratorの各レイヤー内のオブジェクトの最大値に合わせてAfter Effectsのレイヤーが作成されるので、無駄な余白ができにくくなり、オブジェクトの選択が楽になります。

プロジェクトパネルにはコンポジションのほかに、元データのレイヤーを格納したグループ(フォルダのアイコン)が作成されます。

03「複数ファイル」の読み込み

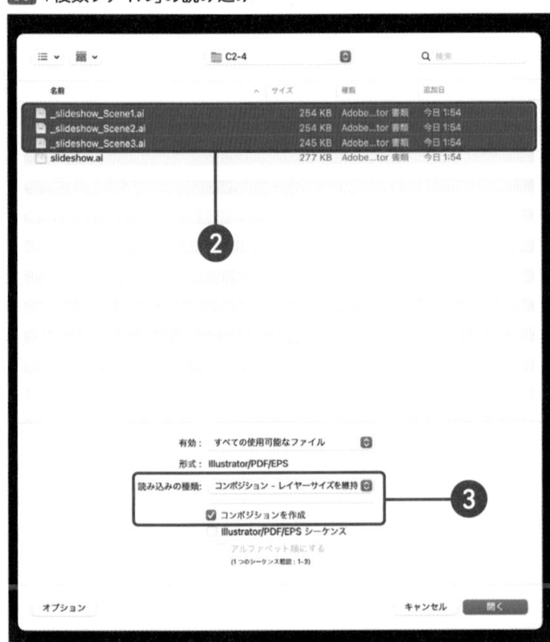

04 プロジェクトパネルの表記

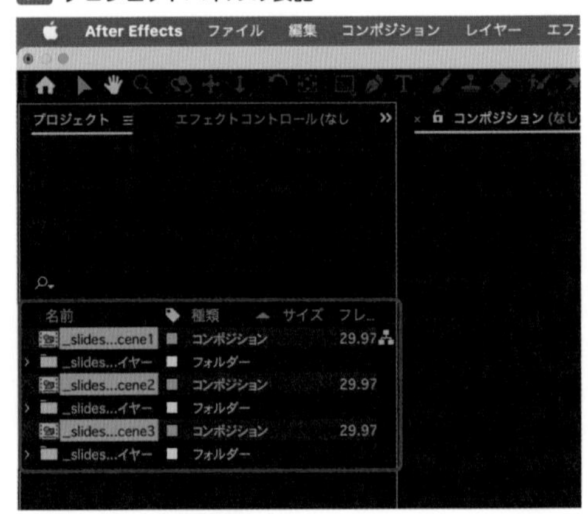

memo
「レイヤーサイズを維持」しないコンポジションの場合は、すべてのレイヤーの幅と高さがコンポジションサイズと同じになり、各レイヤーを直感的に選択ツールで掴めなくなる。

Step.3 [コンポジション設定]ダイアログからデュレーションを変更する

3つのコンポジションの[コンポジション設定]ダイアログを開き 05、フレームレートとデュレーションを設定しましょう 06。3枚のスライドが4秒ごとに切り替わるイメージです。

●「コンポジション設定」からデュレーションを変更する

❶プロジェクトパネルから変更したいコンポジションを個別に選択
❷右クリックして[コンポジション設定]を選択してダイアログを表示
❸フレームレートに24、デュレーションに0:00:04:00と入力して[OK]を選択

memo
ここではわかりやすく全体の尺（しゃく）からキッチリ割った秒数を設定しているが、実際の実務では編集を見越して少し余裕をもたせるのが常だ。

05 「コンポジション設定」を選択

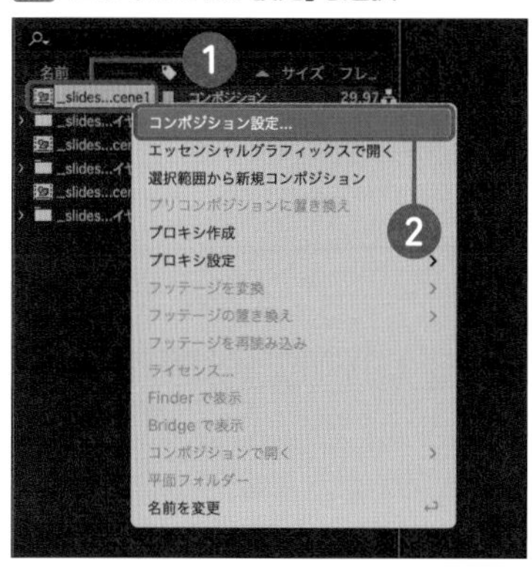

06 デュレーションを4秒に設定

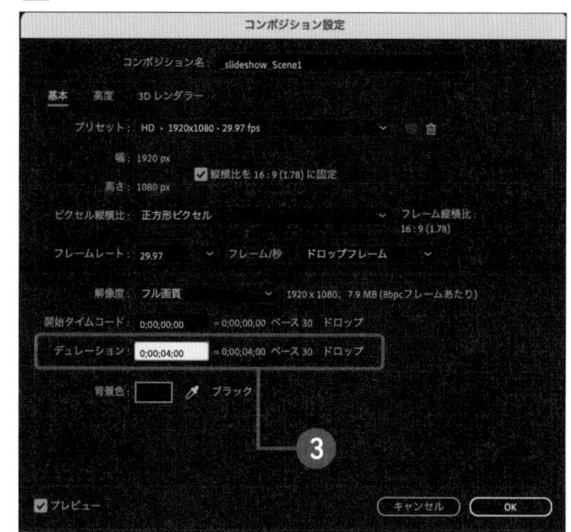

フレームレートをキリのいい数字にするとフレームでの計算がしやすくなります。コンポジションのデュレーションの設定はタイムラインパネルのワークエリアをドラッグしても変更できます。慣れてきたらこちらの方が素早く直感的に修正できます。

Step.4 複数のコンポジションをひとつにまとめる

3つのコンポジションをひとつのコンポジションにまとめます。

●コンポジションをひとつにまとめる

❶プロジェクトパネルの「種類」をクリックして3つのコンポジションを近接させ、Shiftキーで選択

❷右クリックし、[選択範囲から新規コンポジション]を選択 07

❸「1つのコンポジション」を選択 08

❹「静止画のデュレーション」を0;00;12;00に設定

次に、まとめたコンポジションの名前を「SlideShow」に変更します。

●コンポジション名を変更する

❶プロジェクトパネルから先ほどまとめたコンポジションを選択

❷右クリックして[コンポジション設定]を選択し、ダイアログからリネームするか、[コンポジション名を変更]を選択してプロジェクトパネル上でリネーム

07 右クリックで「選択範囲から新規コンポジション」

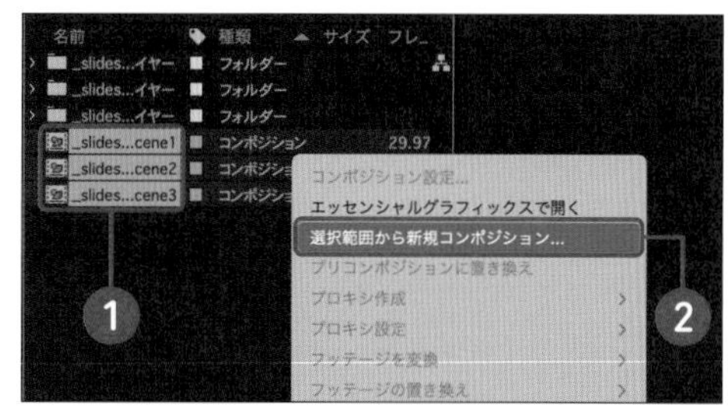

08 「選択範囲から新規コンポジション」ダイアログ

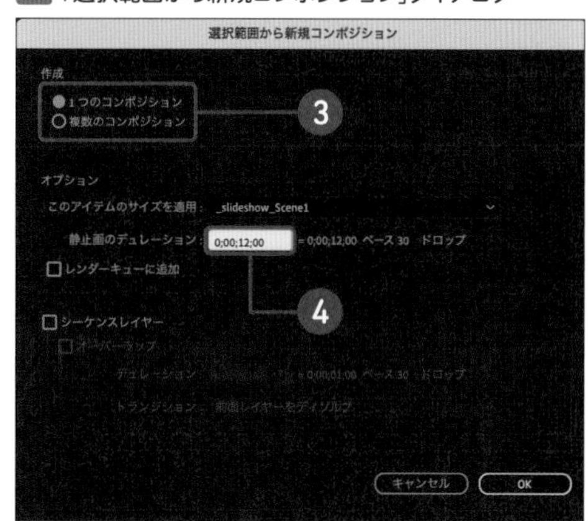

Step.5 タイムナビゲーターをドラッグする

タイムナビゲーターを右側にドラッグして、Step.4で追加したデュレーションの分（3枚×4秒＝12秒）のタイムラインを拡張します 09。

memo

この操作ができない場合は「SlideShow」コンポジションのデュレーションが4秒になっている可能性があるので、［コンポジション設定］を再度見直そう。

09 タイムナビゲーターをドラッグで操作

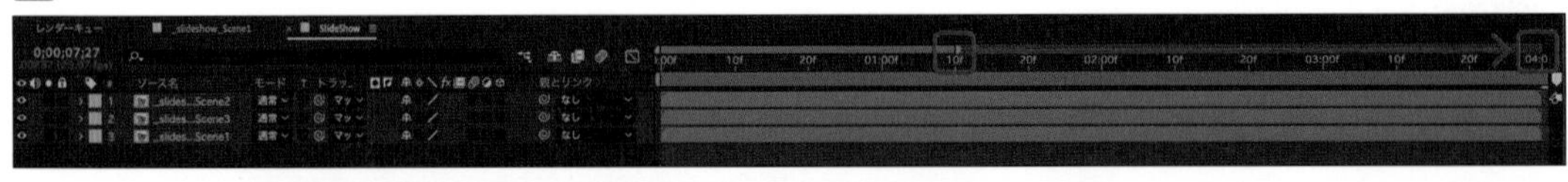

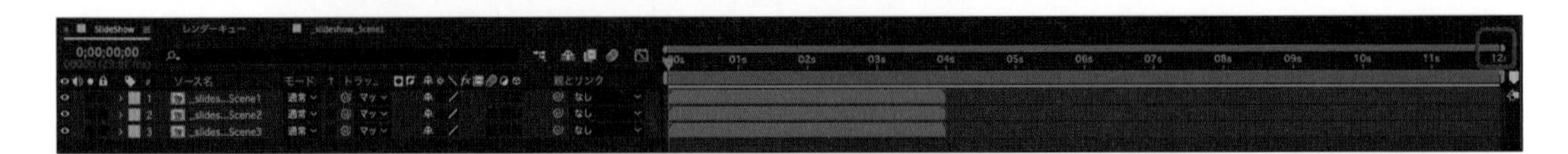

Step.6 3つのコンポジションの表示時間をずらす

「SlideShow」コンポジションの中にある3枚のコンポジションのデュレーションバーをドラッグ操作でずらして移動します。Illustratorと同じように、After Effectsのレイヤー（コンポジション名）は上下にドラッグするとその順序を入れ替えることができます。10のように表示したい順にレイヤーが並んでいる場合、デュレーションバーは階段状になります。

［space］バーを押すと、タイムラインパネルの時間インジケーターが動いて、作成中のモーションがコンポジションパネルで再生されます。3つのコンポジションが順番に表示されることを確認します。

10 ドラッグでコンポジションのデュレーションバーを操作

最後に、「SlideShow」コンポジションのレイヤー構造を簡単に確認しておきましょう 11。

11 コンポジションのレイヤー構造

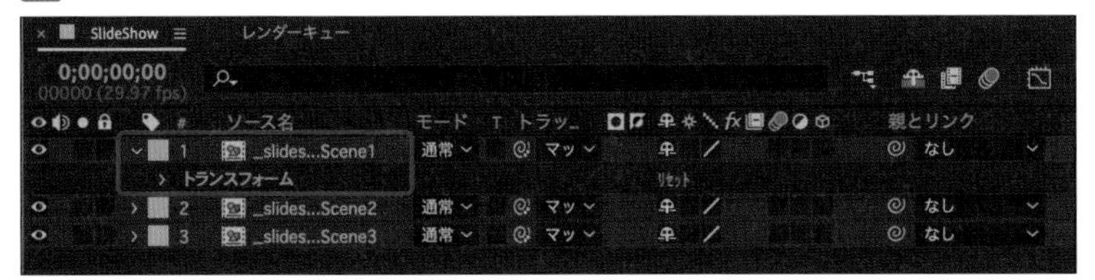

❶コンポジション名をダブルクリックすると、ダブルクリックしたコンポジションのデータが中央のコンポジションパネルに表示されます。コンポジションの中に含まれているIllustrator上のレイヤー名がaiアイコンで表記され、同じように「トランスフォーム」を展開できます 12。
❷元の「SlideShow」コンポジションに戻るには、タイムラインパネルかコンポジションパネル(モニタ)の左上に表記されている親コンポジション名(SlideShow)をクリックします。

12 レイヤーのプロパティの展開と親のコンポジションに戻る操作

Column

コンポジションを並べる作業を時短する

[アニメーション]メニュー→[キーフレーム補助]→[シーケンスレイヤー]を選択し、そのまま[OK]を選択すると、ドラッグ操作をせずにレイヤーを自動で順番に表示できます(オーバーラップのチェックは入れません)。大量の写真などをスライドショー状に表示したいときに使えるテクニックです。

01 シーケンスレイヤー

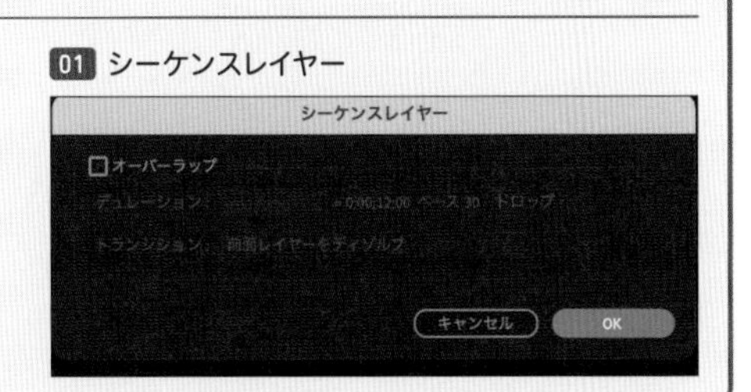

05 プロパティを開いてキーフレームを打とう

After Effectsは、動きの「開始点」と「終了点」の2つの「キーフレーム」を指定して、場所や形を設定すると、中間の動きを自動的に補足してモーションを作成してくれます。スライドショーで使ったコンポジションのレイヤーを一部、移動してみましょう。

◉完成データ：FinishFile/Chapter2/C2-5/TextSlide.aep
◉素材データ：LessonFile/Chapter2/C2-5/TextSlide.aep

このセクションでは次の操作を学べます
- コンポジション内のレイヤーのプロパティを操作する
- タイムラインにキーフレームを設定する
- レイヤーを移動する
- レイヤーの透明度を変更する

イメージとゴール

Chapter 2-4で使用したスライドショーのデータの3つめ「_slideshow_Scene3」のデザインを利用します。レイヤーのプロパティに「移動」と「不透明度」を設定して動きをつけ、文字が上から下にふわっと降りてくるモーションをつけます。本文では1つめと2つめのデザインについては触れませんが、同じレイヤー構造になっているので、ぜひ読者の皆さんで自由に動かしてみてください。

01 作例のイメージ

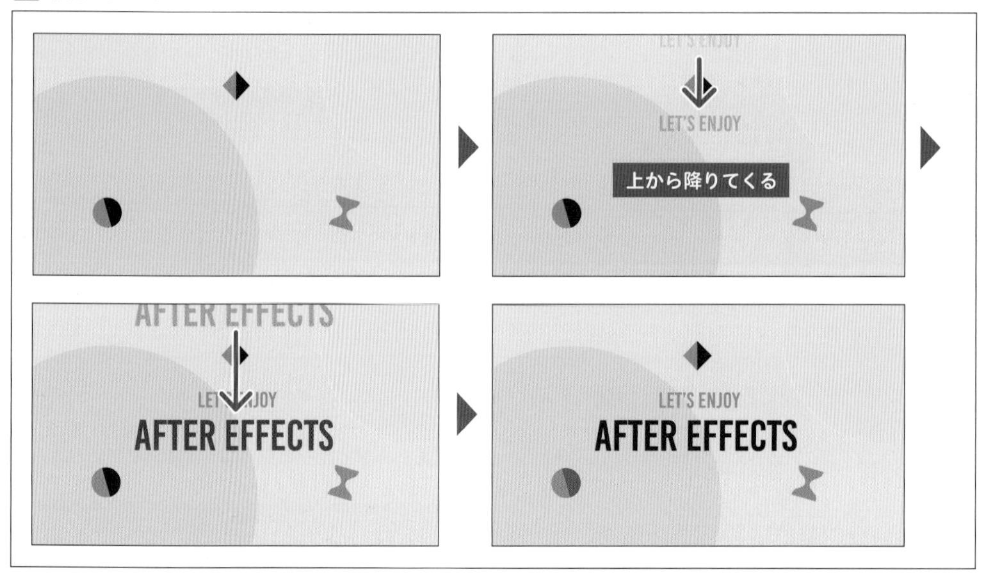

Step.1 動かしたいサブタイトルレイヤーのプロパティを表示

素材データのTextSlide.aepを開きます。一番上の「TextSub」レイヤーを選択(クリック)してプロパティパネルを確認すると、オレンジの文字の動きに関するプロパティが表示されます 02。

02 レイヤーのプロパティは2箇所で確認できる

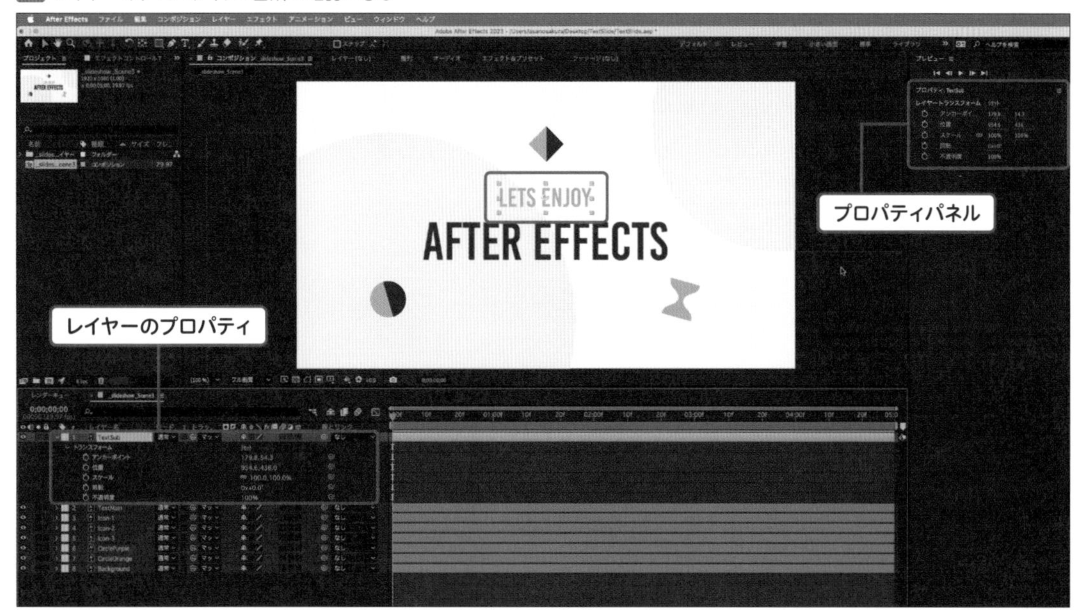

文字の「TextSub」レイヤーを選択(クリック)してプロパティパネルを確認すると、動きに関するプロパティが表示されます 03。

03 プロパティパネル

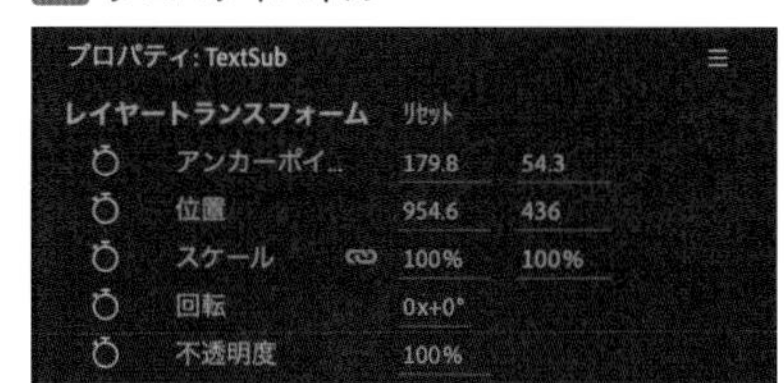

●レイヤー上でプロパティを展開する場合

❶タイムラインパネルから動かしたいレイヤーをクリックして選択する

❷[>]をクリックして[トランスフォーム]を開く

❸トランスフォームの[>]をクリックしてトランスフォームのプロパティを開く

04 レイヤーのプロパティ

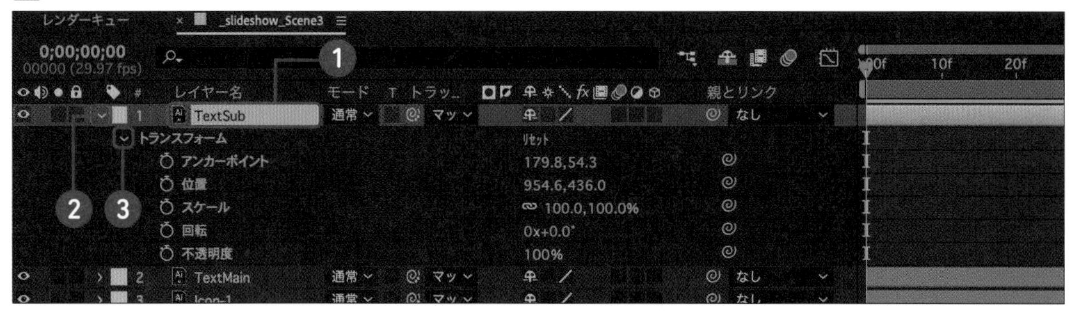

Step.2 コンポジションパネルの表示を縮小して余白を設ける

Step.4でツールによる位置の設定（画面外から画面中央への移動）する準備のため、コンポジションパネルの表示倍率を変更します05。これにより、コンポジションの外側にオブジェクトを移動しやすくなります。

❶コンポジションパネルの左下の[全体表示]をクリック
❷表示倍率で[50%]を選択
❸コンポジションパネルの表示倍率が変更

05 コンポジションパネルの表示倍率を変更

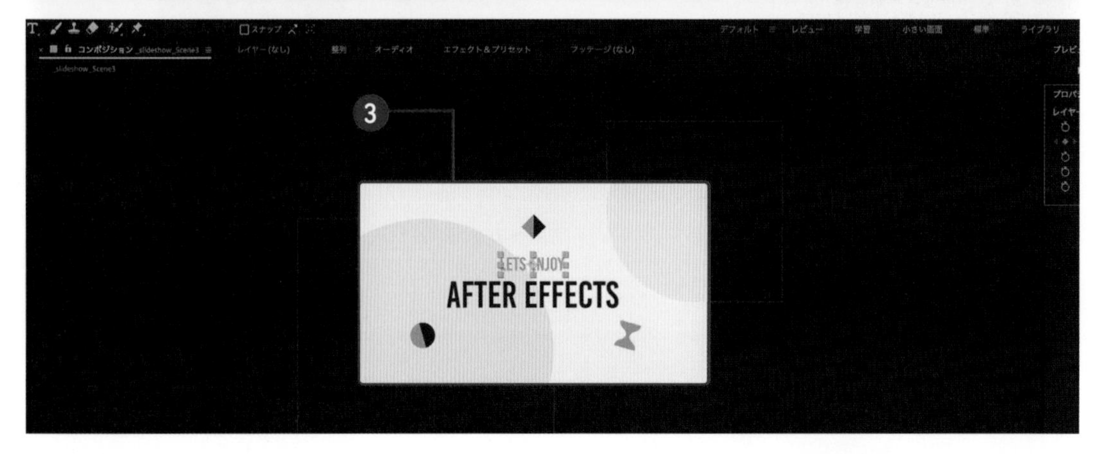

memo

ショートカットは次の通り。
画面の大きさに合わせる：[shift] /
拡大：.（ピリオド）
縮小：,（カンマ）

Step.3 文字を上から下に移動する

上から下に文字が降りてくるモーションを作ります。はじめに、モーションの開始と終了のポイントに「キーフレーム」を作ります。文字の「TextSub」レイヤーが上から降りてきて、01:00f（1秒）で元の位置に止まるように設定します06。

●終了点のキーフレームを作成

❶時間スケール(目盛りの部分)をドラッグして時間インジケーター（水色のライン)を表示させ、01:00f（1秒)へ移動する

❷プロパティパネル（レイヤートランスフォーム）の「位置」の左にあるストップウォッチをクリックして有効にするとキーフレームが追加される（有効にすると、ストップウォッチの色が青に変化する）

memo

Illustratorで作ったデザインは「モーション終了時点での見え方（画）」と考えると、終了点からキーフレームを作っていくほうがわかりやすい。

06 コンポジションパネルの表示倍率を変更

なお、この操作はレイヤーのトランスフォームを展開しても実行可能です。これで、「移動が止まった状態」を設定できました。この時点では再生しても変化は見られません。次に開始点を設定して上からの移動を実装していきます。

●開始点のキーフレームを作成

❶時間インジケーター（水色のライン）を表示させ、00:00f（0秒）へ移動する

❷選択ツールが選択されていることを確認して、コンポジションパネルに表示されているTextSubレイヤーを画面外にドラッグする 07

07 開始点を設定

［space］バーで再生すると、画面外から終了点に向けてサブタイトルの文字が移動します。中間の動きをAfter Effectsが自動で設定してくれるので、上から下に文字が降りてくるモーションが起こります。これで、「移動がはじまる状態」を設定できました。

コンポジションパネル上でオブジェクトを選択しづらいときは他のレイヤーをロックするか、「ソロ」ボタンを選択してから移動をおこないましょう。

Column

他のレイヤーを一括で非表示にする便利な「ソロ」ボタン

レイヤーパネルの左側の丸印のアイコンは「ソロ」というボタンです。レイヤーのソロボタンをクリックして有効にすると、押されたレイヤー以外の要素が非表示になり、コンポジションパネルでの動きの確認に便利です。ソロボタンをもう一度クリックすると解除になります 01。

01 ソロボタン

Step.4 「不透明度」を設定する

続いて「不透明度」を調整します。Step.3と同様の操作をもう一度おこない、「不透明度」を調整して文字が「ふわっと」出てくるようにします。モーションの開始時には不透明度が0%で、終了時には不透明度が100%になる、という状態を実装しましょう 08。

●終了点のキーフレームを作成
❶時間インジケーター（水色のライン）を表示させ、01:00f（1秒）へ移動する
❷「不透明度」の左にあるストップウォッチをクリックしてキーフレームを追加

●開始点のキーフレームを作成
❸時間インジケーターを表示させ、00:00f（0秒）へ移動する
❹「不透明度」の数値を[0%]にする（自動的にキーフレームが追加される）

08 同じ位置に「不透明度」のキーフレームを設定

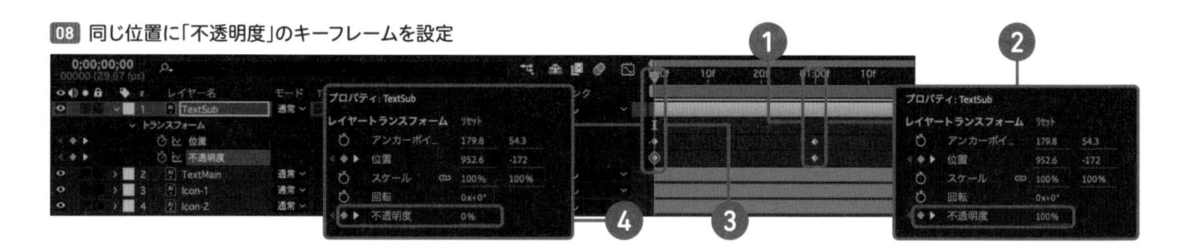

Step.5 同じ作業をメインタイトルにおこなう

最後に、「TextMain」レイヤーにも同じ作業をおこない、タイトルテキストとサブタイトルテキストの両方がスライドインするように操作しましょう 09。

09 TextSubとTextMainに動きをつけた状態

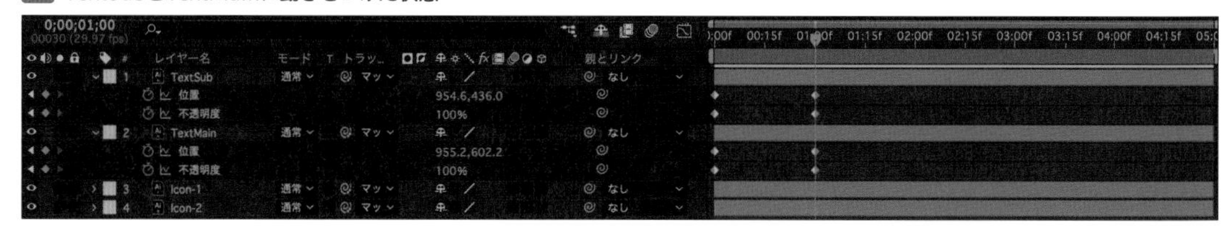

Column

プロパティの値の入力には便利なクリック&左右ドラッグ操作がおすすめ

プロパティの数値をクリックして選択した後、マウスで左右へドラッグ操作をおこなうと、選択した数値が増減できます。コンポジションパネルでの再生結果を見ながら感覚的に動きを制御したい場合に便利です 01。

01 左右にドラッグして数値を調整

背景色の設定とシェイプを知ろう

After Effectsの中で背景やシェイプなどの図形を作成していきます。Illustratorで背景やシェイプを作成することも可能ですが、後からAfter Effectsで編集することを考えると、シンプルな形状はAfter Effects で作成する(置き換える)と便利です。

●完成データ：FinishFile/Chapter2/C2-6/SimpleElement.aep
●素材データ：LessonFile/Chapter2/C2-6/SimpleElement.aep、SimpleElement.ai

このセクションでは次の操作を学べます
- レイヤーの削除と追加
- 平面レイヤーの作成
- シェイプレイヤーの作成
- 塗りと線の設定

イメージとゴール

After Effectsのレイヤーにはさまざまな種類があります。ここでは、「平面レイヤー」と「シェイプレイヤー」を理解するために、Illustratorで作成したデータを参考に、After Effectsで同じ要素を再度作成してみましょう 01。

memo
ここで動きをつけるわけではないが、重要なポイント。わからなくなったら振り返るべし。

01 シェイプの作成

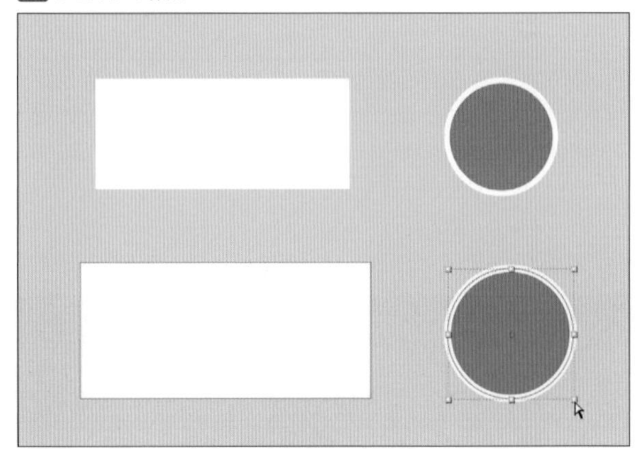

Column

すべてをシェイプレイヤーや平面レイヤーで作り直さないと駄目？

動かさない要素であれば無理に置き換える必要はありません。一方で、学習を進めていくと平面レイヤーやシェイプレイヤーを使えたほうが有利な動きや演出があることがわかります。たとえば平面レイヤーは「エフェクト」をかけることができますし、背景のほかにも画面転換で使えます。こうした単色の背景だけをIllustratorでそのつど用意するのは手間なので、After Effectsの機能も上手に使っていきましょう。

.aiデータを読み込んで背景を平面レイヤーに置き換える

［ファイル］メニュー→［新規］から新しいプロジェクトファイルを作ります。素材データのSimpleElement.aiを［コンポジション-レイヤーサイズを維持］で読み込みます。コンポジションのSimpleElementを開くと、背景用の単色の「Background」レイヤーと、シンプルな形が並んでいます。After Effectsの「平面設定」を使うと、背景などに使える「平面レイヤー」を設定できるので、背景から置き換えていきましょう。

memo

After Effectsにはスポイト機能はあるが、「スポイトツール」そのものはないのでダイアログからスポイトアイコンを選ぶことが多い。

◎平面レイヤーを作成する

❶タイムラインパネル右側のなにもない部分を右クリック

❷［新規］→［平面...］を選択 02

❸［平面設定］ダイアログからサイズを設定する 03

❹ダイアログのスポイトアイコンをクリック。コンポジションパネル上の背景の色をクリックして色を抽出

❺［OK］を選択して平面レイヤーを作成

❻作成した平面レイヤーをドラッグして順序を一番下へ配置 04

❼Illustratorで作成・読み込んだ「Background」レイヤーを［delete］キーで削除

02 右クリック→「平面」で平面レイヤーの作成

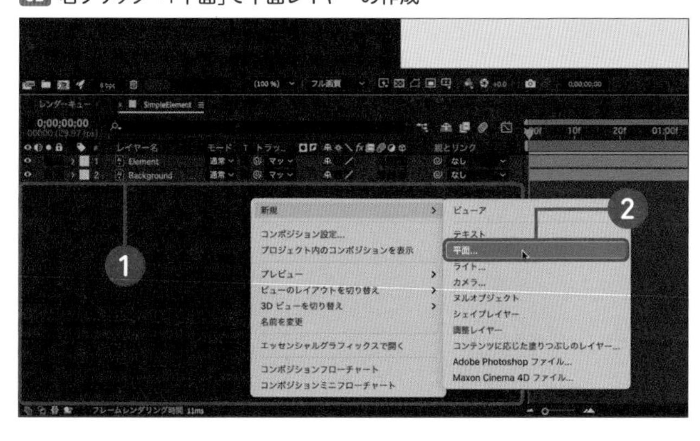

03 「平面設定」ダイアログから「カラー」を設定

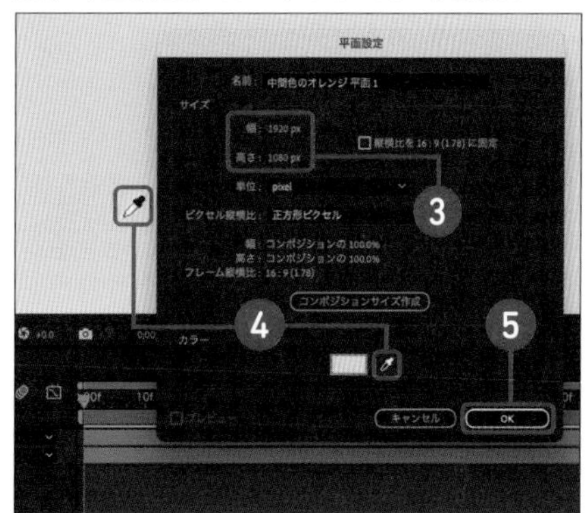

04 ドラッグでレイヤーの順序を入れ替える

シェイプレイヤーと長方形のシェイプを作成する

シェイプオブジェクトの基本的な作成方法はIllustratorの長方形ツール、楕円形ツールなどとほぼ同じです。では、Illustratorで作成した見本と同じ形状のオブジェクトを作成してみましょう。ツールバーの長方形ツールや楕円形ツールなどでシェイプを作成すると、自動的にシェイプレイヤーが作成され、シェイプが表示されます05。なお、シェイプの色や線の設定は、Illustratorにおける操作とほぼ同じとなっています06。

memo
他のレイヤーを選択した状態では、「塗り」と「線」の設定が表示されないので注意。

●長方形のシェイプとシェイプレイヤーを作成する
❶レイヤーを選択していない状態でツールの中から長方形ツールをクリック
❷ツールパネルの右側の「塗り」と「線」を「塗り：白、線：白」に設定
❸コンポジションパネルでドラッグしてシェイプを作成

05 コンポジションパネルをドラッグして長方形を作成

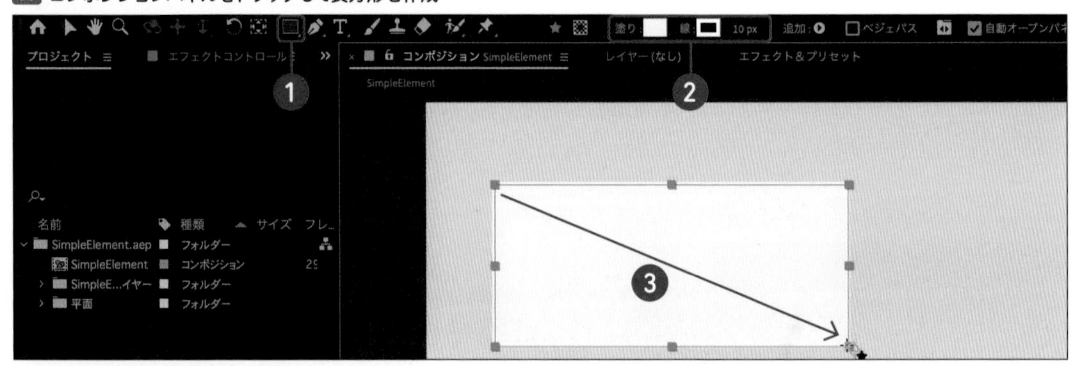

●ツールを切り替える
❶「長方形」ツールをマウスで長く押す
❷サブツールが表示されるのでドラッグで選択

●シェイプの塗りや線の設定を「白」にする
❸ツールパネルの右側の「塗り」「線」（文字部分）をクリック
❹「塗り（線）オプションのダイアログで「白」を選択して［OK］をクリック

06 長方形ツールと塗り／線の設定

同じシェイプレイヤーの中に複数のシェイプオブジェクトを作成する

After Effectsのシェイプの特製として、1シェイプ=1シェイプレイヤーとは限らない、という点が挙げられます。シェイプレイヤーを作成・選択している間に別のシェイプを作成すると、ひとつのシェイプレイヤーの中に複数のシェイプオブジェクトが同梱されていきます。では以下の手順で、長方形と同じシェイプレイヤーに楕円形のシェイプオブジェクトを作成しましょう。

●楕円形のシェイプを作成する

❶タイムラインパネルの「★シェイプレイヤー1」を選択した状態で「楕円形ツール」を選択

❷「塗り」と「線」を設定する

❸コンポジションパネルでドラッグしてシェイプを作成

07のような、ひとつのシェイプレイヤーにふたつのシェイプオブジェクトの構造になっていれば正解です。

07 シェイプレイヤーの構造

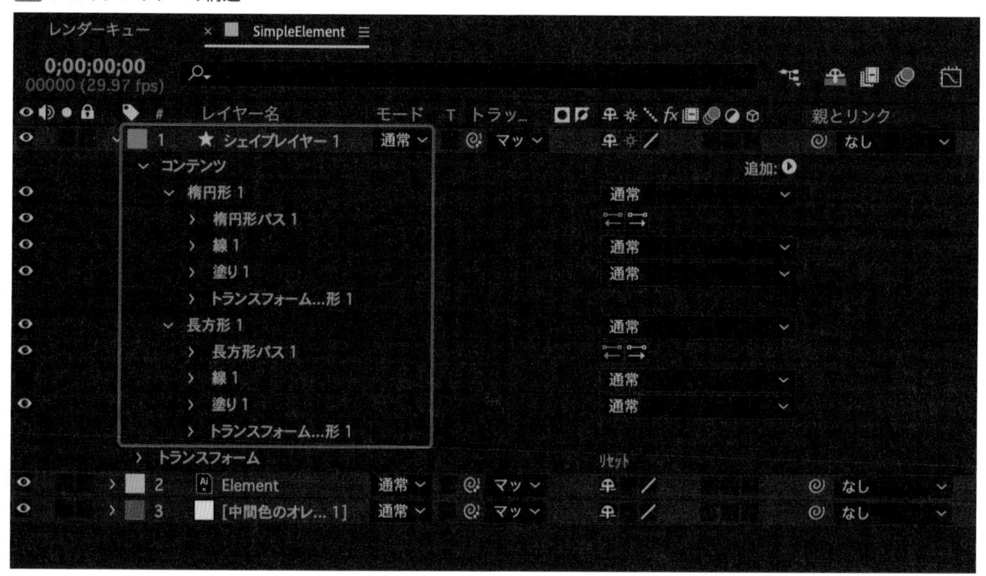

After Effectsはレイヤー単位で動きをつけるので、同梱状態のシェイプをバラバラに動かすことはできません。たとえば07のシェイプレイヤーでは、長方形1と楕円形1を別々に動かすことは基本的にできません。意図せず同じシェイプレイヤー内に複数のシェイプを作らないよう注意しましょう。シェイプを作成したあとで別のシェイプレイヤーを作るには、レイヤーパネル上の何もないところをクリックして、一度レイヤーの選択を解除してから、もう一度長方形ツールなどのシェイプツールを操作します。

作成したシェイプの編集方法

シェイプオブジェクトの色や位置などを編集したり、大きさや色などの数値を確認する方法を紹介します。作成したあとのオブジェクトの選択には、複数の方法があります。

●編集するシェイプオブジェクトを選択する［シェイプレイヤーの中にオブジェクトが１つの場合］

- コンポジションパネルでオブジェクトをクリック
- レイヤーでシェイプレイヤー名をクリック

●編集するシェイプオブジェクトを選択する［シェイプレイヤーの中にオブジェクトが複数の場合］

- コンポジションパネルでオブジェクトをダブルクリック 08
- レイヤーでシェイプレイヤーをクリックして「展開」。該当のシェイプオブジェクト名をクリック 09
- レイヤーでシェイプレイヤーをクリックして選択して「プロパティパネル」から該当のシェイプオブジェクトを選択 10

複数のシェイプオブジェクトを内包したシェイプレイヤーはコンポジションパネル上でダブルクリックすると選択中のオブジェクトに対してトランスフォームボックス（バウンディングボックス）が表示され、個々のオブジェクトを選択できるようになります。これはIllustratorのグループやシンボル、またはPhotoshopのスマートオブジェクトなどと近い挙動なので、特性を理解しておけばスムースに操作できるでしょう。

大きさや色などを直感的に変更する場合はこのままトランスフォームボックス（バウンディングボックス）やツールパネルでの操作をおこなえば編集が可能です。

08 ダブルクリックして選択したシェイプオブジェクト（右側）

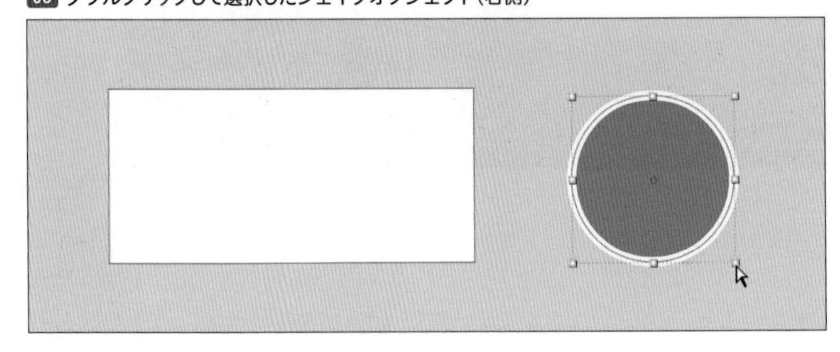

memo
［shift］キー＋ドラッグで縦横比率が固定されるのはIllustratorと同じ。

次に、選択中のシェイプオブジェクトをレイヤーで見てみましょう。選択したオブジェクトを展開してみると、シェイプオブジェクトに関する「塗り」「線」などの多くの項目を確認できます。たとえば線幅や線の形状などもレイヤーで操作したり、線にモーションをつけることもできます。

09 作成した楕円形をレイヤーで展開した状態

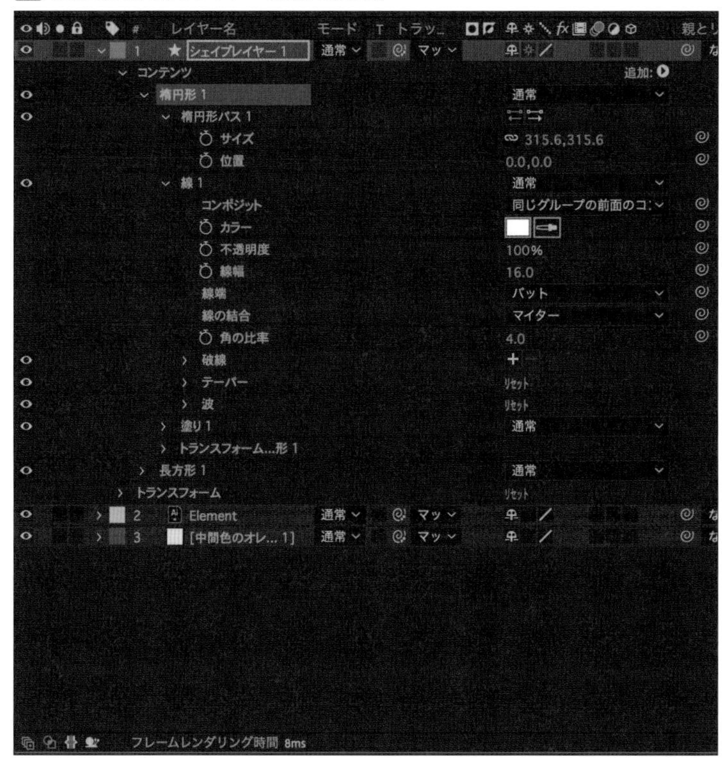

10 プロパティパネルでの表示

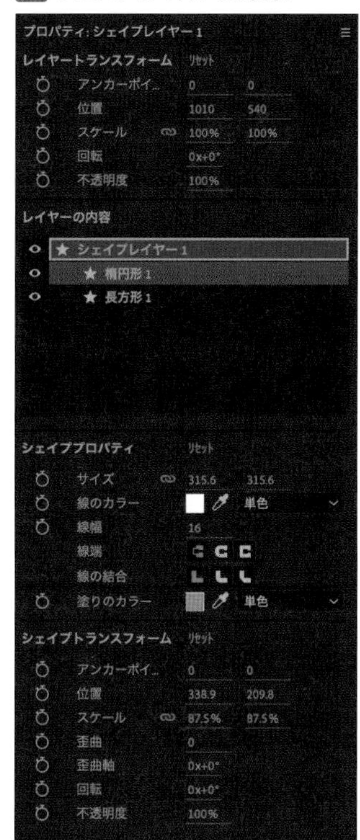

同じ操作はプロパティパネル 10 を使うとよりIllustratorに近く、わかりやすい表示になっているので、自分の操作のしやすいパネルで編集するのがおすすめです。IllustratorとAfter Effectsで同じシェイプを作成できるよう、After Effectsでの操作にも親しんでいきましょう 11。なお、より詳細なシェイプの編集・選択方法については、Chapter3-2（P100）で紹介しています。

11 シェイプの作成例(編集中に表示が変わってしまった場合は左上の「コンポジション名」をクリック

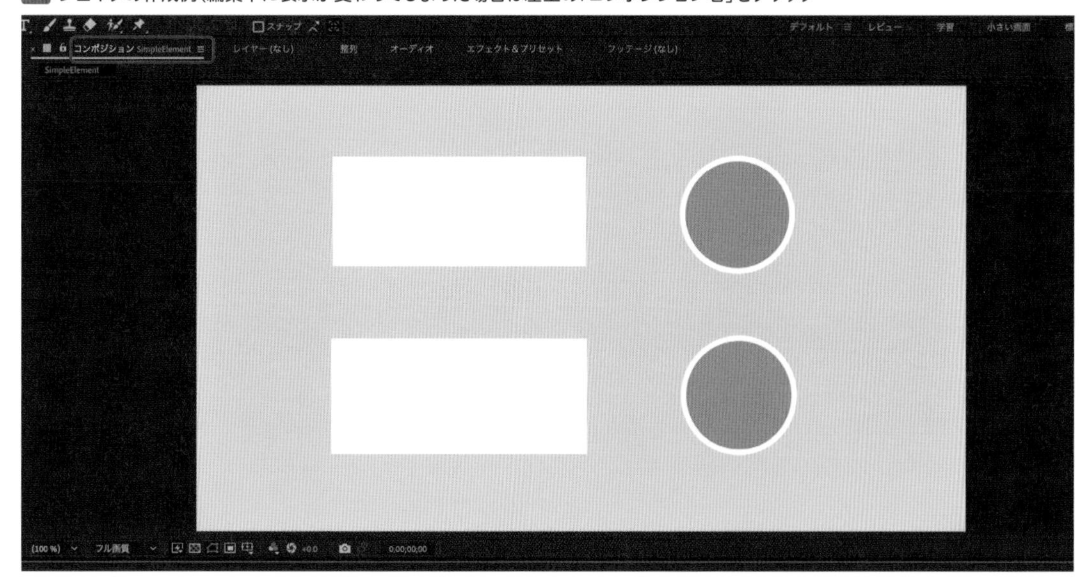

最初に覚えておきたい基本のショートカット

ここまでの操作をふまえて、After Effectsの基本のショートカットを見てみましょう。ファイルを開く・保存するといったショートカットはほかのアプリとも共通ですが、After Effectsならではのショートカットが使えるようになると作業スピードもアップします。

Illustratorと共通で使えるショートカット

01 ～ 03 以下のショートカットはIllustratorやPhotoshopと同じなので、すでにAdobeのユーザーであれば違和感なく活用できるでしょう。基本のショートカットの一部を紹介します。

なお、キーはmacOSのものとなっています。Windowsの場合は[command]を[control（ctrl)]に変更してください。

01 基本操作

ショートカット	説明
[command]+[O]	プロジェクトを開く
[command]+[S]	プロジェクトを保存する
[command]+[W]	プロジェクトを閉じる
[command]+[C]	コピー
[command]+[V]	ペースト
[command]+[X]	切り取り
[command]+[Z]	元に戻す
[command]+[shift]+[Z]	やり直す
[command]+[A]	全選択
[command]+[Q]	アプリを終了

02 ツールの切り替え

ショートカット	説明
[V]	選択ツール
[H]	手のひらツール
[Z]	ズームツール

03 ガイドの表示

ショートカット	説明
[command]+[R]	定規を表示
[command]+[;]	ガイドを表示

Illustratorと異なるショートカット

04 のショートカットは項目名が同じでもIllustratorとAfter Effectsとで異なるものの一部です。After Effectsでうっかり押してしまっても慌てないようにしましょう。両アプリで利用頻度の高いもの（押し間違いやすいもの）を紹介します。

04 Illustratorとは異なるショートカットの一例

ショートカット	Illustrator	After Effects
[command]+[K]	[環境設定]	[コンポジション設定]
[command]+[F]	前面へペースト	選択したパネルに関する語句を検索
[command]+[B]	背面へペースト	ブラシ/コピースタンプ/消しゴム ツール
[command]+[D]	直前の作業の繰り返し	レイヤーの複製
[command]+[T]	文字パネルの表示	文字ツール

覚えておきたいAfter Effectsのショートカット　～基本編～

これまで紹介してきたプロパティ関連を中心に、After Effectsで作業効率を上げるための基本的なショートカットを紹介します05。

05 After Effectsの基本的なショートカット

ショートカット	説明	ポイントと覚え方
[@]	パネル最大化	macOSのみ
[command]+[@]	レイヤーのプロパティを展開する	レイヤーを選択してキーを押す
[U]	キーフレームのあるプロパティだけを表示	use
[R]	プロパティの「回転」を表示	rotation
[P]	プロパティの「位置」を表示	position
[S]	プロパティの「スケール」を表示	scale
[T]	プロパティの「不透明度」を表示	transparency
[A]	プロパティの「アンカーポイント」を表示	anchorpoint
[command]+[→]	1フレーム先に進む	
[command]+[←]	1フレーム戻る	
[tab]	コンポジションの階層を移動	押すだけ(押しっぱなしでなくてよい)

[tab]キーを押すとコンポジションの階層を確認して移動することが可能になります。複雑なモーションの場合は複数のコンポジションで構成されていることも多いので、これらの機能をうまく活用しながら少しずつ効率化していきましょう。

memo

[編集]メニュー→[キーボードショートカット]でショートカットを確認・変更できる。慣れてきたら確認だ。

Column

コンポジションパネルの表示が別の素材に変わってしまったときは

上のレイヤーを選択したつもりで下のレイヤーを選択してしまうことは(どのアプリケーションでも)誰しも経験があるでしょう。After Effectsの場合は、レイヤーやフッテージなどをダブルクリックするとビューアに表示されるため、シェイプレイヤーを操作したいのに別のフッテージがコンポジションパネルに表示されている、ということがあります。

コンポジションパネルの上部にはレイヤーやコンポジション名が表示されているので、これをクリックすると編集中のコンポジションやレイヤーを表示し直すことができます。

また、上記で紹介している[tab]キーを押して構造を確認しながらコンポジション名をクリックして表示し直すのも有効です。

08 プロジェクトファイルと素材ファイルの基礎知識

プロジェクトファイルの保存や開くといった基本の操作に加えて、「素材」ファイルの扱いやバージョンの管理、注意事項について簡単にまとめます。Illustratorやウェブデザインと共通する考え方も多いので、要点を押さえておけばトラブルも防げます。

リンク切れを防ぐデータ構造

Illustratorのデータなどの他のアプリを使って作成して読み込んだ素材ファイルは、読み込んだ後に元の素材データを移動したり削除したりするとプロジェクトファイル内のデータがリンク切れを起こします。IllustratorやInDesign、Photoshopなどにおけるリンク画像(リンク配置)と同様だと考えるとイメージしやすいですね。そこで、あらかじめIllustratorのaiデータは、After Effectsのプロジェクトファイルと同じフォルダの中にわかりやすく「material」フォルダを作っておいてから、After Effectsへ読み込む、といった運用ルールを決めておくのがおすすめです。

01 リンク切れの状態

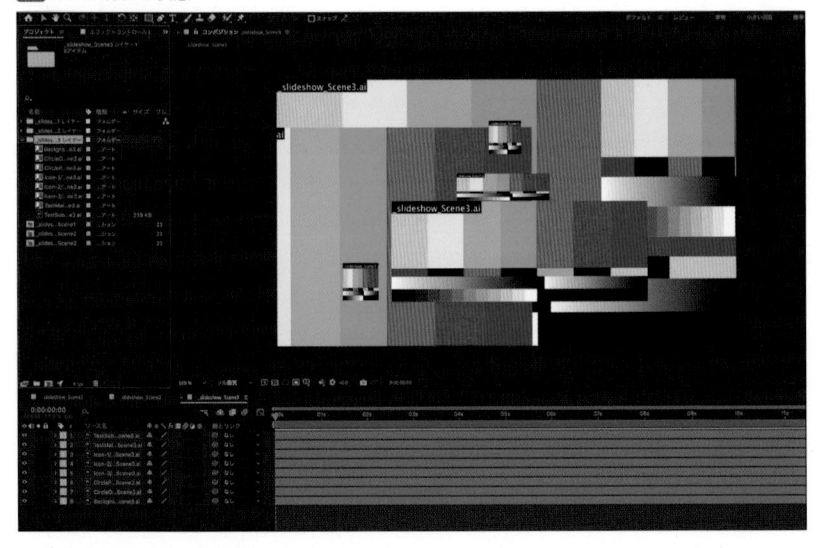

memo

ウェブデザイナーにとってはInDesignや複数のリンク画像を含んだIllustratorのデータはあまり馴染みがないかもしれない。そんな諸氏は、ファイル同士のパス(階層)が変わったことによるリンク切れを思い出すとイメージしやすいだろう。

フッテージファイルの「リンク切れ」を修正する

リンク切れを起こしたプロジェクトファイル(サムネイルがカラーバーに変化したもの)は、**プロジェクトパネルで該当ファイルをダブルクリックするとリンクの再設定ができます**(コンポジションパネルなどからはダブルクリックでの修正はできません)。

IllustratorやPhotoshopで元のデータを修正して保存すると、After Effects内でのデータも修正されるので、元のデザインに変更があった場合などは元のIllustratorデータの方を修正します。

02 リンク切れの修正

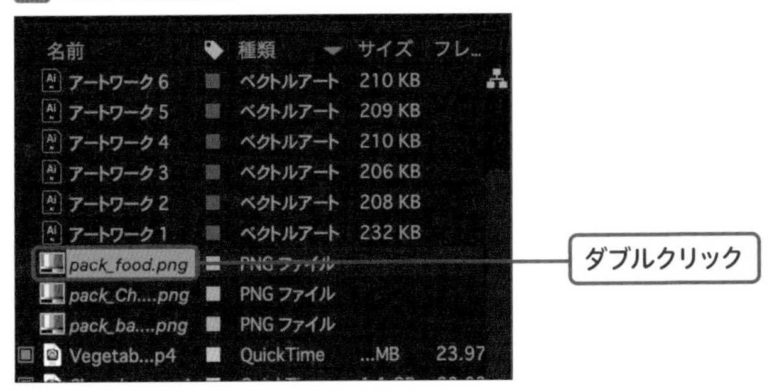

◎シェイプレイヤーに変換してリンク切れを予防する

シンプルな形であれば、Illustratorのレイヤーとして After Effectsに読み込んだあとでタイムラインパネルでレイヤーを右クリックし、[作成] → [ベクトルレイヤーからシェイプを作成] を選択すると、元のレイヤーを残した状態でシェイプレイヤーに複製できます。このシェイプレイヤーは大元のIllustratorデータとリンク関係にはないので、変換したシェイプレイヤーのみを使うのであれば元のIllustratorファイルやレイヤーを削除しても問題ありません。

03 シェイプレイヤーを作成

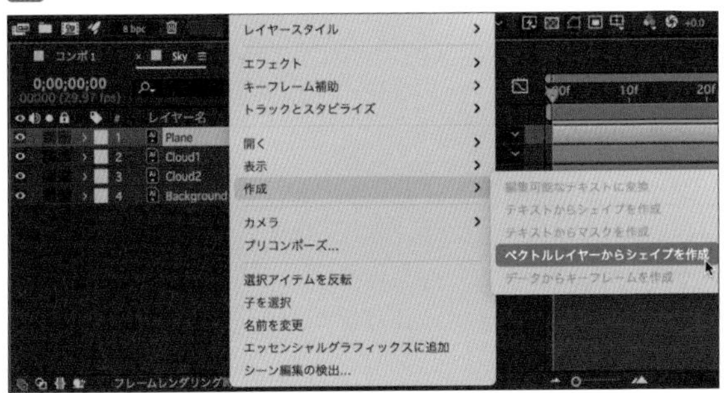

プロジェクトは「ファイルを収集」してから受け渡す

モーションの制作が進んでくると、複雑化したフッテージの管理が難しくなります。また、データを第三者に受け渡す際にはリンク切れが起こりやすくなります。[ファイル] メニュー→ [依存関係] → [ファイルを収集...] を選択すると、InDesignやIllustratorのように、ひとつのフォルダにプロジェクトファイルとフッテージなどの素材が収集されます。

04 「ファイルを収集」

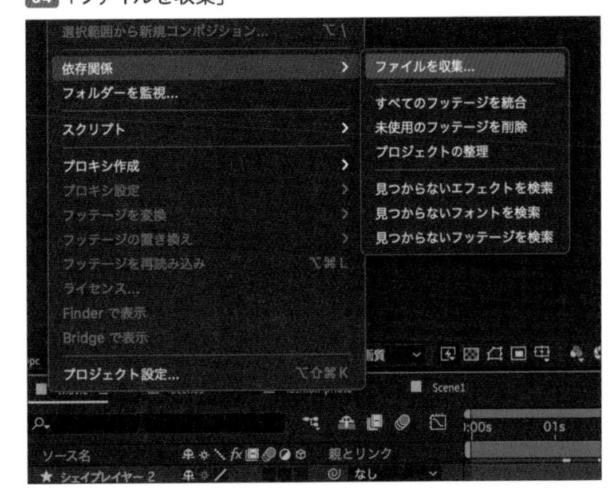

ファイルやフォルダ名に日本語を使わない

After Effectsで日本語名（全角かな）のファイルやプロジェクトを使用することは可能です。ただし、macOSとWindows間でデータを受け渡す際にフッテージのファイル名が文字化けを起こすことがあります。データの受け渡しを前提にするのであれば、日本語名の命名は推奨されません。ほかにもファイルパスの階層を示す［/］などは使用しないようにし、半角英数のアルファベット、ハイフン、アンダースコアのみでプロジェクトやフッテージの元となるファイルを作成するほうが事故がなく安全です。

memo

ファイルに日本語を使わない文化はウェブデザイナーには理解されやすいだろう。

書き出し後に消してよいファイル、保存しておくファイル

After Effectsを使用していると、キャッシュファイルなどが蓄積されていきます。これらは作業の高速化を図るためのものです。05のファイルは［環境設定］→［メディア&ディスクキャッシュ］（P042）で保存先を設定したキャッシュファイルです。削除も［メディア&ディスクキャッシュ］から実行できるので、作業が完了したら削除することをおすすめします。なお、Disk Cache - ○○.noindexはAdobeフォルダに保存されています。［メディア&ディスクキャッシュ］でも十分な容量を確保できない場合はフォルダを直接開いて削除してください。

05 作業が完了したら削除しても問題ないファイル　After Effectsが作るフォルダとデータまとめ

フォルダ	拡張子	概要
Media Cache Files	.cfaなど	ビデオやオーディオを読み込むと高速にアクセスできるように作られるファイルを格納する。
Media Cache	.mcdbなど	メディアキャッシュファイルのリンクを管理するファイルを格納する。
Peak Files	.pek	音声波形などの一時ファイルを格納する。
Disk Cache - ○○.noindex	.aecashe	コンポジションでの作業中に一時的に作られるファイルを格納する。Adobe フォルダに入っている。

「自動保存」のフォルダの扱い

After Effectsで作業をすすめていくと、プロジェクトと同じ階層に「Adobe After Effects 自動保存」というフォルダが自動で作成されていることに気がつきます。

問題なく保存できている進行中のプロジェクトであれば、これを削除しても（しなくても）、特に影響することはありませんが、万が一の場合に利用するためのバックアップとしてそのままにして、MP4などの書き出し後に消去するのがよいでしょう。

異なるバージョンでプロジェクトを扱うには

データを納品したり作業を引き継ぐ際、過去バージョンで制作したプロジェクトファイルを新しいバージョンで開くことは可能です。ただし、バージョンの範囲には制限があります。逆に新しいAfter Effectsで作成したプロジェクトファイルはそのままでは過去のバージョンのAfter Effectsでは開くことができません。こうしたデータの受け渡しのためにプロジェクトファイルを過去のバージョンに適した形式に落とすには、[別名で保存] を実行しますが、バージョンごとにダイアログの表記やバージョンダウンの範囲が異なります。バージョンを2023.1から2022にダウングレードするには [ファイル] メニュー→ [別名で保存] → [22.x形式でコピーを保存] を選択します(バージョン2024でも同様です)。

特別な理由がない限りは、最新版を使用するのがよいでしょう。

06 「別名で保存」

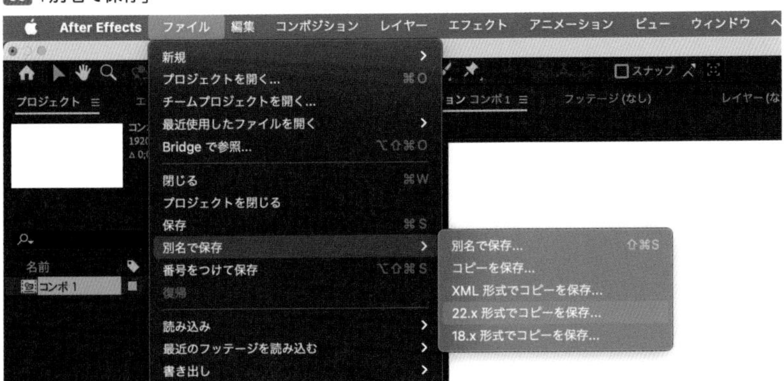

注意

作業中のプロジェクトがあるときに無闇にAfter Effectsのバージョンを上げてしまうと思わぬトラブルになることがあるので、すべての作業が一段落してから新しいバージョンを現行バージョンと並行して試していくのが安全です。

Column

YouTubeをコマ送りで確認する方法

YouTubeを視聴していると、真似してみたいモーションデザインを目にする機会があります。こういった動画に出会ったらYouTubeのキーボードショートカット 01 を使ってコマ送りしてみましょう。コマ送りすることで動きの細部をよく観察でき、皆さん自身の作品づくりの参考にできます。 素敵なモーションに出会ったら、じっくりコマ送りで観察してみましょう。

01 YouTubeのショートカット

ショートカット	コマ送り
[.] (ピリオド) キー	1フレーム送る
[,] (カンマ) キー	1フレーム戻す
[K] キー	動画の一時停止／再生

● [.] (ピリオド) キーでコマ送り、[,] (カンマ) キーでコマ戻し

はじめにYouTubeの動画で一時停止をし、[.] (ピリオド) キーを一度押すと1フレーム (1/30秒) だけ動画を進めることができます。30回 [.] (ピリオド) キーを押すと1秒進めることができます。

[,] キーは進めたコマを1フレーム (1/30秒) 戻せます。

● [K] キーで一時停止/再生

コマ送り/戻しをおこなうためには一時停止が必要になります。一時停止は [K] キーを押すとキーボードショートカットで実行できます。もう一度 [K] キーを押すと再生できます。

Chapter 2

Column

After Effectsで別のプロジェクトを同時に開きたい

Illustratorでは、一度に複数のドキュメント(aiファイル)を開いて片方からもう片方へコピー&ペーストする、という作業は簡単です。しかし、After Effectsでは一度にひとつのプロジェクトファイル(aepファイル)しか開くことができません。そこで、異なるプロジェクトへコンポジションを複製する作業にはプロジェクトでプロジェクトを読み込む必要があります。

プロジェクトAのコンポジションAをプロジェクトBで使用する場合、プロジェクトBを開いた状態で[ファイル]メニュー→[読み込み]→[ファイル]を選択し、プロジェクトAを読み込みます。すると、プロジェクトパネルに「プロジェクトA」のフォルダが作成されているので、コンポジションAを探して、プロジェクトBのタイムラインで利用します。

この場合、プロジェクトA(とコンポジションA)とプロジェクトBはリンクの関係になるので、データを読み込む前にフォルダの場所などをきちんと決めておく必要があります。

01 Chapter2のプロジェクトにChapter3のプロジェクトを読み込んだ例

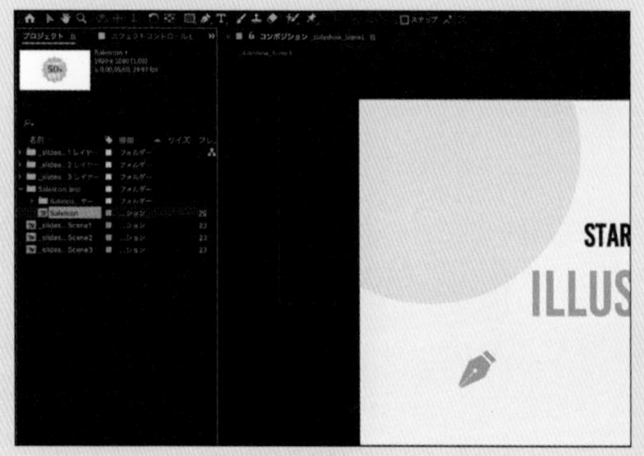

Chapter

実用的&簡単な動きを作ってみよう

サンプルの制作手順を紹介した動画が以下にアップされているので、つまったら参考にするのじゃ。

https://motion-design.work/c3/

01 パスに沿ってハート型のラインを表示する

Illustratorの線のデータはAfter Effectsに引き継いで、軌跡の表示・非表示のコントロールができます。そのためには、llustratorのデータを「シェイプパス」へ変換する必要があります。装飾などに使うと「気が効いている」印象を演出できます。

●完成データ：FinishFile/Chapter3/C3-1/HeartLine.aep
●素材データ：LessonFile/Chapter3/C3-1/HeartLine.aep

このセクションでは次の操作を学べます

- Illustratorのパスをシェイプパスに変換する
- シェイプパスを利用した線のモーションの作成方法

イメージとゴール

Illustratorで描いたハートの形の線をもとにして、軌跡の通りに線が出たり消えたりするモーションを作成します。線が出現する、擬似的に「描く」ようなモーションを作る場合は「開始点」と「終了点」を設定します。

01 作例のイメージ

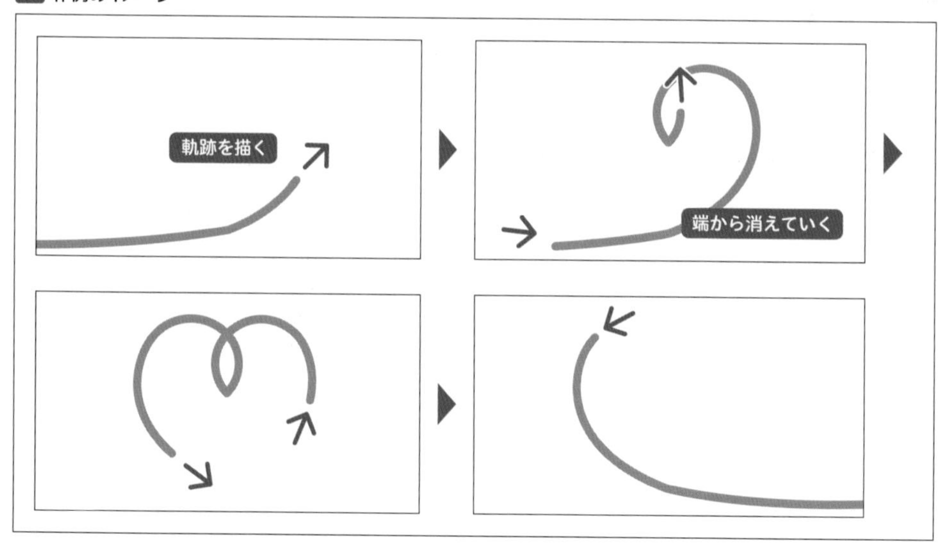

Illustratorの素材データから新しく.aepのプロジェクトを作成する場合は、P069と同じ作業をおこなってください。

Step.1 Illustratorの「線」を元に「シェイプパス」を生成する

素材データのHeartLine.aepを開きます。まず、レイヤーのIllustratorデータをシェイプパスに変換しましょう。IllustratorのレイヤーはAfter Effectsの「シェイプレイヤー」に変換することで、さまざまな線の調整をAfter Effectsでおこなえるようになります。

❶タイムラインパネルの[Line]レイヤーを選択 02
❷右クリックし、[作成]→[ベクトルレイヤーからシェイプを作成]を選択
❸[★Lineアウトライン]レイヤーが生成される 03

02 レイヤーを選択して右クリック

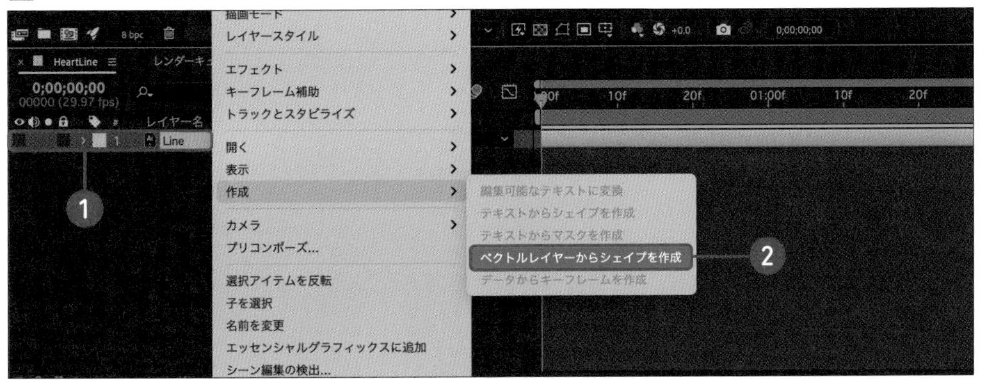

03 [★(元レイヤー名)アウトライン]のシェイプレイヤーが作成される

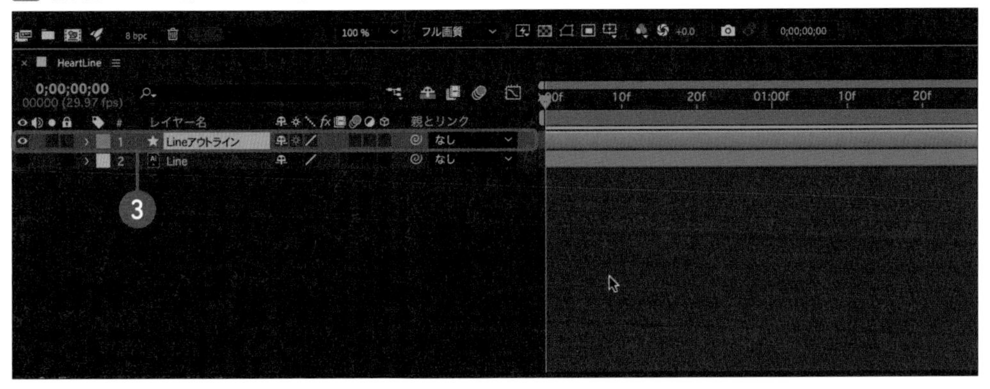

レイヤー名の頭に★マークが付くのがシェイプレイヤーの目印です。元となったレイヤーは非表示の状態で残ります。元のレイヤーを編集、消去してもシェイプレイヤー側には影響は出ません。

Step.2 シェイプレイヤーの構造を確認する

線のシェイプレイヤーのうち、After Effectsで変換した★のシェイプレイヤーをクリックして展開し、レイヤーのプロパティを開いてみましょう。Chapter2のIllustratorデータを読み込んだレイヤーのプロパティは「トランスフォーム」のみでしたが、シェイプレイヤーの場合はトランスフォームの上に「コンテンツ」という項目があります 04。

シェイプレイヤーを「★Lineアウトライン」→「コンテンツ」→「グループ1」の順にクリックしてプロパティを展開すると、シェイプに関するさまざまな項目を確認できます。さらに「線1」を展開するか、プロパティパネル 05 を見ると、Illustratorの線パネルで操作・編集できる項目と似た内容を確認できます。

このデータの構造からは、シェイプレイヤーの線はAfter Effects上でも色や太さなどの見た目の調整が可能だということがわかります。

❶シェイプレイヤーを「★Lineアウトライン」→「コンテンツ」→「グループ1」の順にクリックしてプロパティを展開
❷「線1」を展開して内容を確認
❸プロパティパネルにおける「線1」

04 レイヤーパネルでの表記

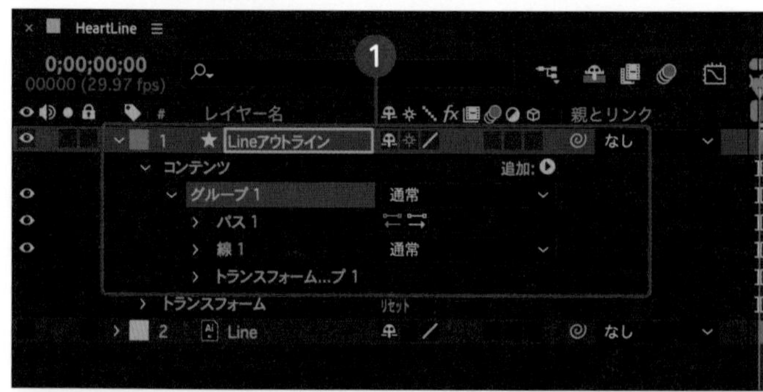

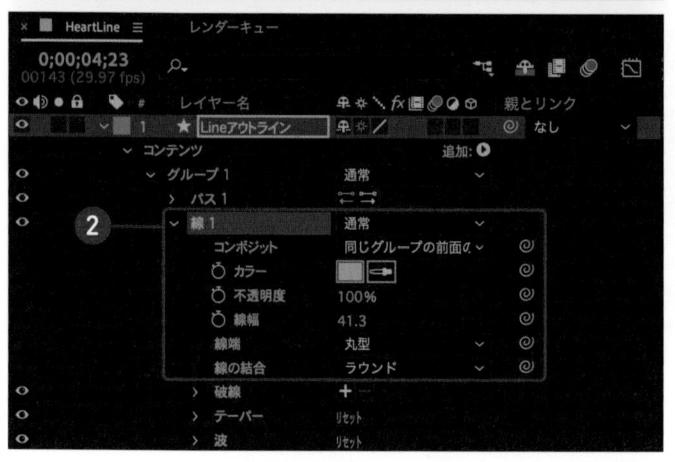

05 プロパティパネルでの表記

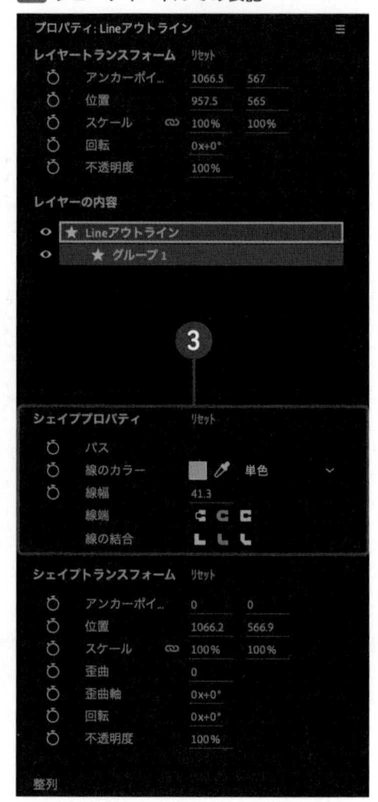

注意

レイヤーの「線1」にはプロパティパネル側に表示されていない項目や、表記が異なっている項目（テキストとアイコンの違いなど）もあるので一度見比べておくとよいでしょう。

memo

プロパティパネルは今までアクセス頻度の高かったものだけを集めたイメージなので表記が異なるのじゃ。

Step.3 「パスのトリミング」を表示させる

❶Step.2のシェイプレイヤーを選択状態にして、レイヤーパネルの[コンテンツ]の右側にある[追加]を選択
❷[パスのトリミング]を選択06。

注意
シェイプレイヤーでない場合、「追加」は表示されません。

06 [追加]→[パスのトリミング]

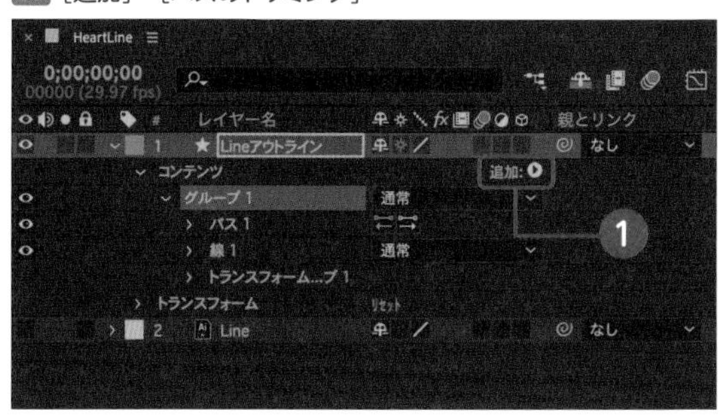

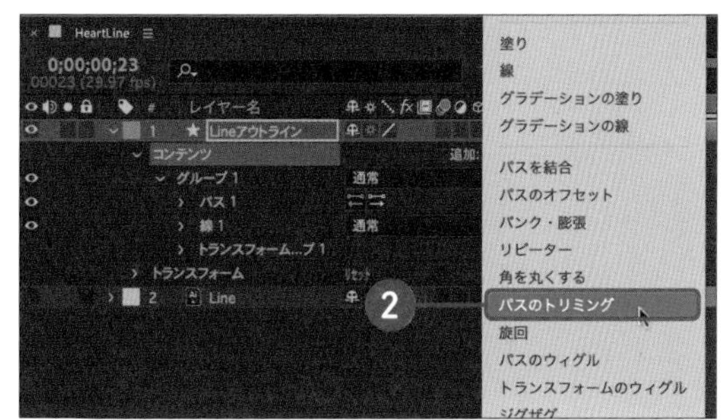

Step.4 「終了点」で線を「描く」モーションを作る

「パスのトリミング」を追加しただけではキーフレームは生成されません。レイヤーに追加された「パスのトリミング」をクリックして展開すると、「開始点」と「終了点」のプロパティが追加されます07。このプロパティを設定するとキーフレームが生成されます。

0フレームめで「終了点」のキーフレームを数値0%にするとパスがトリミングされて見えなくなります。4秒後に数値100%にしてパスが表示されるモーションを作成します08。

❶0フレーム(左端)に時間インジケーターを移動する
❷「終了点」の数値を0%にしてストップウォッチをクリック

07 0:00fで「終了点」を0%にする

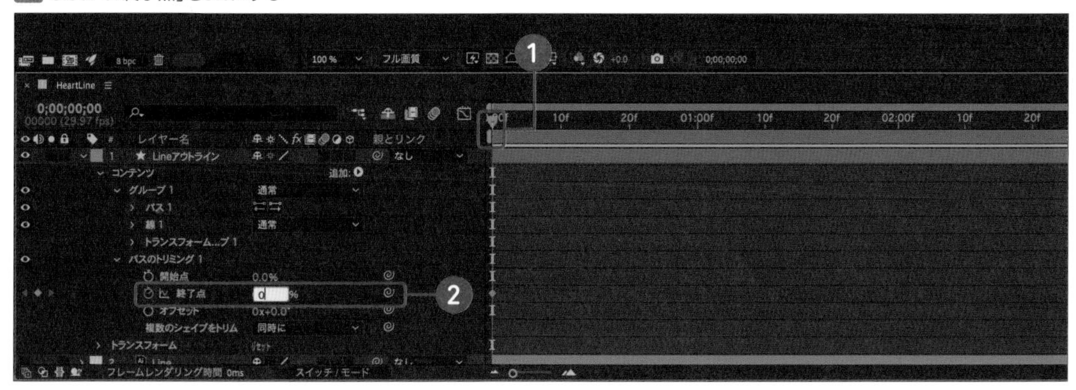

❸04:00fに時間インジケーターを移動する
❹❸のキーフレームの値を100%にする

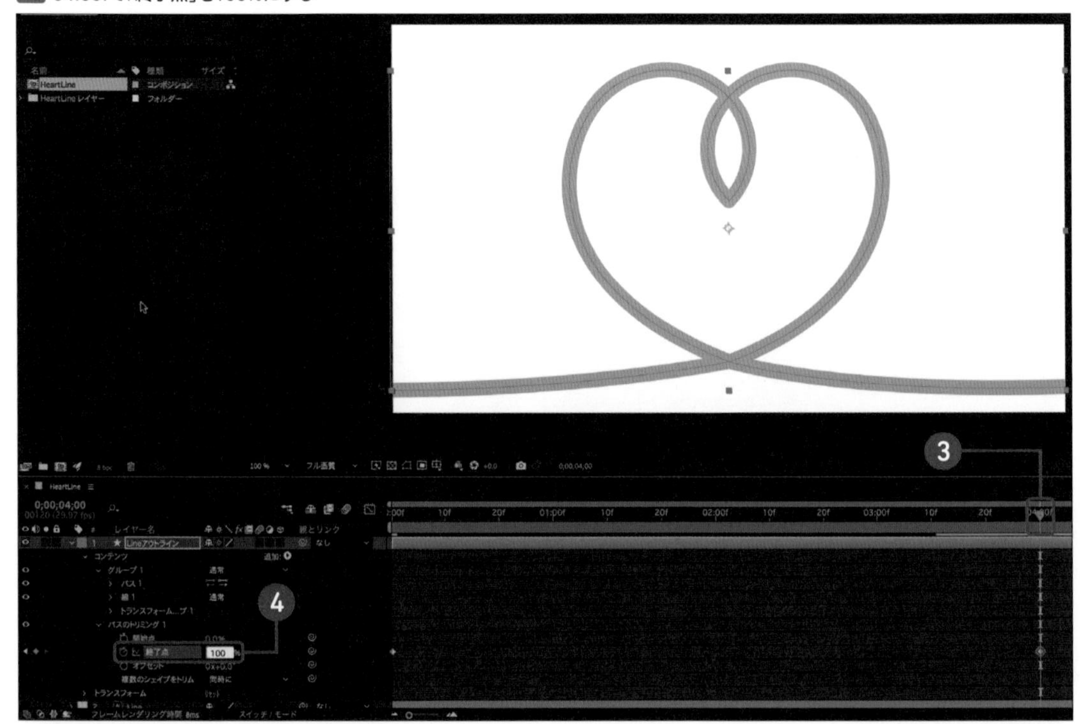

08 04:00fで「終了点」を100%にする

Step.5 「開始点」と組み合わせて「描いて消える」モーションを作る

Step.4と「開始点」を組みあわせると「描いて消える」モーションが作成できます。

❶02:00fに時間インジケーターを移動する
❷「開始点」のストップウォッチをクリックして数値0%のキーフレームを作成する 09

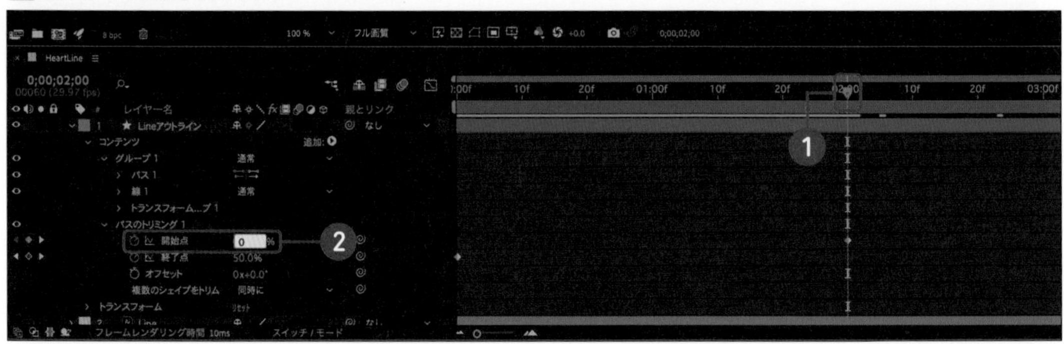

09 02:00fで「開始点」を0%にする

❸05:00fに時間インジケーターを移動する
❹ ❸のキーフレームの値を100%にする 10

10 05:00fで「開始点」を100%にする

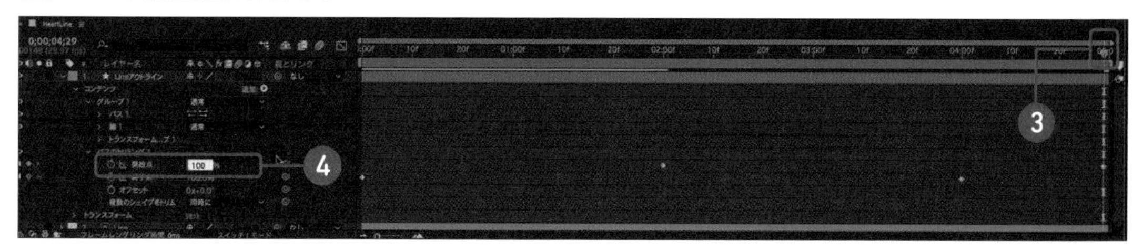

すると、一度表示された軌跡を追うように、今度は線が非表示になります 11。こういった「出て消える」といった動きは、キーフレームの位置やシェイプパスの形で印象が大きく変わります。また、Chapter4で紹介するイージングを適用して動きに緩急を出すと、さらにモーションに表情が生まれます。

11 サンプルの動き

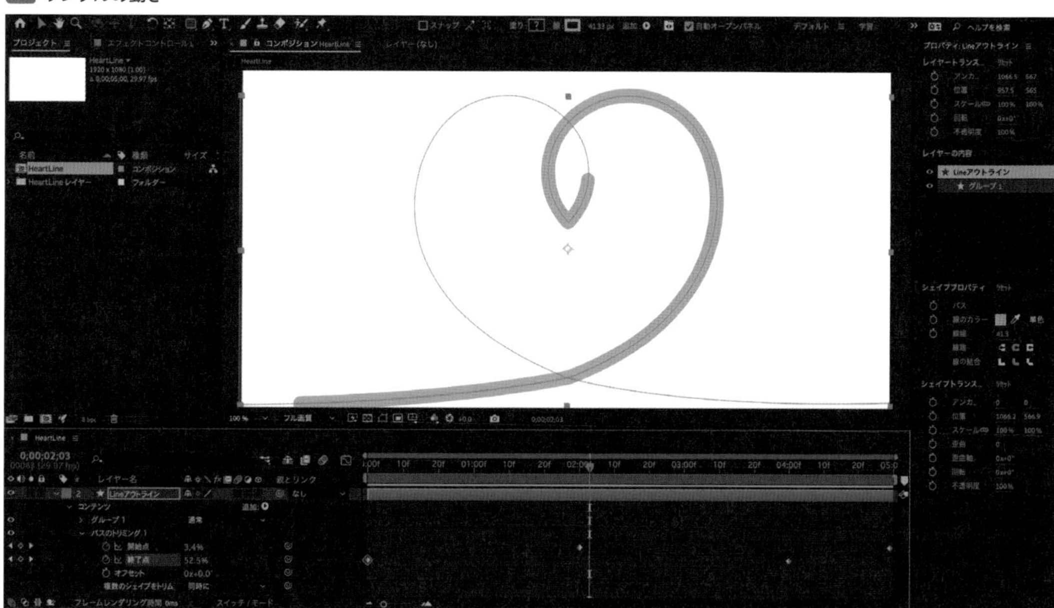

Column

軌跡の表示順を逆にしたい場合

表示順を逆にしたい場合は、レイヤーの［コンテンツ］→［グループ1］→［パス1］の「パスの反対方向をオン」ボタンをクリックします。再生すると、逆再生の表示になります 01。

01 逆再生の設定

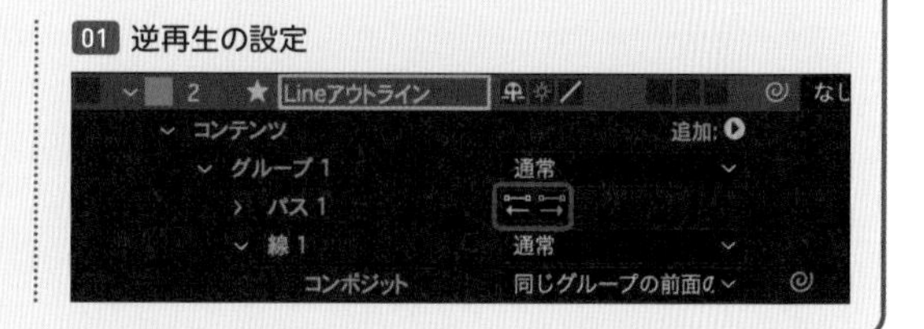

02 After Effectsで線を描く・キーフレームを複製する

After Effectsのペンツールを使って複数の線（ベジェパス）を描く方法を学びましょう。ひとつのシェイプレイヤーにパスの開始点・終了点のキーフレームを設定したら、キーフレームをコピー＆ペーストしてその他の線に効果を加えていきましょう。

●完成データ：FinishFile/Chapter3/C3-2/ThreeLine.aep
●素材データ：LessonFile/Chapter3/C3-2/ThreeLine.aep

このセクションでは次の操作を学べます
- After Effectsでベジェパスを描く
- キーフレームの複製方法
- 複製したキーフレームのタイミングを調整する

イメージとゴール

After Effectsの「ペンツール」で3本の線を描き、その線に沿って「パスのトリミング」から「開始点」と「終了点」を設定します。スピード感の演出などに効果的です 01。

こういった描画についてはほかにも知っておくとよい知識があるので、作例の途中で操作について補足しています（P102「After Effectsのツールについて」）。より高度な描画・編集をしたい方は併せて確認してください。

01 作例のイメージ

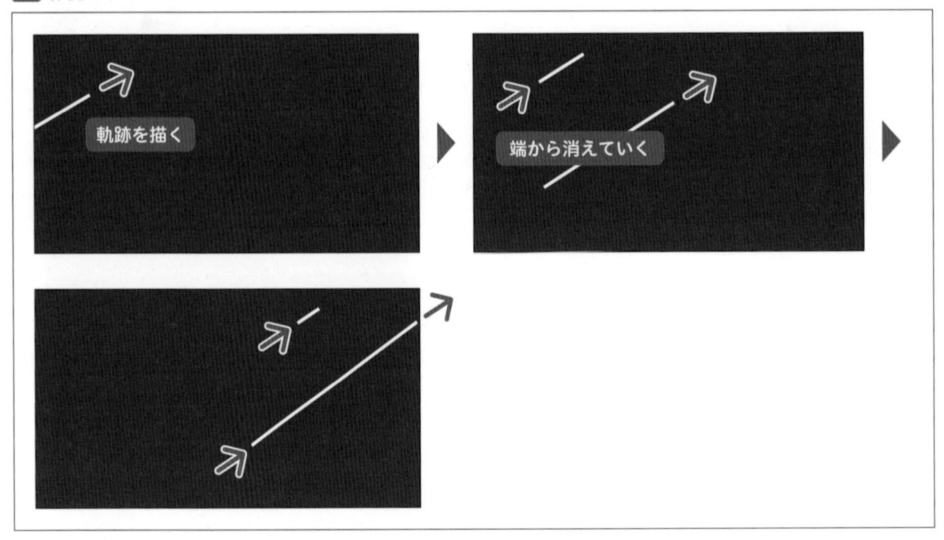

新しく.aepのプロジェクトを作成する場合は、背景色を青にしたコンポジションを作成してください(参照：P067)。

Step.1 After Effectsのペンツールで線を描く

素材データのThreeLine.aepを開きます。背景のみが設定されている、フッテージのない空のコンポジションが開きます。After Effectsでレイヤーの選択をせずに「ペンツール」で線を描くと、新しくシェイプレイヤーが作成されます。After Effectsのレイヤー（タイムライン）で描かれたベジェによるパスは「シェイプパス」あるいは「ベジェパス」と言います。シェイプパスの色の種類を「単色」「グラデーション」「なし」を切り替えるには、[塗り（線）]の青いテキストをクリックします。

線を描き終えたら一度レイヤーの選択を解除し、もう一度コンポジションパネルをクリックして2本めの線を描きます02。レイヤーの選択を解除してから描画すると、線が別々のシェイプレイヤーにわかれます03。

❶レイヤーを何も選択せずにペンツールを選択
❷塗りと線を設定してコンポジションパネル上でクリック
❸線を描く
❹「ペンツール」のまま終了したい点で「選択ツール」に切り替えて描画を終了
❺レイヤーの何もない部分をクリックして選択を解除

❶〜❺の作業を繰り返し、3つのシェイプレイヤー（1レイヤー＝1シェイプオブジェクト）を作成します。

02 コンポジションパネル

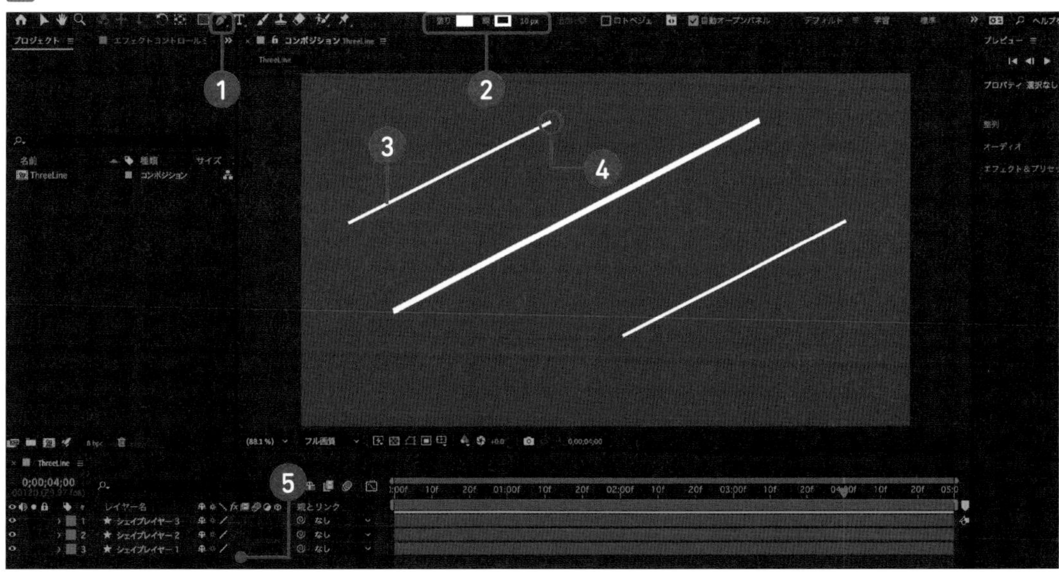

03 レイヤーの構造

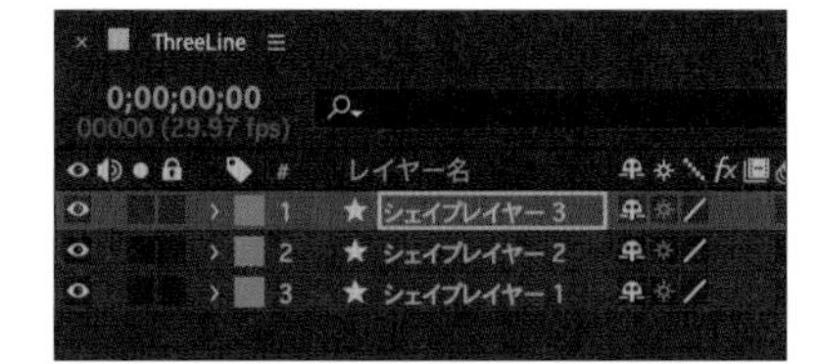

memo

レイヤーやプロパティは選択中の背景色が薄く（明るく）なる。選択できているか、していないか、あるいはできていないかを常に意識すべし。

注意

レイヤーを選択した状態で「ペンツール」を使用すると、マスク用のパスが描かれます。

注意

誤ってひとつのシェイプレイヤーの中に複数のシェイプオブジェクトを作成した場合は、次のページで紹介している「選択」と「削除」を組みあわせてオブジェクトを削除するか、一度レイヤーを削除します。

After Effectsのツールについて

マニュアルベジェの（ペンツールを選択した後に表示されるロトベジェのチェックボックスを選択していない）場合、「ペンツール」の基本的な操作はIllustratorとほとんど同じです。ただし、細かい操作が若干異なっていたり、微調整に際してツールの種類に制限があります。以下で、その違いについて説明します。実務の場合は線や図形、イラストなどの種類に応じてIllustratorとAfter Effectsの両方を併用していくのが理想的です。

●ツール・インターフェースの名称

ツールアイコンの形状が同じでも名称が異なるものがあります。機能に関してはほぼ同一です 04 。

04 IllustratorとAfter Effectsのツールにおける名称の違い

アイコン	Illustrator	After Effects
	ペンツール	ペンツール
	アンカーポイントの追加ツール	頂点を追加ツール
	アンカーポイントの削除ツール	頂点を削除ツール
	アンカーポイントツール	頂点を切り替えツール

Illustratorで言うアンカーポイントのことをAfter Effectsでは、「頂点」といいます。用語の違いに気をつけましょう。その他のパスに関する用語（セグメント、方向線、ハンドル）などはほぼ同じです 05 。After Effectsにおけるアンカーポイントの操作はP104で紹介します。

05 レイヤーパネルでの表記

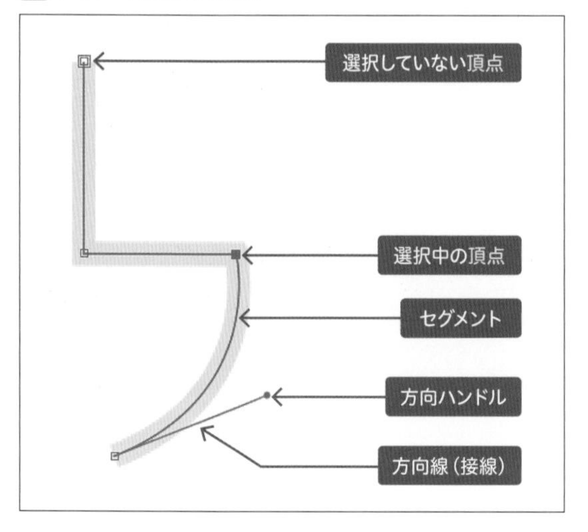

memo

After Effectsにおける「アンカーポイント」には、「動きの中心座標」という意味合いがあるので、Illustratorとツールの名称が異なるのであろう。

●描画の終了

オープンパスで「ペンツール」を終了したい場合は、「選択ツール」などほかのツールに切り替えるか、ダブルクリックで終了することができます。慣れてきたら、[command or Ctrl] + クリックで描画を終了するのが便利です。終了後にキーから手を離すと自動的にペンツールに戻るので、手早く複数のパスを描けます。

●同じシェイプレイヤー内にある複数のシェイプパスの選択

サンプルのコンポ1のコンポジションをクリックすると、3つのシェイプレイヤーが表示されます。シェイプレイヤー1は複数のシェイプオブジェクト、シェイプレイヤー2は1つの楕円、シェイプレイヤー3は背景となっています。シェイプレイヤー1のようにひとつのシェイプレイヤーにシェイプオブジェクトが複数ある場合は、オブジェクト全体を囲むように、レイヤーコントロールが表示されます 06。シェイプオブジェクトを個別に選択する場合は、「プロパティ」パネルの「レイヤーの内容」から該当するシェイプを選択するか、コンポジションパネル上でトランスフォームボックス（Illustratorのバウンディングボックスと同じ役割）が表示されるまで、選択したいオブジェクトをダブルクリックします 07（command or Ctrl + クリックでダイレクト選択可能）。

06 シェイプレイヤー全体を選択

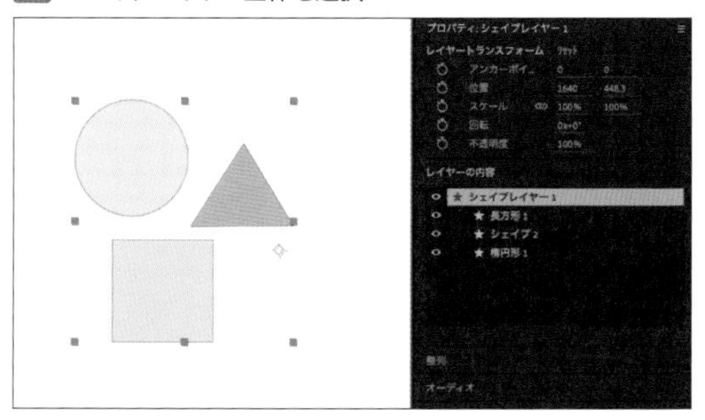

07 シェイプ2（三角形）のみを選択

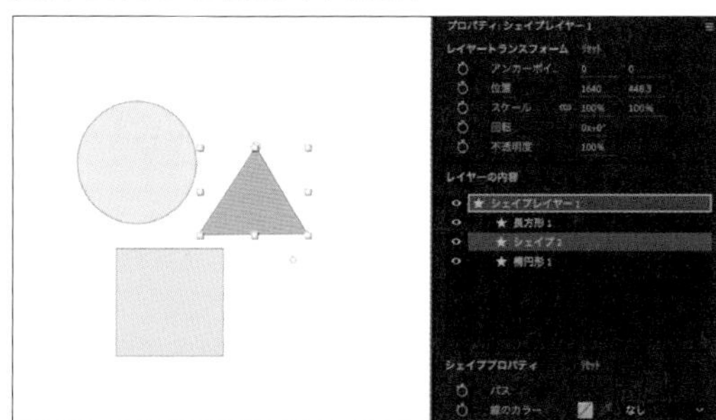

●描画したシェイプパスの移動・変形・削除

シェイプパスを選択した状態で、それぞれの操作を実行します。

移動：「選択ツール」でドラッグ 08

変形：「選択ツール」で対象のシェイプオブジェクトが選択されている状態でトランスフォームボックスをドラッグ、もしくは「プロパティパネル」などから「位置」「スケール」を調整（ストップウォッチを触らずに数値を修正すると、オブジェクトの大きさが変更できる）09

削除：対象のシェイプオブジェクトを選択した状態で[delete]キー

08 移動

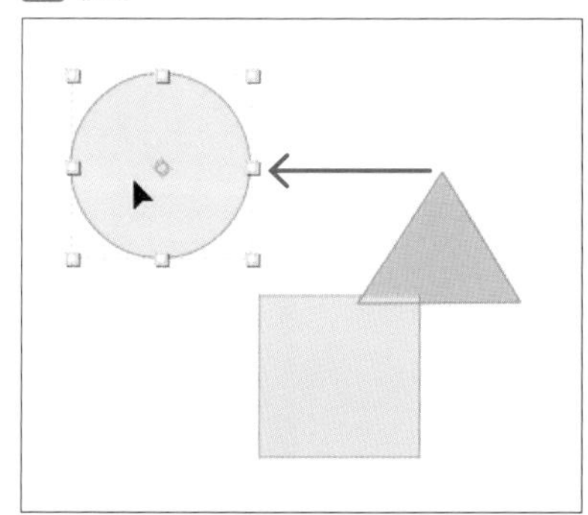

09 変形

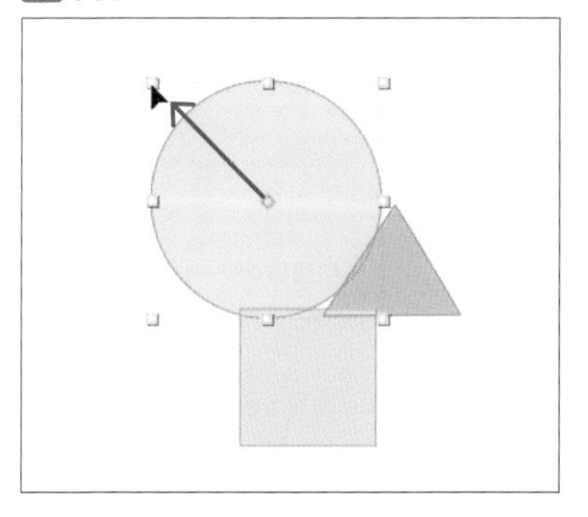

●描画したシェイプパスの修正

Illustratorで一度描いたパスのアンカーポイントを修正するには、「ダイレクト選択ツール」などでアンカーポイントをクリックもしくは範囲をドラッグしてハンドルを操作します10。

After Effectsの場合は選択ツールの状態でシェイプレイヤーを選択し［command or Ctrl］を押すと一時的にダイレクト選択ツールへ変化します。

修正したいレイヤーが選択されている状態で、選択したい頂点をクリックしてから、頂点・方向線・ハンドルを操作します。

10 編集したい頂点をクリックしてから操作

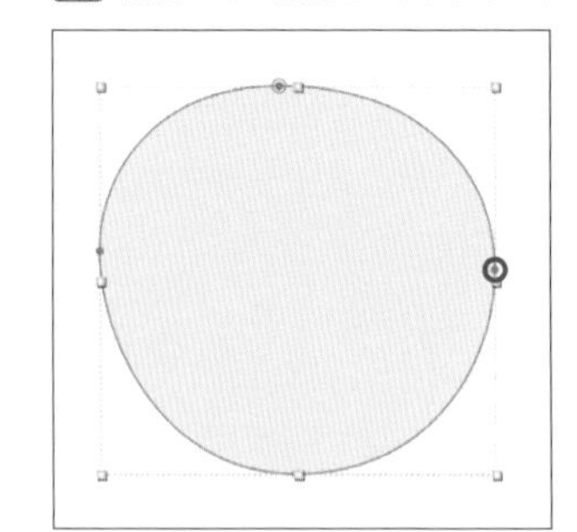
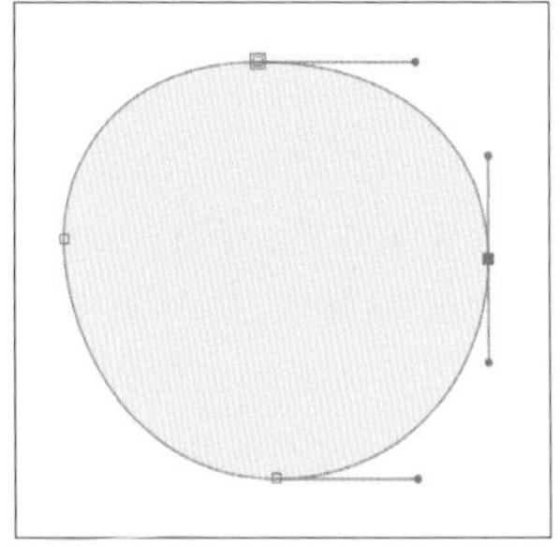

●ロトベジェパスとマニュアルベジェパスの切り替え

ツールパネルの右側には「ロトベジェ」のチェック項目があります11。このロトベジェにチェックを入れた状態でペンツールを操作すると、Illustratorの「曲線ツール」と似た操作感で、ハンドルを操作せずにドラッグ操作で曲線を描くことができます12。

11 「ロトベジェ」のチェック

12 ドラッグ操作で曲線

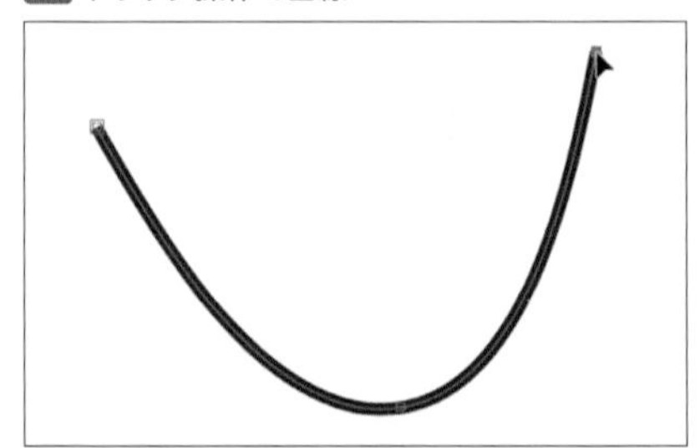

Step.2 「パスのトリミング」を表示させる

P097と同じ工程をおこないます。ひとつのシェイプレイヤー（シェイプオブジェクト）を選択し、レイヤーパネルの［コンテンツ］の右側にある［追加］→［パスのトリミング］を選択します13。

13 パスのトリミング

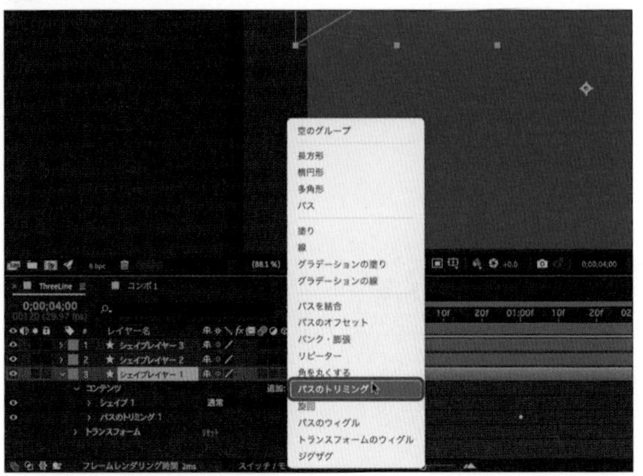

Step.3 「終了点」「開始点」を設定する

ひとつのシェイプレイヤー（シェイプオブジェクト）の「終了点」14「開始点」15を設定します。

終了点

❶0フレーム（左端）に時間インジケーターを移動する
❷「終了点」のストップウォッチをクリックして0%のキーフレームを作成する
❸01:00fに時間インジケーターを移動する
❹キーフレームの値を100%にする

開始点

❺01:00fに時間インジケーターを移動する
❻「開始点」のストップウォッチをクリックして0%のキーフレームを作成する
❼02:00fに時間インジケーターを移動する
❽キーフレームの値を100%にする

14 終了点の設定

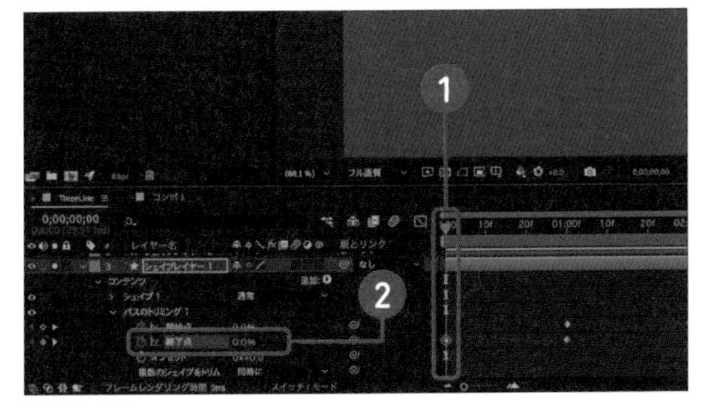

15 開始点の設定

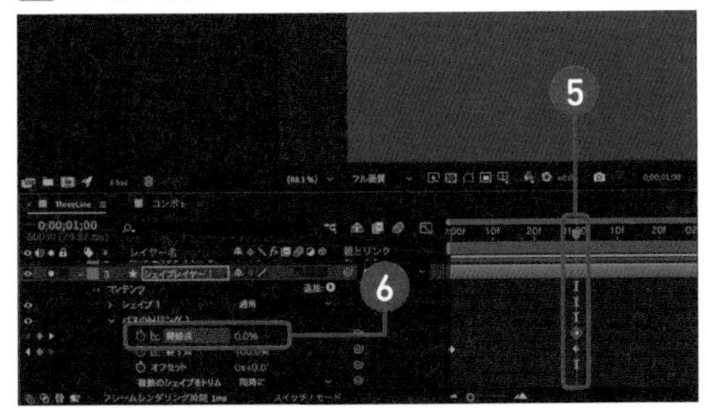

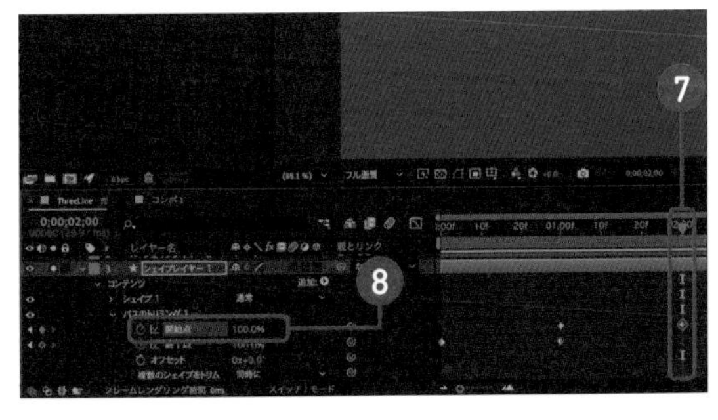

16 シェイプのモーションを設定

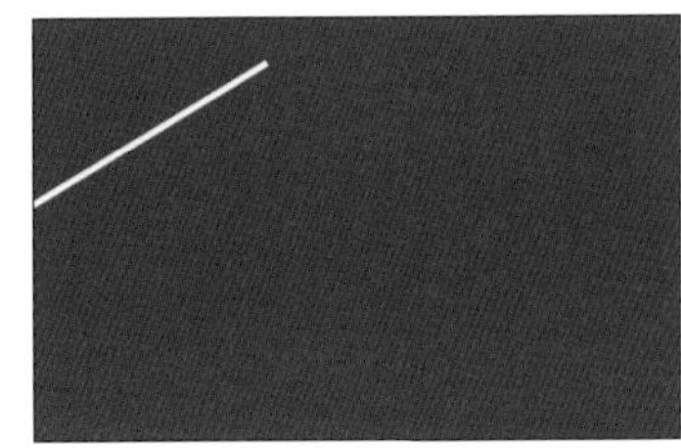

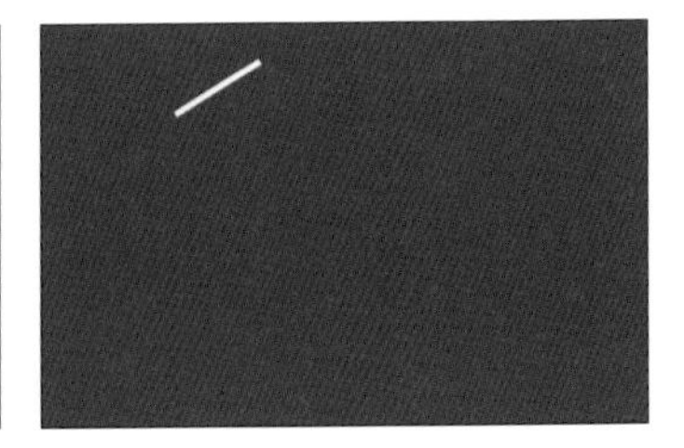

実用的&簡単な動きを作ってみよう

Step.4 プロパティをコピペして動きを増やす

残りの2つのシェイプレイヤーに同じ動きをつけます。プロパティの項目とキーフレームはレイヤーからコピー＆ペーストができます 17 18。

●[U]キー（半角）で適用されているエフェクトのみを表示する

レイヤーを選択して[U]キーを押すと、適用されているエフェクト（ストップウォッチをクリックして有効化している要素）のみを表示できます。コピー＆ペーストをラクにするために、レイヤーにシェイプレイヤー1の開始点と終了点のみ表示します。

17 [U]を押してエフェクトを表示

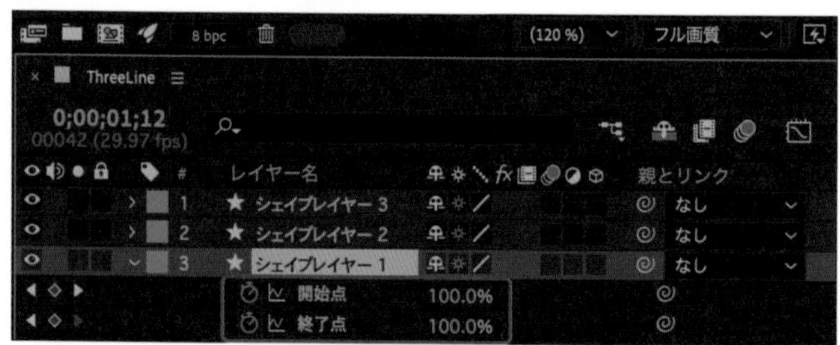

memo
複数のレイヤーやプロパティを選択する時はほかのAdobeアプリと同様にShift+クリックで選択していく。他のアプリで慣れていれば造作もない操作だろう。

[★シェイプレイヤー1]の「開始点」と「終了点」を[Shift]キーとクリックで両方とも選択してコピーします。時間インジケーターを一番左にし、ペースト先のシェイプレイヤーをすべて選択してからペーストすると、プロパティとキーフレームが2枚のレイヤーにペーストされます 18。なお、開始点と終了点ではなくパスのトリミング自体をコピー＆ペーストしても問題ありません。

❶[★シェイプレイヤー1]を選択して[U]キーで「開始点」「終了点」のみを表示
❷❶の「開始点」「終了点」を[Shift]＋クリックで同時に選択し、コピー
❸タイムラインの時間インジケーターをドラッグして0フレームめへ移動
❹[★シェイプレイヤー2][★シェイプレイヤー3]を[Shift]＋クリックで同時に選択し、プロパティをペースト

18 開始点と終了点を他のレイヤーにコピー＆ペースト

この状態で再生してみると、まったく同じタイミングでモーションが起こります。次に、キーフレームを複数選択してまとめてずらしてタイミングを変えていきましょう。

●[Shift]キー＋クリックで複数のキーフレームを選択してドラッグ

キーフレームはクリックすると選択状態になります。[Shift]キーを押しながらクリックしていくか、キーフレームの近くでドラッグ操作をして選択したいキーフレームを囲むと複数のキーフレームを選択できます。

[★シェイプレイヤー2] レイヤーのキーフレームをすべて選択してからで右方向へドラッグし、モーションのタイミングをずらします19。

❶[★シェイプレイヤー2]のタイムライン上のキーフレームを[shift]＋クリックなどですべて選択する
❷選択したキーフレームを右へドラッグする
❸[★シェイプレイヤー3]も同様に右にドラッグしてタイミングを調整

19 キーフレームを選択してドラッグ

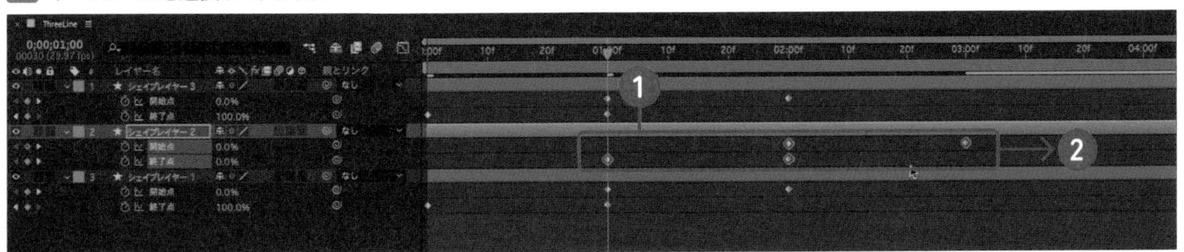

20 キーフレームを階段状に設定する

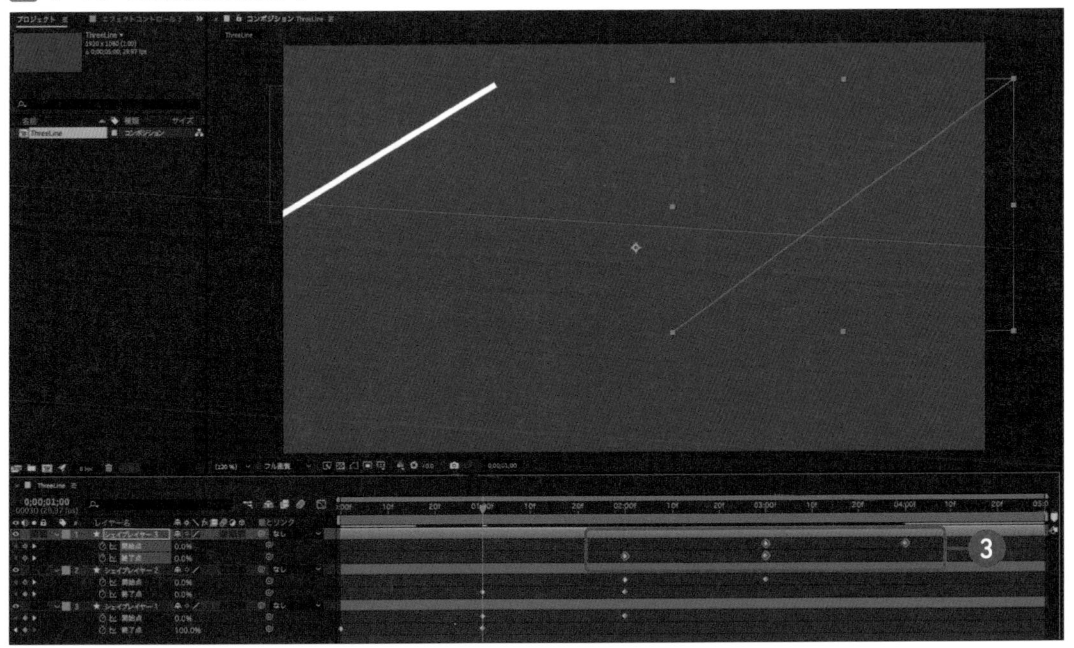

コピーしたキーフレームは時間インジケーターの位置によってペーストされる位置が変化します。はじめからモーションのタイミングをずらすことが決まっている場合はキーフレームをコピーした後、時間インジケーターを先頭ではなく任意の位置へ移動してからペーストするとキーフレームをずらす工程を省略できます。

03 アイコンの背景を回転させ続けて目立たせる

円形のオブジェクトを「回転」のプロパティを使って回転させます。この動きを繰り返すにはキーフレームをコピー＆ペーストするよりも「エクスプレッション」でループを指定するほうが便利です。

●完成データ：FinishFile/Chapter3/C3-3/SaleIcon.aep
●素材データ：LessonFile/Chapter3/C3-3/SaleIcon.aep

このセクションでは次の操作を学べます
- プロパティの「回転」
- エクスプレッション

イメージとゴール

Illustratorで作成したセールアイコンの背景が回転しつづけるモーションを作成します。文字はそのままで背景のアイコンだけが回転し続けるので、目に付きやすい効果があります 01。

01 作例のイメージ

Illustratorの素材データから新しく.aepのプロジェクトを作成する場合は、P069と同じ作業をおこなってください。

Step.1 オブジェクトを回転させる

素材データのSaleIcon.aepを開きます。オレンジの［Icon］レイヤーを時計回りに3秒で1回転させます。［Icon］レイヤーを選択し、レイヤーのプロパティを展開して「回転」を表示するか、プロパティパネルから「回転」を選択します 02。

❶時間インジケーターが0秒めになっていることを確認する
❷［Icon］レイヤーを選択し、プロパティパネルかトランスフォームプロパティを展開して「回転」のストップウォッチをクリック

02 コンポジションパネル

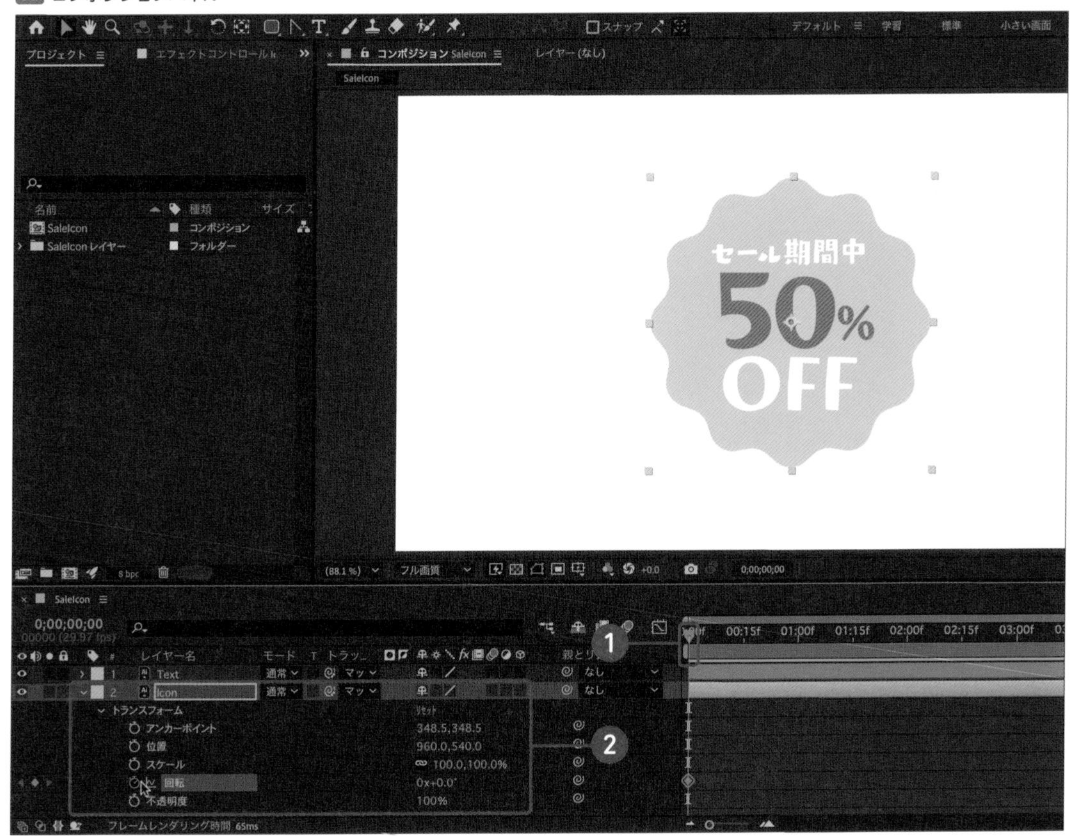

❸タイムラインの時間インジケーターをドラッグして03:00fへ移動
❹回転に[1x]と入力する(自動でキーフレームが設定される)

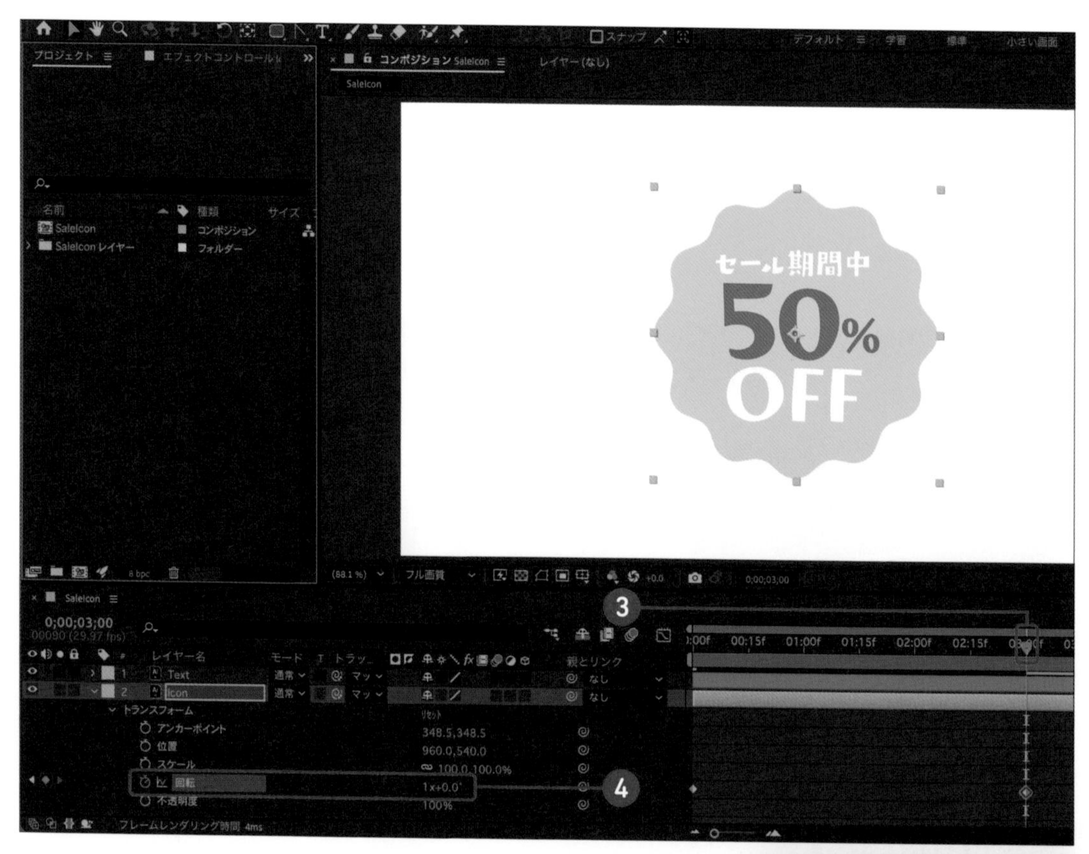

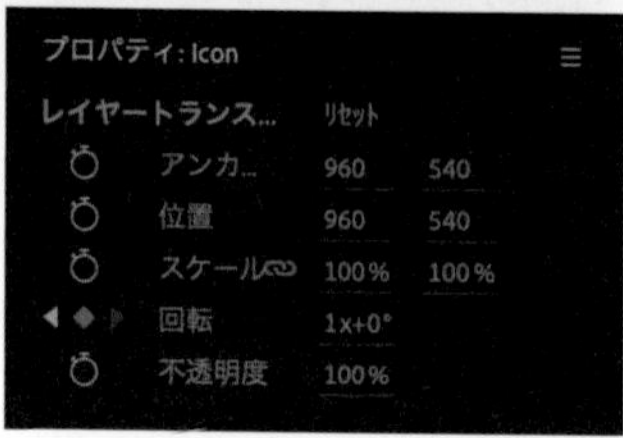

0〜3秒間で1回転して、3秒めでストップする動きがつきました。

回転は「0x＋0.0°」と表示されています。0xは回数、0.0°は角度です。

たとえば0秒と5秒にキーフレームを打ち、5秒で1xもしくは360°と入力すると、5秒間で1回転するアニメーションになります。「回転ツール」を選択して、ドラッグ操作で任意の回転をかけることもできます。

memo

反時計回りに逆回転させるには、
値にマイナスを入れる。

Step.2 「エクスプレッション」を設定して回転を繰り返す

回転のモーションを繰り返すために「エクスプレッション」を設定します。コードを入力して動きを制御するエクスプレッションには複雑なものもありますが、繰り返し(ループ)は基本の手順とシンプルなコードで実現できます。

はじめに、プロパティで既にかけている「回転」のストップウォッチを[option or Alt]+クリックすると、数値のテキストが赤くなり、新しくタイムライン上にエクスプレッションの入力欄が開きます。

エクスプレッションの追加は、プロパティを選択して[アニメーション]メニュー→[エクスプレッションを追加]でも同様の操作が可能です。

エクスプレッションの入力欄に半角英数で

```
loopOut()
```

OutのOは大文字です。

と入力します。途中まで入力して候補のコードヒントが表示される場合は、表示されるコードをクリックして選択してもよいでしょう 03。

❶「回転」の掛かっているプロパティのストップウォッチ上で[option or Alt]+クリック
❷タイムラインのエクスプレッションパネルでloopOut()を入力
❸入力が完了したらタイムラインの何もないところをクリックして入力欄を抜ける

03 エクスプレッションの設定

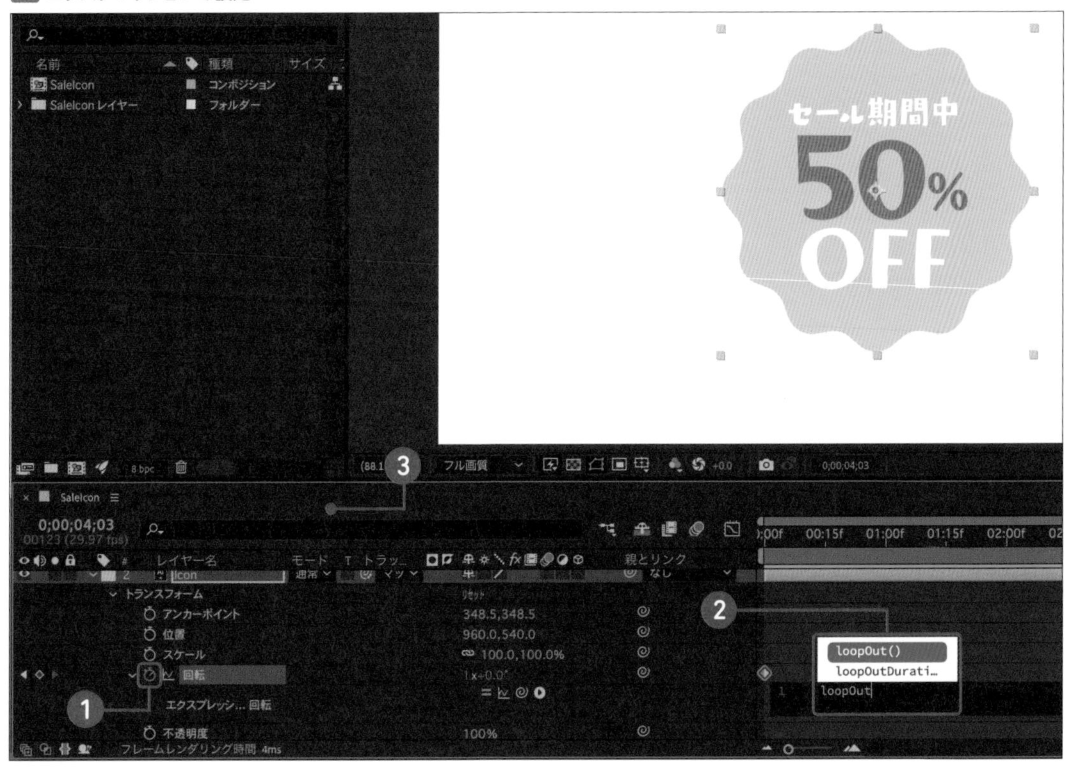

再生してみると、キーフレームを過ぎても同じ動作が繰り返されていることが確認できます。

04 アンカーポイントを決めてベルのイラストを揺らす

After Effectsのアンカーポイントは「動きの中心点」の意味があり、Illustratorと用語が異なります。コンポジションパネルでのアンカーポイントの見方やアンカーポイントツールを使った変更の方法を覚えると、さまざまな動きに応用が可能です。

●完成データ：FinishFile/Chapter3/C3-4/Bell.aep
●素材データ：LessonFile/Chapter3/C3-4/Bell.aep

このセクションでは次の操作を学べます
- 「アンカーポイントツール」によるアンカーポイントの操作
- 「回転ツール」を使った回転
- キーフレーム(単体)のコピー＆ペースト

イメージとゴール

回転のモーションはさまざまな場面で役立ちます。単純に回転させるだけでなく、角度を指定してベルを揺らすモーションを作成します。「揺れて元の位置に戻る」動きを作ってみましょう 01。

01 作例のイメージ

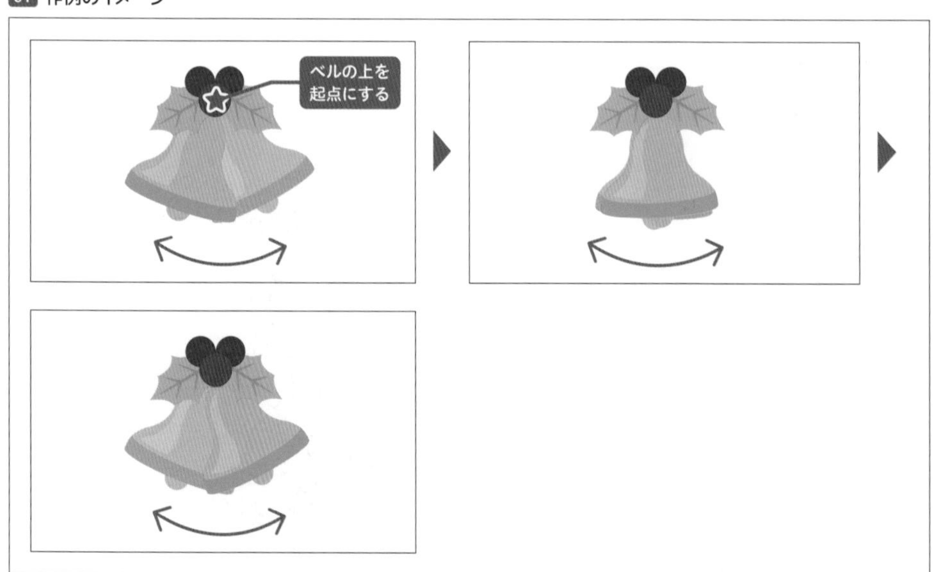

memo
「回転ツール」と「アンカーポイント」をうまく使えると、作例のほかにも手足を動かしたり髪をゆらしたりといったアニメーションにも対応できるようになる。

Step.1 「アンカーポイントツール」でオブジェクトの中心軸を変える

素材データのBell.aepを開きます。[Bell] レイヤーを選択し、「アンカーポイントツール」を選択して回転軸をオブジェクトの中心から上へずらします 02。

レイヤーを選択して「アンカーポイントツール」を選択すると、オブジェクトの中央にターゲットマーク [ ] が表示されます。これがアンカーポイント（中心軸）です。「アンカーポイントツール」でドラッグすると、アンカーポイントの位置を動かせます 03。

❶[Bell]レイヤーを選択
❷アンカーポイントツールを選択
❸中央のアンカーポイントを右上（ベルの上部の膨らんでいる部分）方向にドラッグして中心を変更する

02 アンカーポイントを移動

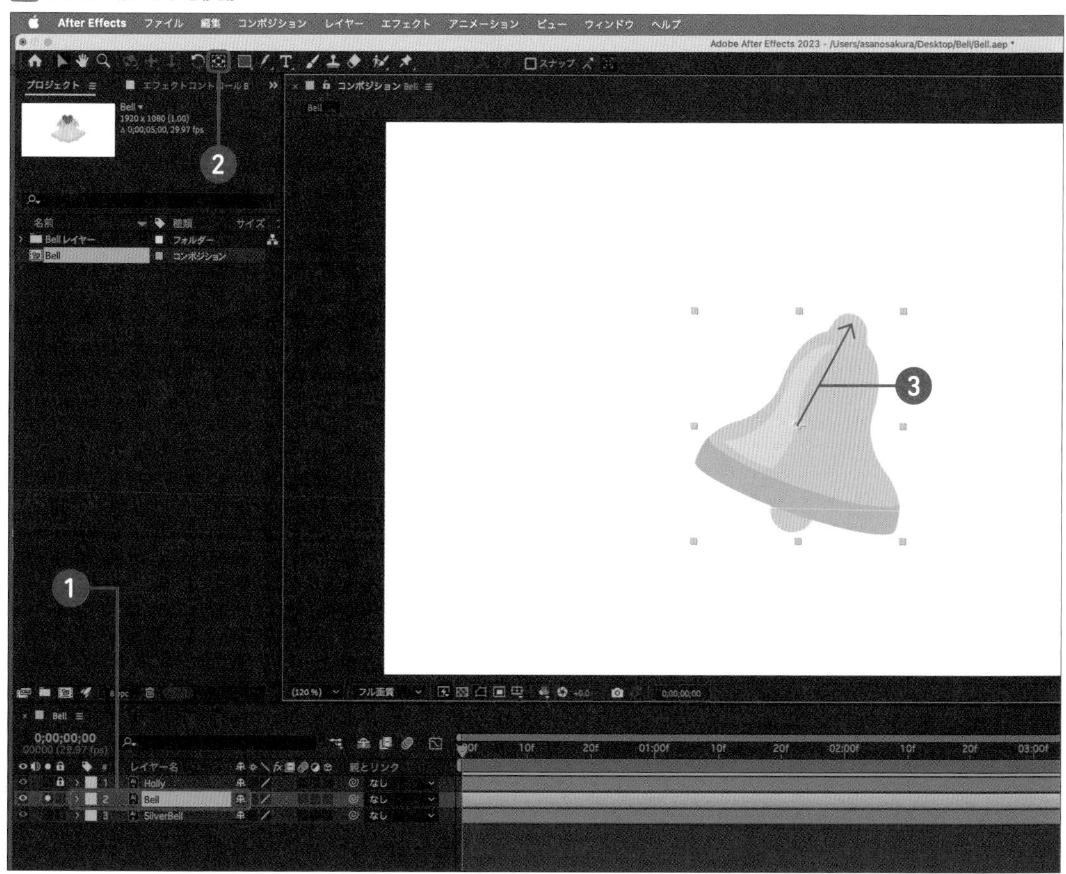

memo

ここでは見やすくするためにソロボタン P078を使って [Bell] レイヤーのみを表示している。

03 コンポジションパネル上のアンカーポイントをドラッグ

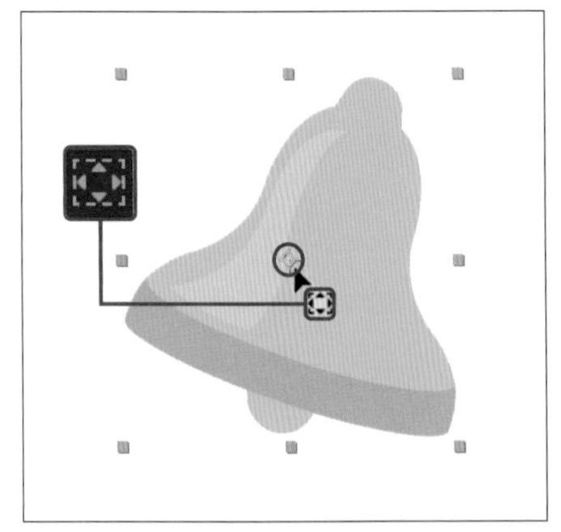

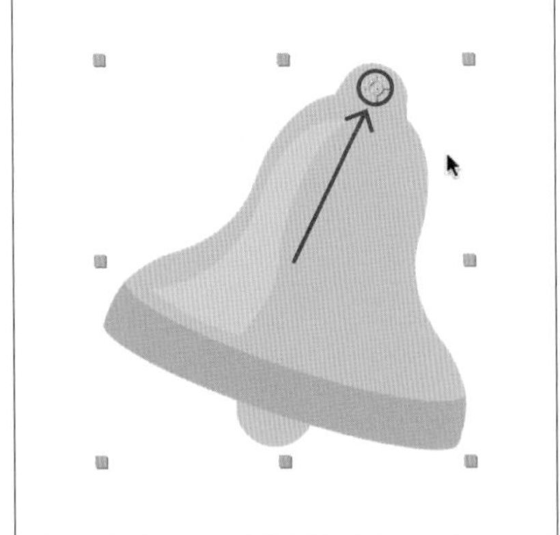

アンカーポイント(動きの中心点)を変更することができました。

●アンカーポイントの操作(1)　アンカーポイントをスナップさせる

アンカーポイントツールを選択して[command or Ctrl]キーを押しながらドラッグすると、アンカーポイントが一定の角度でスナップ(吸着)するので、中心や水平垂直の位置にあわせやすくなります。

●アンカーポイントの操作(2)　アンカーポイントを中央に表示させる

一度変更したアンカーポイントの位置を中心に戻すには、[レイヤー]メニュー→[トランスフォーム]→[アンカーポイントをレイヤーコンテンツの中央に配置]を選択します。

この操作は[command]+[option]+[fn]+「方向キー左」でも可能です。(Windowsの場合は[Ctrl]+[Alt]+[Home]キー)

memo

アンカーポイントを見失ってしまったときにも使える操作なので覚えておくとよいだろう。

Column

「環境設定」でアンカーポイントの位置を常に中央にする

シェイプオブジェクトなどを作成したときに、思っていた場所と違う場所にアンカーポイントが表示されることがあります。アンカーポイントをデフォルトでレイヤーの中央にするには[環境設定]→[一般設定]にアクセスし、「アンカーポイントを新しいシェイプレイヤーの中央に配置」を選択します。

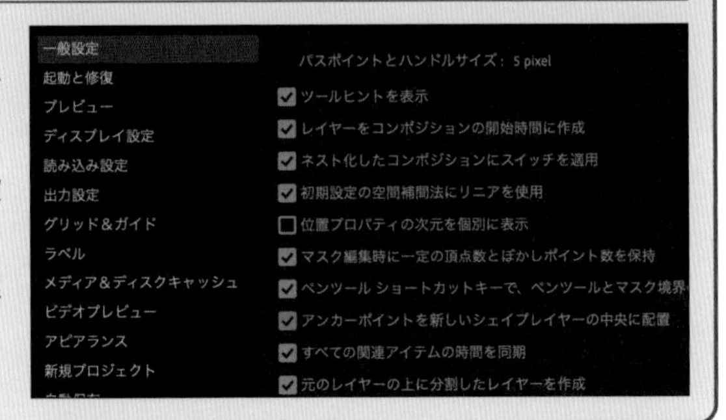

Step.2 「回転ツール」で回転を設定する

タイムラインの時間インジケーターと「回転」プロパティ、および「回転ツール」を使って回転をおこない、ベルを揺らす動作を作っていきます 04。レイヤーを選択して[R]キーを押すとあらかじめ「回転」だけを表示できます。

❶時間インジケーターが0f（一番左）になっていることを確認する
❷［Bell］レイヤーのトランスフォームプロパティ［>］を展開するか、プロパティパネルから「回転」のストップウォッチをクリック
❸タイムラインの時間インジケーターをドラッグして20fへ移動
❹上部ツールメニューにある「回転ツール」を選択し、コンポジションパネル上でベルの下のほうをクリックして右に少しだけドラッグ 05

04 回転を設定

05 アンカーポイントツールでコンポジションパネル上のオブジェクトをドラッグ

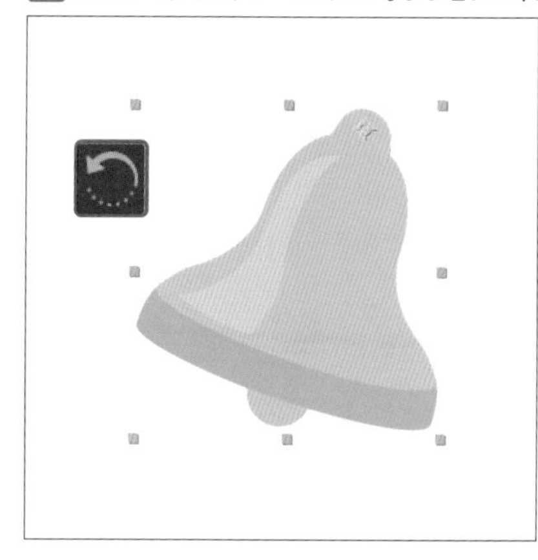

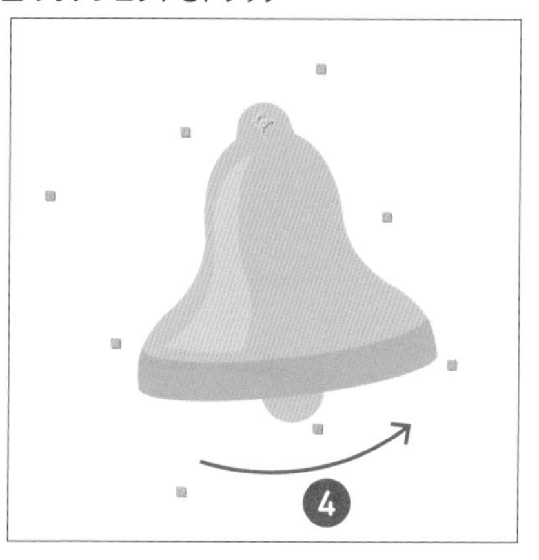

アンカーポイント（赤丸）を中心に回転をかけられることと、「回転ツール」のドラッグ操作で直感的に動きをつけられることがわかります。

Step.3 キーフレームをひとつ複製する

「同じ場所に戻る」動きをつけるために、0fめのキーフレームをクリックして選択後、コピーし、3つめのキーフレームとしてペーストします06。

❶0fのキーフレームをクリックして選択してコピー
❷時間インジケーターを1秒10fに移動
❸キーフレームをペースト

06 1つめのキーフレームと3つめのキーフレームの位置(角度)は同じ

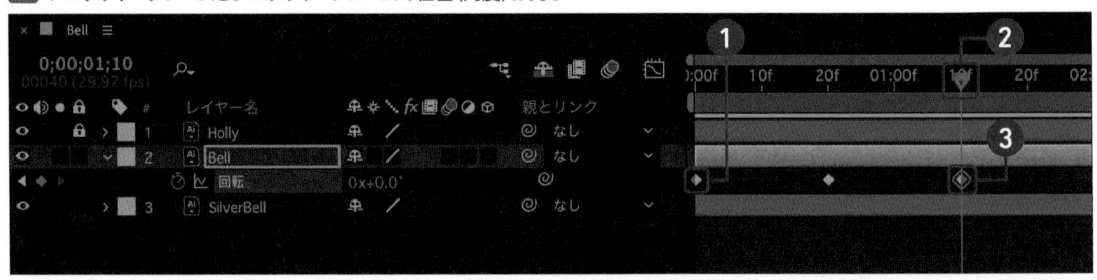

Step.4 エクスプレッションのloopOut()を設定する

キーフレームの設定ができたら、「回転」のストップウォッチマークで［option or Alt］キー＋クリックし、P111と同じloopOut()のエクスプレッションを入力します07。これでベルが揺れ続けます。

❶「回転」のストップウォッチ上で[option or Alt]＋クリック
❷タイムラインのエクスプレッションパネルでloopOut() と入力
❸パネルの外をクリックしてエクスプレッションの入力を解除

07 1つめのキーフレームと3つめのキーフレームの位置(角度)は同じ

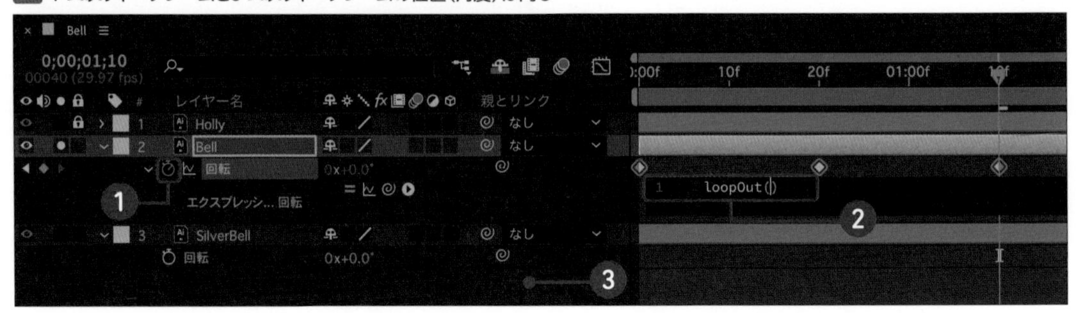

Step.5 銀色のベルに同じ動きを複製する

「アンカーポイントツール」で銀色のベルのアンカーポイントを変更してから、[Bell]レイヤーの「回転」プロパティを選択し、金色のベルのキーフレームをコピーします 08 。

時間インジケーターを0fにして銀色のベル[SilverBell]レイヤーにでペーストします。これで金色のベルと銀色のベルが同じ動きになります。

❶Step.1と同様にアンカーポイントツール」で[SilverBell]レイヤーのアンカーポイントを変更
❷[Bell]レイヤーの「回転」をクリックして選択しコピー
❸タイムラインの時間インジケーターをドラッグして0フレーム目へ移動
❹[SilverBell]レイヤーを選択し「回転」をペースト

memo

作例のようにソロが有効になっている場合は、ソロボタンをもう一度クリックしてソロを解除する。

08 キーフレーム全体をコピー&ペースト

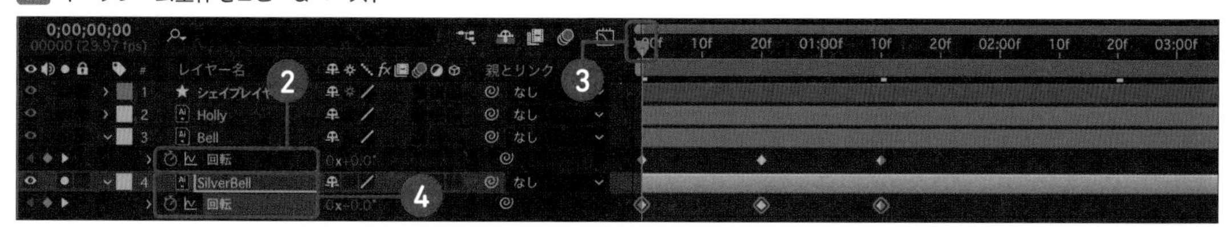

Step.6 銀色のベルの位置を変更する

銀色のベルが揺れる方向を金色のベルと逆にします。

❶[SilverBell]レイヤーの「回転」にある2番目のキーフレームをクリックして選択
❷「回転ツール」を選択してコンポジションパネル上で左方向にベルをドラッグ

10 コンポジションパネルの表記とレイヤー構造

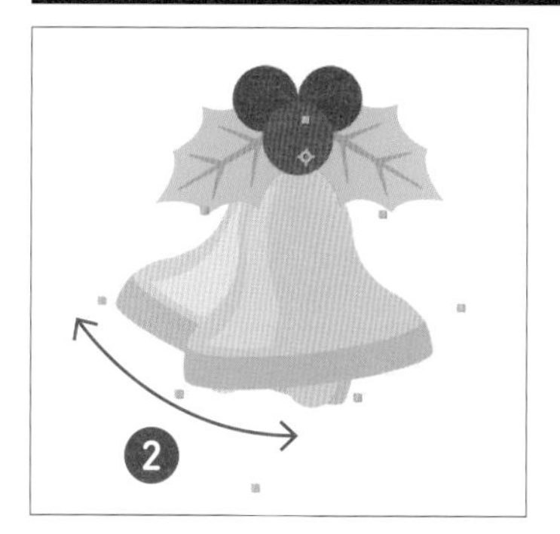

05 複数のオブジェクトを同時に動かす

「回転」を掛けたふたつのオブジェクトを同時に動かします。「位置」とキーフレームを同時に設定すれば可能ではあるものの、同時に動かすオブジェクトが増えてくると管理が大変です。そこで「ヌル」と「親子関係」を学んで、一括で管理ができるようにしましょう。

●完成データ：FinishFile/Chapter3/C3-5/DoubleRotate.aep
●素材データ：LessonFile/Chapter3/C3-5/DoubleRotate.aep

このセクションでは次の操作を学べます
- 複数のオブジェクトを同時に動かす
- ヌルオブジェクトレイヤー
- レイヤーの「親子関係」
- キーフレームの追加と編集

イメージとゴール

個別に回転しているオレンジのオブジェクトと薄紫のオブジェクトを、まとめて横にスライドさせます。複数のレイヤーに同時に同じ動きを与えるために必要なのがヌルオブジェクトレイヤーと、動かしたいレイヤー同士を関連付けるための親子関係の設定です。ヌルオブジェクトレイヤーはレイヤー自体の描画機能を持たない「制御レイヤー」として、レイヤーの親子関係を作るのに役立ちます。After Effectsならではの機能を学んでいきましょう。

01 作例のイメージ

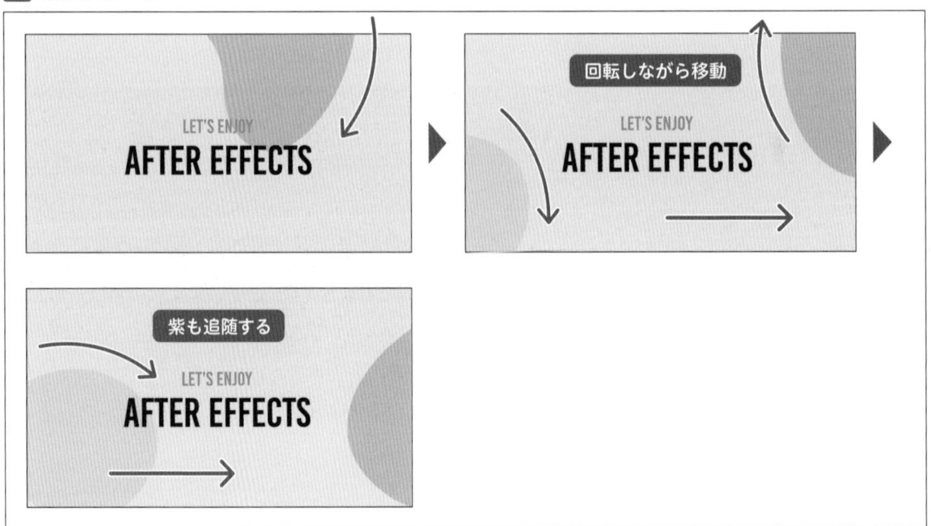

Illustratorの素材データから新しく.aepのプロジェクトを作成する場合は、P069と同じ作業をおこなってください。

Step.1 「回転」で個別の動きを設定する

素材データのDoubleRotate.aepを開きます。[Circle1] [Circle2] のレイヤーに対して「回転」を加えます02。

❶時間インジケーターが0秒めになっていることを確認する
❷ [Circle1] のレイヤーを選択。コンポジションパネルかトランスフォームプロパティ[>]を展開し、[回転]のストップウォッチをクリック(キーフレームが設定される)
❸タイムラインの時間インジケーターをドラッグして5秒めへ移動
❹回転プロパティの右側に [+180.0°] と入力する (自動でキーフレームが設定される)
❺[Circle1]の[回転]をコピーして、[Circle2]にペースト

02 回転を加える

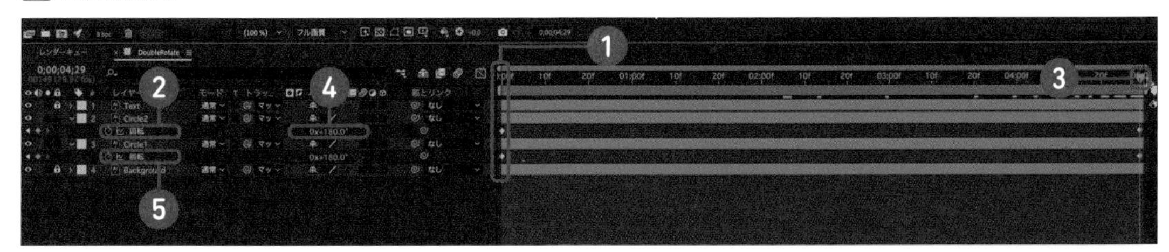

Step.2 ヌルオブジェクトレイヤーを作成する

レイヤーの何もない部分を右クリックして[新規]→[ヌルオブジェクト]を選択し、ヌルオブジェクトレイヤーを作成します03。

03 ヌルオブジェクトレイヤーを作成

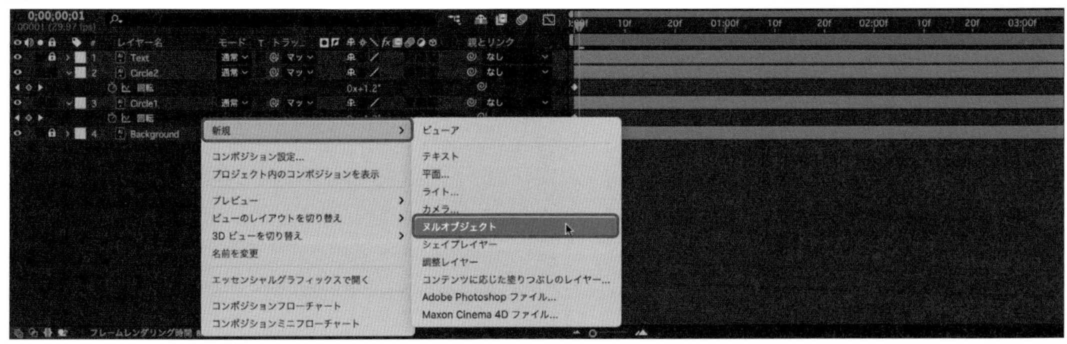

ヌルオブジェクトレイヤーはレイヤーのどの位置に配置しても構いません。今回はドラッグ操作で [Text] レイヤーの下、[Circle2] レイヤーの上に移動しています。

ヌルオブジェクトレイヤー

ヌルオブジェクトレイヤーは、オブジェクトを一括で同じ動きにさせたい際に使用する、まとめ役のレイヤーです。なお、ヌルオブジェクトレイヤー自身は直接描画には影響しません。ヌルオブジェクトレイヤーを作成するには、レイヤーを選択せずに右クリックして[新規]→[ヌルオブジェクト]を選択するか、[レイヤー]メニュー→[新規]→[ヌルオブジェクト]を選択します。

Step.3 「親子関係」を設定する

ヌルオブジェクトレイヤーとリンクしたいレイヤーを「親とリンク」のプルダウンから設定して「親子関係」にします。概念としては04のとおりです。

04 ヌルオブジェクトレイヤーの親子関係

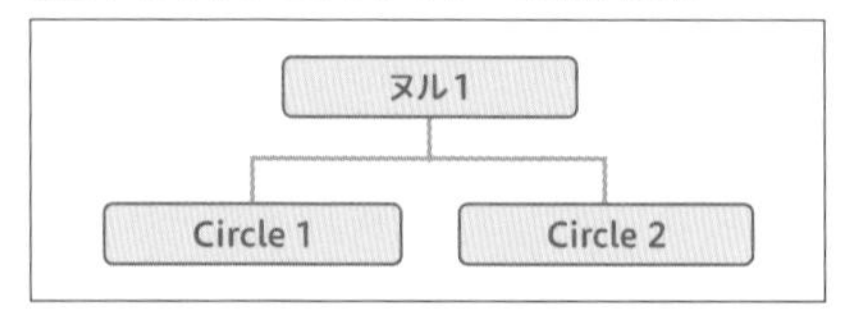

親子関係

各レイヤーの右側にある「親とリンク」から親になるレイヤーを決めると、親になったレイヤーのモーションと連動します05。親のレイヤーが動いた場合、子は同じ動きをします。子レイヤーを動かした場合は親レイヤーには影響しません。親になるレイヤーをヌルオブジェクトレイヤーにすると、複数のオブジェクトをヌルオブジェクトレイヤーで一括制御できるようになります。

❶動かしたいレイヤー（[Circle1] [Circle2]）を選択
❷レイヤーの右側にある「親とリンク」のプルダウン（初期設定の表示は「なし」）から、Step.1で設定したヌルオブジェクトレイヤー（ヌル1）を選択
❸「ヌルオブジェクトレイヤー」が[Circle1] [Circle2]の親になる

memo
[shift]キー＋クリックで複数のレイヤーを選択しての操作が効率的。

05 「親とリンク」を設定

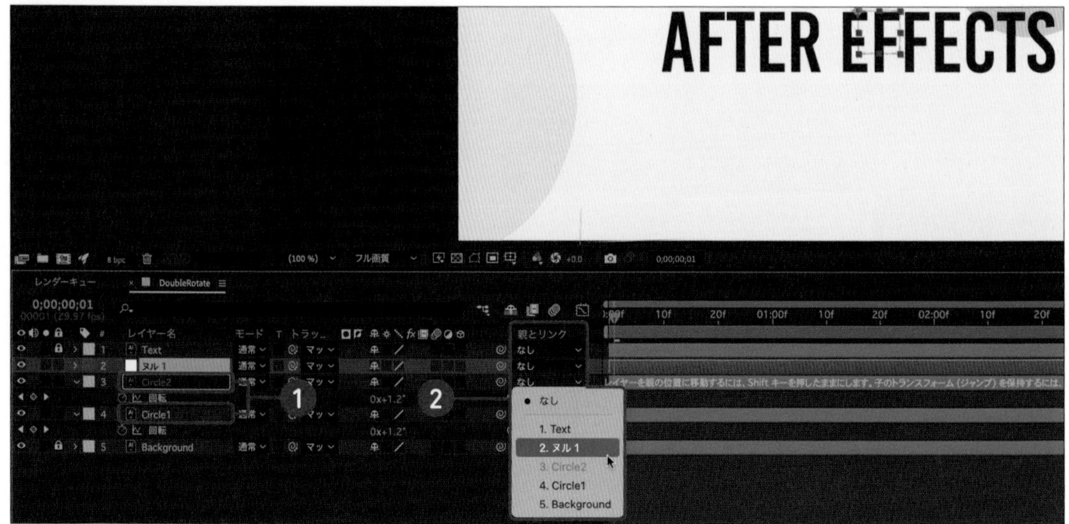

この時点では動きに変化はありません。次に、親になったヌルオブジェクトレイヤー側にプロパティの「位置」で、移動の動きを加えます。

Step.4 ヌルオブジェクトレイヤーに「移動」の動きを設定する

ヌルオブジェクトレイヤーを選択して「位置」を設定します 06 。

❶時間インジケーターを一番右(05:00f)にドラッグする
❷[ヌル1]のトランスフォームプロパティを開いて「位置」のストップウォッチをクリック
❸時間インジケーターを一番左の0fめ(00s)にドラッグする
❹コンポジションパネル上でヌルオブジェクトの「レイヤーコントロール」のボックスを左にドラッグするか、プロパティの「位置」の数値を操作して開始位置を移動させる

06 ヌルオブジェクトレイヤーに「位置」を設定して移動させる

何度か再生し、ヌルオブジェクトレイヤーの移動の位置やキーフレームの位置(タイミング)を調整して仕上げていきます。

Column

「レイヤーコントロール」を表示する

コンポジションパネルでレイヤーを操作するときに表示される「レイヤーコントロール」は、特にヌルオブジェクトレイヤーの編集には欠かせない機能です。これが表示されない場合は、[command or Ctrl] +[shift]+[H]を押すか、[ビュー] メニュー→ [レイヤーコントロールを表示]で表示します。

Column

ベクターを転送できる有料エクステンション「Overload」

Chapter 1で紹介しているBodymovinやLottieFilesなどの無料のエクステンションのほかにも、After Effectsには有料のエクステンションが多くあります。ここではIllustratorとAfter Effects間でベクター（シェイプ）のやり取りができるBattle Axe社の「Overload」を紹介します。

●Overloadの購入とインストール

Overloadはフラッシュバックジャパン社のサイトから日本語で購入できます（2023年現在9240円）。Overloadをインストールするにはインストーラーが必要になります。初回起動時にライセンスのチェック画面が表示されるので、購入後に取得したライセンスキーを入力します。

Overlord
https://flashbackj.com/product/overlord
※Battle Axe社 Overlord インストール・ライセンス認証方法
https://flashbackj.com/battle-axe-overlord-install

●OverloadでAfter Effectsへベクターアートを転送する

IllustratorとAfter Effectsを両方とも立ち上げ、Illustratorの方で転送用のアートワークを作成し（あるいは開き）、After Effectsのほうでは受け皿用の空のコンポジションを作成しておきます。

両者とも［ウィンドウ］メニュー→［エクステンション］→［Overload］を選択し、Overloadのパネルを表示しておきます。

Illustrator側で転送したいオブジェクトを選択し、Overloadのパネルの上向きの三角形のアイコンをクリックすると、選択したオブジェクトがAfter Effectsへ転送されます。レイヤー構造がそのまま転送されるほか、文字などはテキストレイヤーとしてAfter Effectsへ転送できます。同じ操作で、After Effects側からIllustrator側へのシェイプの転送も可能です 01。

Overloadを使うとAfter EffectsにIllustratorのデータを読み込んでリンク関係にする必要がなくなり、データの階層移動で発生するリンク切れなどの心配がなくなります。

01 IllustratorのベクターをAfter Effectsに転送するOverload

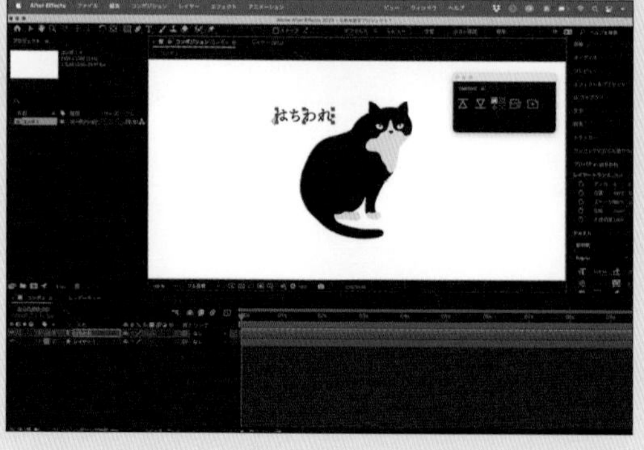

Chapter

モーションの演出とAfter Effectsのテクニックを学ぼう

サンプルの制作手順を紹介した動画が以下にアップされているので、つまったら参考にするのじゃ。

https://motion-design.work/c4/

01 「イージング」で間の速さに緩急をつけよう

たとえばある点から別の点へ1秒掛けて移動する」という動きでも、中間の速度に変化を加えると、さまざまな印象を与えることができます。こうした速度の緩急をコントロールするのが「イージング」です。

速度に緩急を与える「イージング」

イージング（Easing）とは「速度の緩急」のことです。自然に見える動きの速度は等速（リニア）01ではなく、動きの緩急が存在します。そこで、オブジェクトにイージングをつけることで、動きが自然できれいに演出できるようになります。

01 動きが一定だと不自然になる

WORD
等速/リニア
速度が常に一定の状態のこと。

イージングの設定方法

イージングにはさまざまな種類があります。「キーフレーム補助」で3つのイージングが選択できるほか、「グラフエディター」という機能を使って自分でタイミングをカスタマイズすることもできます。グラフエディターについてはP128で解説します。ここでは、3つのイージングの名前を知っておくだけでOKです。

●キーフレームを選択して右クリック→[キーフレーム補助]

プロパティの「位置」や「角度」などで動きをつけたキーフレームを選択して右クリックします。続いて「キーフレーム補助」を選択し、イージングの種類を選びます。選んだイージングの種類によってキーフレームの形状が変化します02。

02 キーフレームの形状

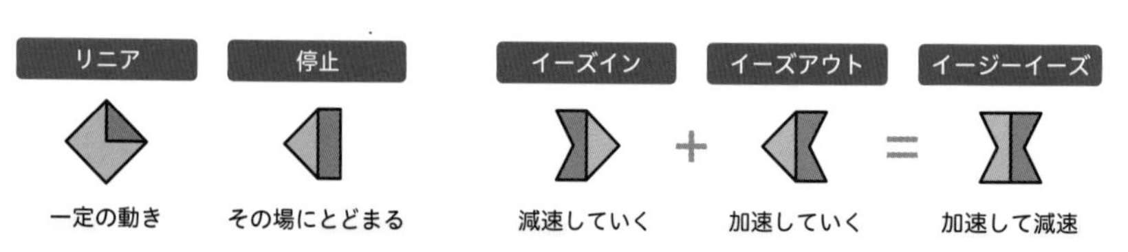

イージングの種類

「キーフレーム補助」で選択できるイージングの種類には 03 ～ 04 のような種類と違いがあります。次の図では、「位置」を例にしていますが、「回転」や「スケール」といったプロパティでも同じ設定ができ、多くのモーションで利用されています。

●イージーイーズイン

だんだんと減速する。

03 減速

キーフレームの形状

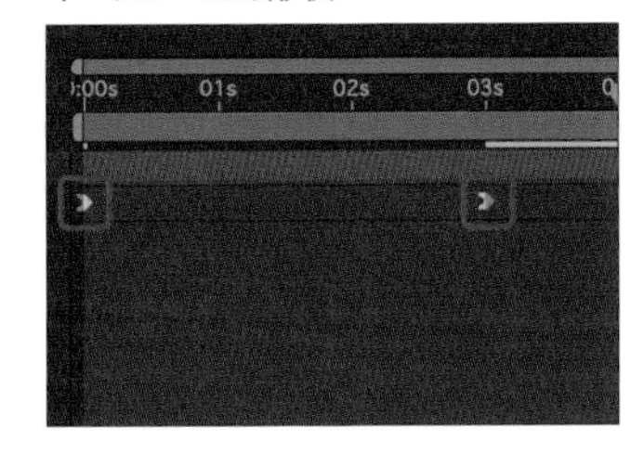

速度グラフの形状

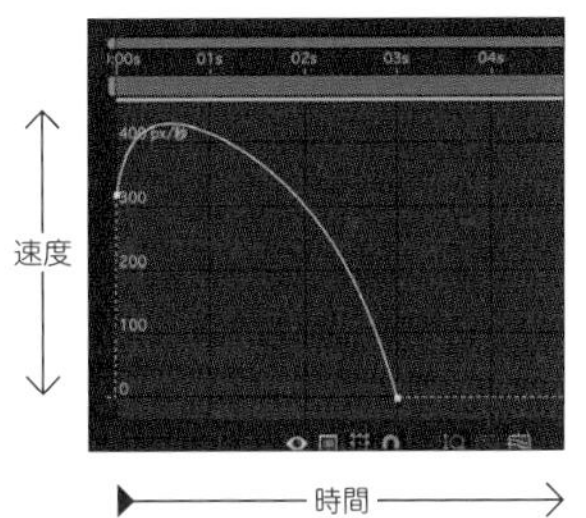

速度

時間

●イージーイーズアウト

だんだんと加速する。

04 加速

キーフレームの形状

速度グラフの形状

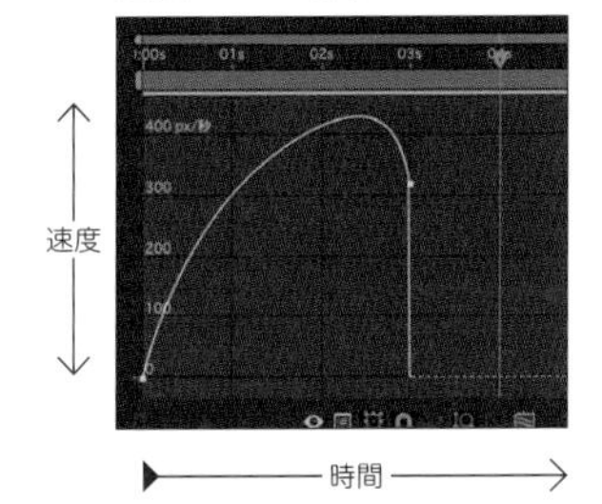

速度

時間

●イージーイーズ

加速して減速する。

05 加速して減速

キーフレームの形状

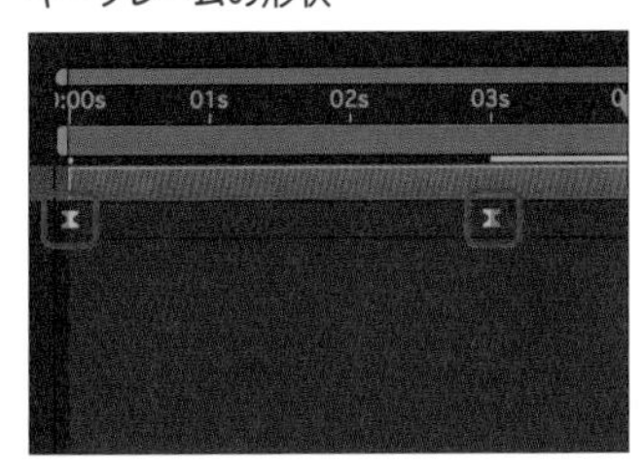

速度グラフの形状

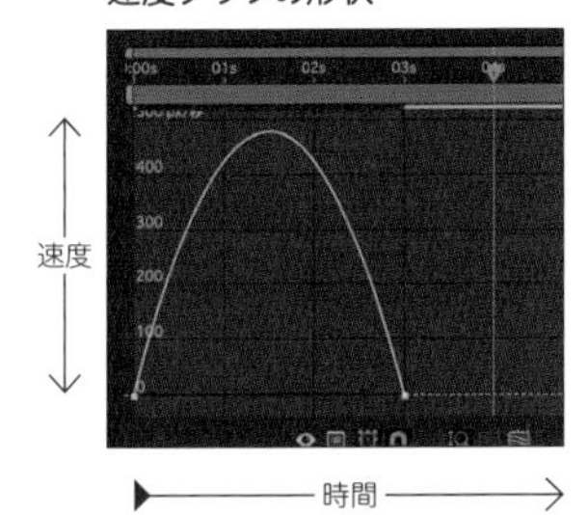

速度

時間

02 グラフエディターでポップに飛び出る広告を作る

イージングを細かくカスタマイズしたいときには、「グラフエディター」を使います。グラフエディターには2種類のグラフがあり、それぞれの性質が異なります。グラフはIllustratorのベジェと似たような操作で調整が可能です。まずは一度触ってみましょう。

●完成データ：FinishFile/Chapter4/C4-2/Happystrawberry.aep
●素材データ：LessonFile/Chapter4/C4-2/Happystrawberry.aep

このセクションでは次の操作を学べます
- 要素が飛び出てくるモーション
- イージングの設定方法
- グラフエディターの操作
- 動きに細かい緩急をつける方法

イメージとゴール

動画広告などでよく目にする、文字やイラストがポップに飛び出るモーションを作成します。まず、オブジェクトに対して、「スケール」を調整して中央から表示させます。等速のままではスピード感に欠けて味気ないので、イージングを設定します。次に「グラフエディター」でカーブの形状を編集してイージングを調整し、移動中の動きの速度を調整して勢いをつけていきます 01 。

01 作例のイメージ

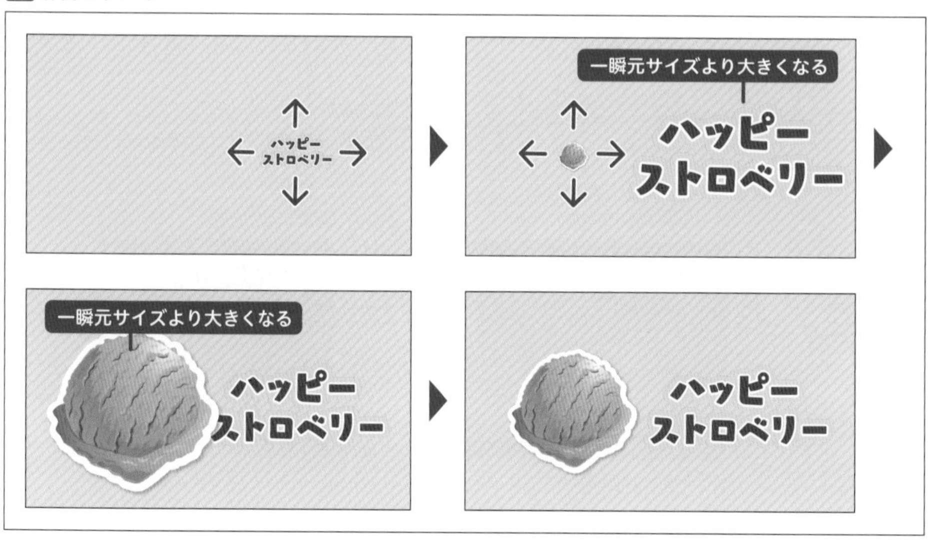

Step.1 タイトルロゴのレイヤーを整理する

素材データのHappystrawberry.aepを開きます。

［Background］レイヤーは触れないのでロックしておきます 02。

あらかじめタイムナビゲーターの右端（終了）を左へドラッグするとタイムラインが拡大され、フレーム単位での調整がしやすくなります。［Text］レイヤーを選択して、プロパティの「スケール」のストップウォッチをクリックするか、プロパティパネルの「スケール」から［Text］レイヤーの大きさが0%〜100%へ変化するキーフレームを作成します 04。

❶タイムナビゲーターの終了アイコンを左へドラッグしてタイムラインを拡大し、10fめにキーフレームを打てるようにする
❷時間スケール（目盛りの部分）をドラッグして時間インジケーターを表示させ、10fへ移動
❸タイムラインパネルから「Text」レイヤーを選択し［プロパティ］パネルの［スケール］をクリックして10fめを100%にしてストップウォッチをクリック
❹時間インジケーターを00:00f（0秒）へ移動
❺開始0秒時点の［スケール］を0%にする

02 レイヤーをロックしてタイムナビゲーターをドラッグしてタイムラインを拡大する

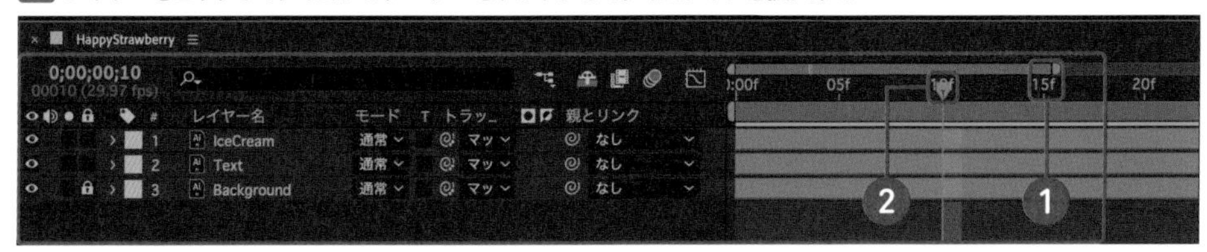

03 ［Text］レイヤーを選択して［スケール］のキーフレームを追加

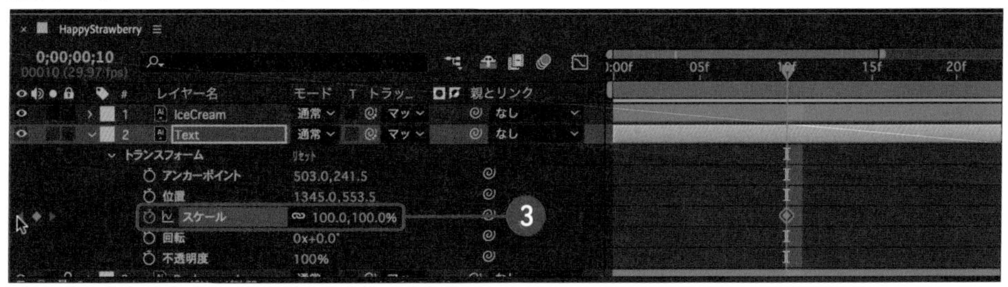

04 0fにスケール0%のキーフレームを追加

テキストが中央（アンカーポイントの位置）から等速で拡大表示されるモーションができます。

Step.2 「キーフレーム補助」からイージングを選択

終了部分のキーフレームを右クリックし、「キーフレーム補助」から任意のイージングを選択します。ここでは「イージーイーズ」を選択しています05。

キーフレームのアイコンの形が砂時計状に変わったことを確認して再生すると、イージングのかかった、緩急のある動きに変化します。

❶終了部分のキーフレームを右クリック
❷「キーフレーム補助」→「イージーイーズ」を選択
❸キーフレームのアイコンが砂時計状になる

注意
左クリックで選択してそのまま右クリックすると［スケール］が表示されることがあるので、その場合は直接右クリック。

05 イージーイーズを設定

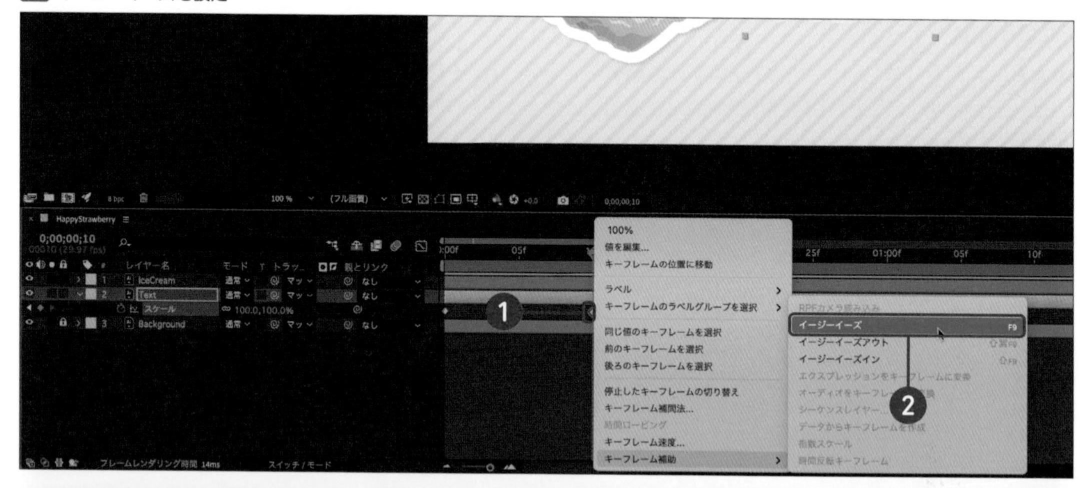

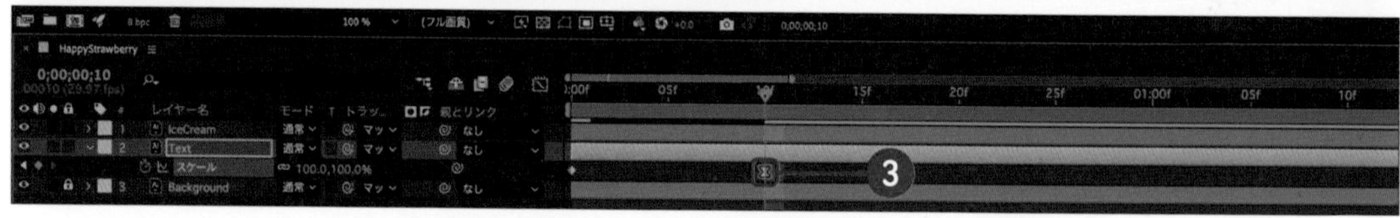

Step.3 「グラフエディター」を開き、「速度グラフ」に切り替える

ここでは、「グラフエディター」と「速度グラフ」の表示方法を確認します。プロパティ（スケール）を選択した状態で「グラフエディター」アイコンをクリックするとタイムラインの表示（レイヤーバーモード）がグラフに変わります。この画面をグラフエディターと言います。グラフエディターでは「値グラフ」「速度グラフ」の二種類が操作できますが、今回は動きのスピードをコントロールする「速度グラフ」を使用します。タイムラインパネルの下部にある「グラフの種類とオプションを表示」ボタンから、「速度グラフを編集」を選択すると、「速度グラフ」が表示されます06。

❶［Text］レイヤーの［スケール］をクリックしてキーフレームを選択した後、グラフエディターボタンをクリック
❷［グラフの種類とオプションを表示］を選択
❸［速度グラフを編集］を選択
❹［速度グラフ］の黄色いキーフレームやハンドルをドラッグ操作してカーブの形状を変更

06 速度グラフの表示と編集

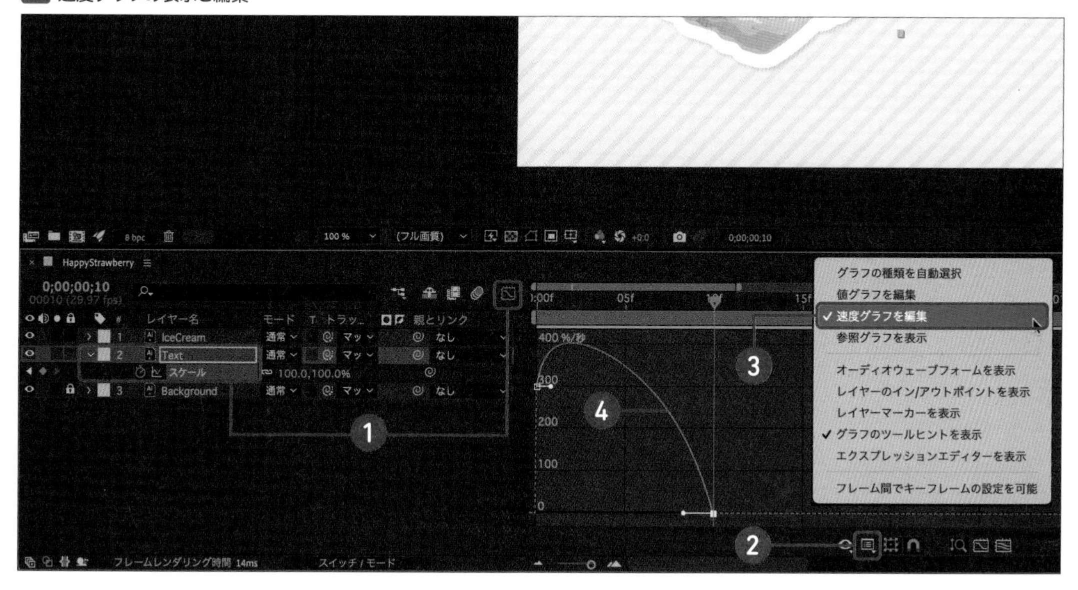

グラフエディターのグラフはPhotoshopのトーンカーブに近い要領で編集できます。黄色いキーフレームとハンドルを操作するとカーブの形状が変化し、カーブが急であるほどスピードが速くなります。カーブの形を変形しながら再生を繰り返してイージングを調整していきましょう。

ここでは元の「イージーイーズ」からさほど形を変えずに進行していきます。まずは「速度グラフ」を表示させる方法を覚えておくだけでも大丈夫です。元のタイムライン（レイヤーバーモード）に戻すには、もう一度グラフエディタボタンをクリックします。

Column

グラフエディターでカーブが表示されないときは

グラフエディターが表示されているのにカーブが確認できない場合は、はじめに、レイヤーのプロパティ（キーフレーム）が選択できているかを確認しましょう。次に、グラフエディターの中で右クリック→[選択したプロパティを表示]を選択するとカーブが再表示されます **01**。ほかにも、表示系のアイコン(すべてのグラフを全体表示)などを操作して確認してみましょう。

01 カーブの再表示

Step.4 100%になる手前で一瞬大きく膨らませる

拡大するだけでは動きがぎこちなく見えてしまいます。そこで、100%の手前で一瞬120%程度に拡大してから100%の大きさに戻して、文字が一瞬膨らむモーションをつけます。引き続き［Text］レイヤーを選択して、プロパティパネルを見ながら［スケール］を選択して終点のキーフレームの手前（08fめ）に3つめのキーフレームを打ちます **07**。

❶時間インジケーターを08f（終了点のキーフレームに対して内側）まで移動
❷[Text]レイヤーを選択
❸プロパティパネルの[スケール]を[120%]に設定してキーフレームを設定

07 3つめのキーフレームを設定し、スケールを[120%]にする

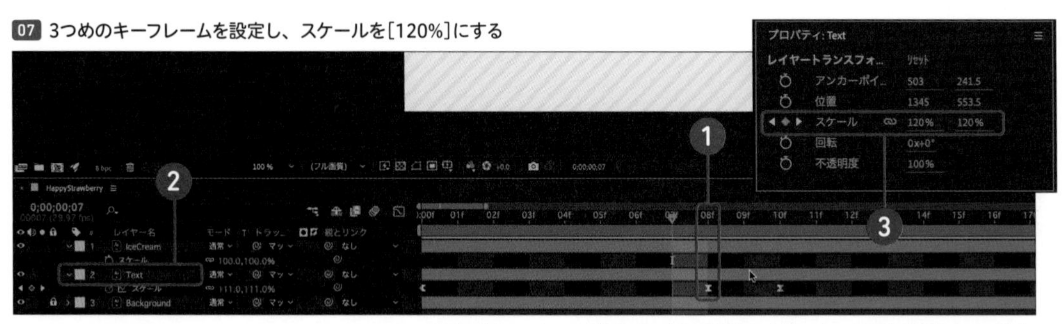

※図ではキーフレームが見やすいように時間インジケーターを07fの位置にしています。

Column

動きがおかしくなるときは

上記の工程で動きがおかしくなる場合は、誤って別のキーフレームを選択した状態でスケールのキーフレームを設定している場合が考えられます。新たにプロパティを設定する場合は、キーフレームを打ちたいレイヤーを選択します。レイヤー名をクリックするとこうしたミスが少なく済みます。

01 NG例

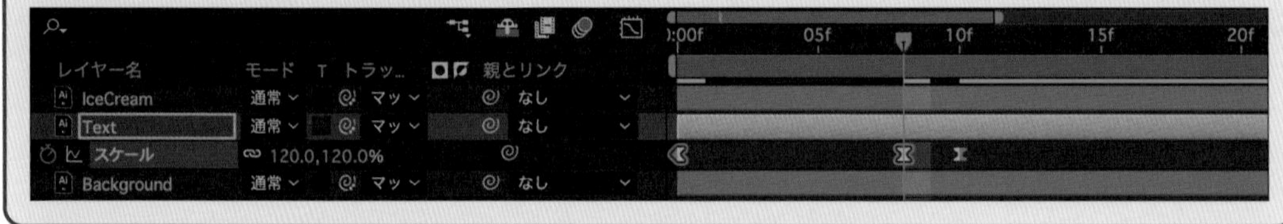

文字を直前に一瞬膨らませることで、その後の止まる動きにより緩急を感じられるようになります。さらにグラフエディターで味付けしていきます08。

08 テキストが120%まで広がり100%に戻る

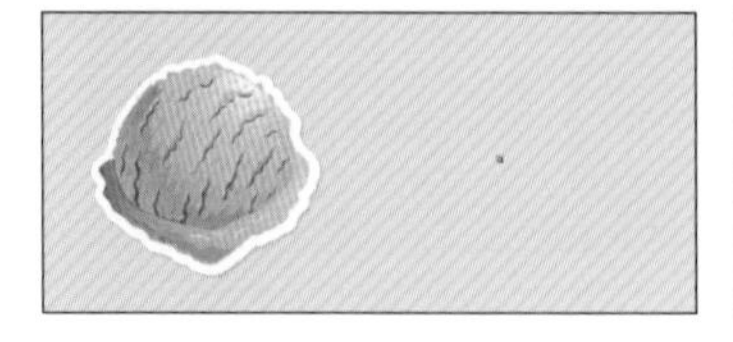

※サイズの基準としてアイスの画像を表示しています

Step.5 「速度グラフ」のカーブの形を調整する

グラフエディターを開き、「速度グラフ」の形状を見ながらキーフレームの黄色いハンドルを左右にドラッグし、細かいスピード感の調整を加えていきます。こまめに再生しながら確認していくのがポイントです。

たとえば09はキーフレームの位置はそのままで、速度グラフの形状を変更したものです。カーブの形で動きが若干変わることにより印象が変化します。黄色のキーフレームを左右にドラッグするとキーフレームの位置(モーションのタイミング)が変わります。

09 速度グラフのカスタマイズ例

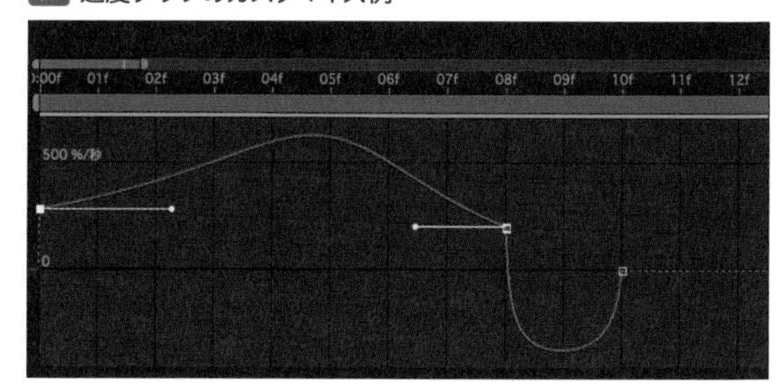

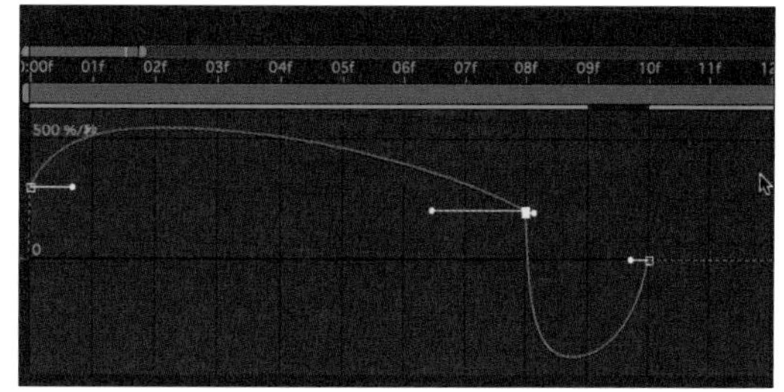

Column

キーフレームのイージングを削除するには?

キーフレームに設定したイージングを解除するには、キーフレームを選択して[command or Ctrl] +クリックします。

注意

「値グラフ」が表示される場合はグラフの種類とオプションを表示」→「速度グラフを編集」を選択(手順通りStep.3で一度「速度グラフ」を開いている場合はこの操作は不要です)。

Step.6 キーフレームをコピー&ペーストしてタイミングを調整する

[Text] レイヤーのキーフレームが調整できたら、キーフレームをすべてコピーし、アイスのイラスト [IceCream] レイヤーを選択してペーストします。時間インジケーターが0f (左端) であれば同じタイミングでのペーストになりますが、タイミングを少しずらしてもリズムのある仕上がりになります。下の10では07fの時点でキーフレームをペーストしているので、はじめにテキストが表示されて、追いかけるようにイラストが表示されます。

❶ [Text] レイヤーの3つのキーフレームを [shift] +連続クリックなどですべて選択しコピー
❷時間インジケーターを任意の位置へ移動
❸[IceCream]レイヤーを選択しペースト

10 キーフレームをコピー&ペーストする

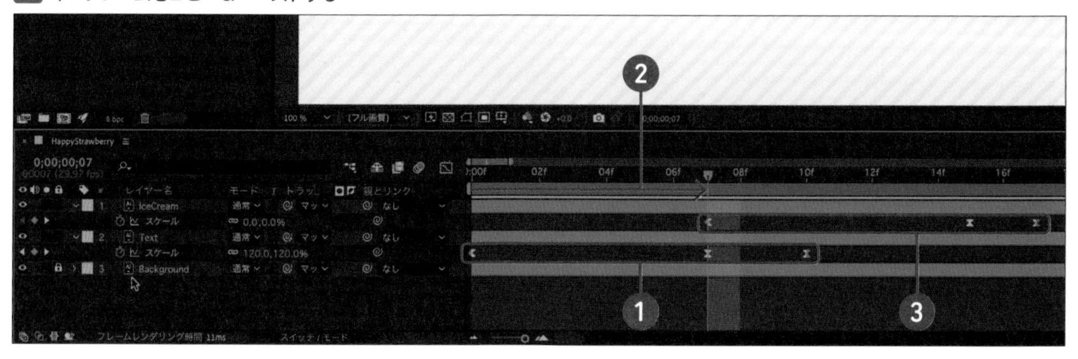

03 「エフェクト」メニューで雲のイラストをボカす

「エフェクト」メニューを利用すると、「フィルター」、Illustratorの「アピアランス」や「効果」、Photoshopの「レイヤースタイル」などと似た機能を使うことができます。After Effects側で見た目のエフェクトを制御することで、効果側にも動きを加えられます。

●完成データ：FinishFile/Chapter4/C4-3/Sky.aep
●素材データ：LessonFile/Chapter4/C4-3/Sky.aep

このセクションでは次の操作を学べます
- 「エフェクト」メニューの基本操作
- 「ぼかし」をかける方法(ブラー)

効果を掛ける「エフェクト」メニューと「エフェクトコントロールパネル」

「エフェクト」メニューを使用すると、レイヤーに対してさまざまな効果を掛けることができます。エフェクトを掛けるには、はじめに、**レイヤーを選択してレイヤー名の上で右クリックするか、[エフェクト] メニューから掛けたいエフェクトを選択します** 01。エフェクトが適用されると、「エフェクトコントロールパネル」が開きます 02。

エフェクトコントロールパネルと同じ項目は、レイヤーの「エフェクト」にも表示されるようになるので、レイヤーの「エフェクト」を開いて同じ項目を操作することもできます。

01 エフェクトメニュー

02 エフェクトコントロールパネル

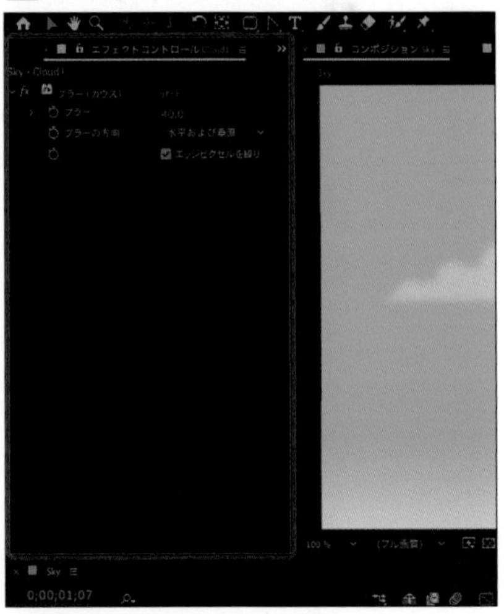

memo

エフェクトコントロールパネルが表示されない場合は［ウィンドウ］メニュー→［エフェクトコントロール］、もしくは［ウィンドウ］メニュー→［ワークスペース］→［エフェクト］で表示すべし。

Step.1 エフェクトを掛ける

素材データのSky.aepを開きます。雲のレイヤーを選択してエフェクトメニューから「ブラー（ガウス）」を選択します。「エフェクトコントロールパネル」やレイヤーの「エフェクト」プロパティには、各エフェクトの項目（プロパティ）とパラメーターが表示されます。エフェクトを掛けるには、プロパティのパラメーター（数値）を指定します。すると、コンポジションパネルに表示されているレイヤーの見た目に効果が掛かります03。

memo

エフェクトを選んだだけではエフェクトが掛からない点は独学の初心者にはつまづきポイントかもしれない。エフェクトを選んだ後にパラメーターを操作すべし。

03 「ブラー（ガウス）」で手前の雲レイヤーをぼかす

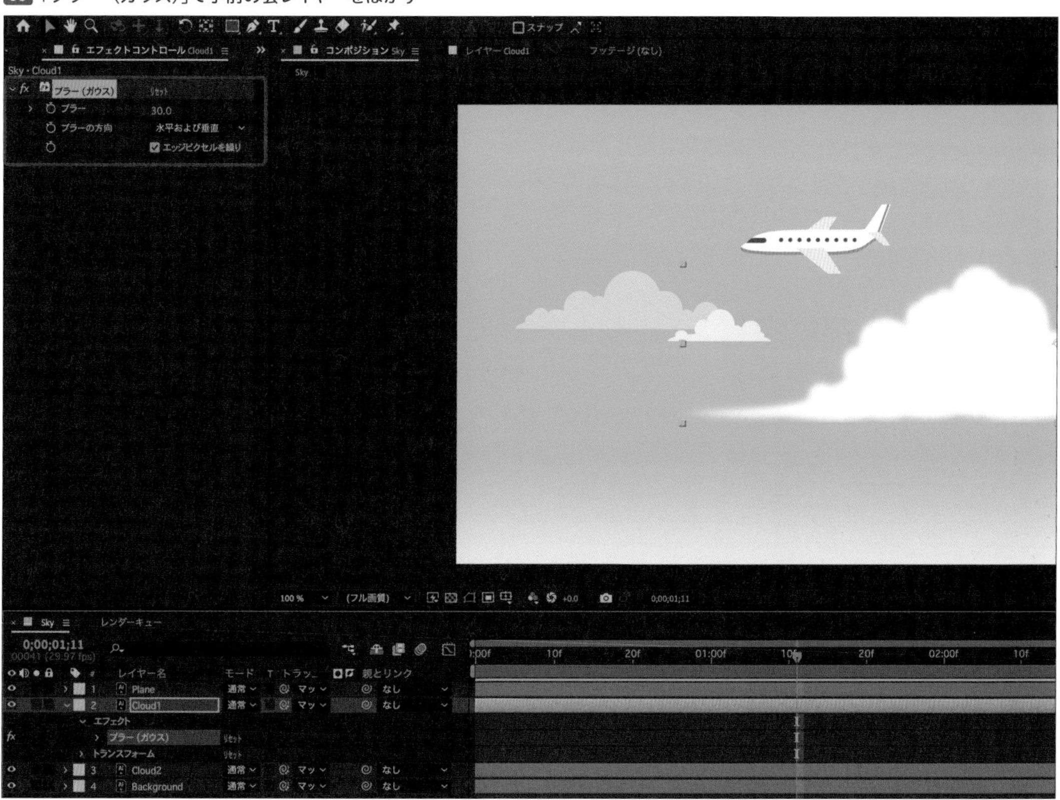

ただし、これだけではエフェクトは静止状態です。エフェクトにモーションを加えたい場合はエフェクト自体にキーフレームをつけていきます。

memo

操作に慣れていない状態で、エフェクトを動かさなくても問題ない場合は逆にIllustratorやPhotoshopで済ませてしまうのも選択肢のひとつ。動かしたいかどうか、再編集したいかどうかを基準に考える。

Step.2 掛けたエフェクトを動かす

「エフェクトコントロールパネル」やタイムラインにあるレイヤーの「エフェクト」プロパティ上で、時間インジケーターの操作と並行してプロパティのストップウォッチアイコンを押すと、エフェクトにキーフレームが追加され、モーションを制御できます。

●1秒かけてボケていくエフェクト

❶エフェクトをかけるレイヤーを選択 04
❷[エフェクト]メニュー→[ブラー＆シャープ]→[ブラー（ガウス）]を選択
❸エフェクトコントロールパネル「ブラー（ガウス）」が表示される
❹タイムラインの時間インジケーターを（時間およびフレームのメモリをクリックして）表示させ、01:00f（1秒）へ移動 05
❺エフェクトコントロールパネルのブラーの値を［30.0］にした状態でストップウォッチをクリック
❻時間インジケーターを、00:00f（0秒）に移動し、プロパティの数値0にする（ストップウォッチはクリックしない）。 06

04 エフェクトを適用してエフェクトコントロールパネルを表示させる

05 1秒の地点でブラーを30にしてストップウォッチをクリック

06 0秒の地点でブラーを0にする

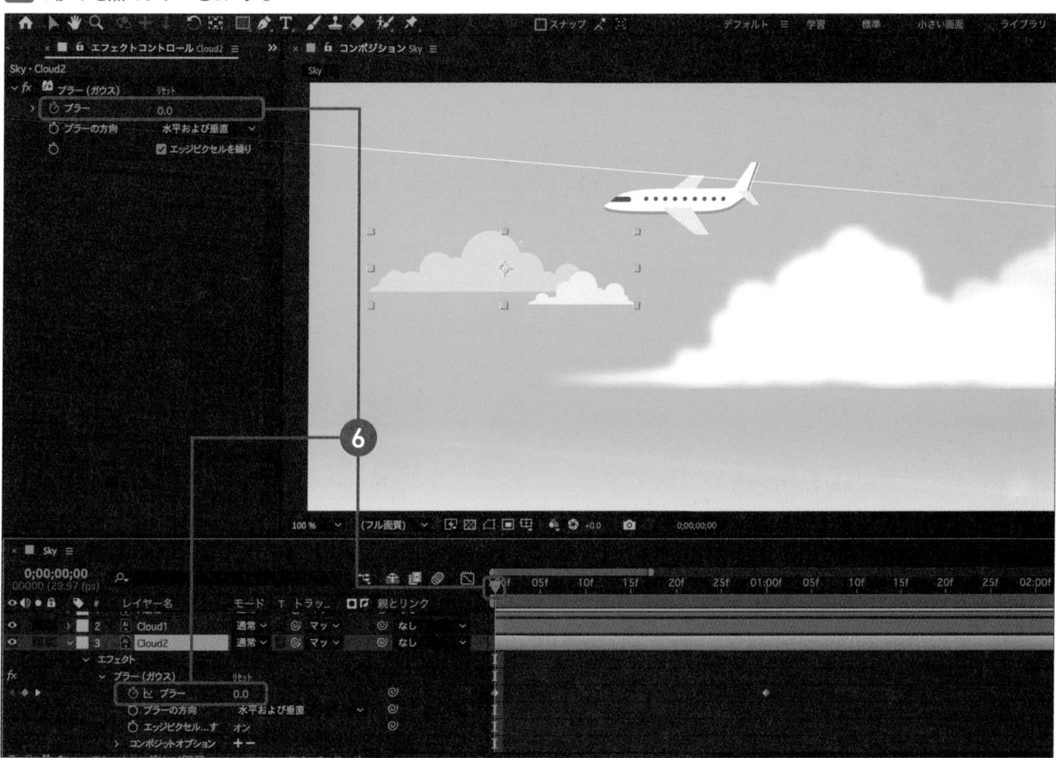

Chapter 4

Step.3 エフェクトのタイミングをコントロールする

エフェクトの詳細が閉じられた状態だと、タイムライン上のキーフレームがやや小さな黒丸で表示されます。このアイコンは他のキーフレームのようにドラッグで操作することができません。エフェクトのキーフレームを操作する場合は、レイヤーのプロパティの[エフェクト]の[ブラー(ガウス)]を展開してから該当するキーフレームを選択する必要があります07。

07 レイヤーのプロパティの中にある「エフェクト」を展開してキーフレームを編集する

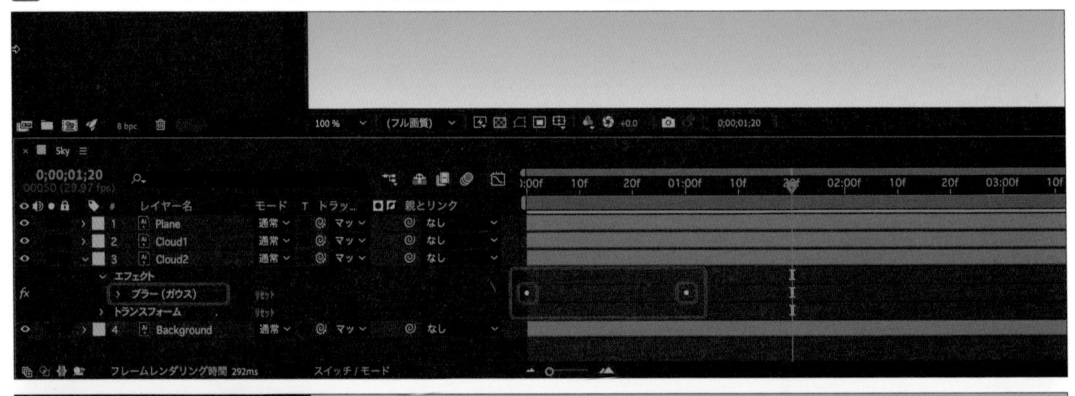

Step.4 エフェクトを非表示・消去する

◎エフェクトを非表示にする

エフェクトコントロールパネルかレイヤーのエフェクトの項目の[fx]マークをクリックすると[fx]マークが消えて効果が非表示になります08。もう一度クリックすると再表示できます。

❶左上にある[fx]マークをクリックするとエフェクトの表示と非表示が切り替わる

08 エフェクトの表示と非表示

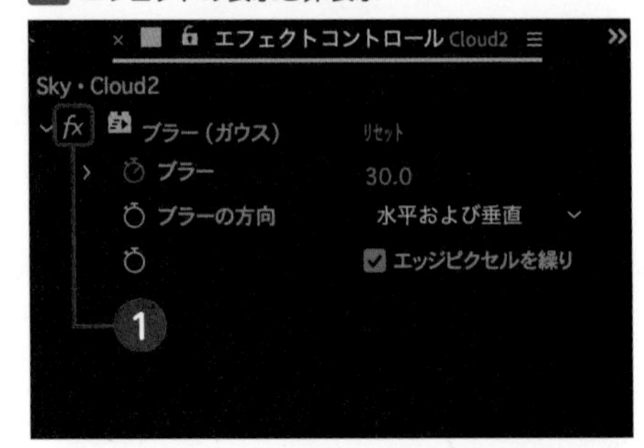

◎エフェクトを消去する

消去したいエフェクトの項目名を選択して[delete]キーでエフェクトが消去されます。

Column

エフェクトコントロールパネルとレイヤー、どう使いわける？

エフェクトコントロールパネルとレイヤーの「エフェクト」項目のどちらを利用するほうが便利でしょうか。「エフェクトコントロールパネル」を使用してエフェクトの調整をおこなうと、スライダーで数値の調整ができたり、階層の深いレイヤーに潜らずに済むので、クイックに操作ができます。一度キーフレームをつけた後に、キーフレームのイージングやタイミングを調整したい場合はレイヤーのプロパティを展開して「エフェクト」の項目を開いてキーフレームを操作する必要があります。細かい調整が必要な場合はレイヤー側を利用していきましょう。

おすすめのエフェクト

●完成データ：FinishFile/Chapter4/C4-3/OtherEffect.aep

●おすすめのエフェクト① ラフエッジ

オブジェクトの境界にギザギザの効果を掛ける、Illustratorの「ラフ」効果と近しいエフェクトで、イラストなどに加えると可愛らしい雰囲気に仕上がります 09 10。「エッジのシャープネス」といった独自のパラメータもあります 11。

❶エフェクトを掛けたいレイヤーを選択して、[エフェクト] メニュー→[スタイライズ]→[ラフエッジ]を選択

❷エフェクトコントロールパネルかレイヤーの[エフェクト]プロパティ→[ラフエッジ] を展開して、項目のストップウォッチをクリックし、各数値を設定

09 ラフエッジを設定

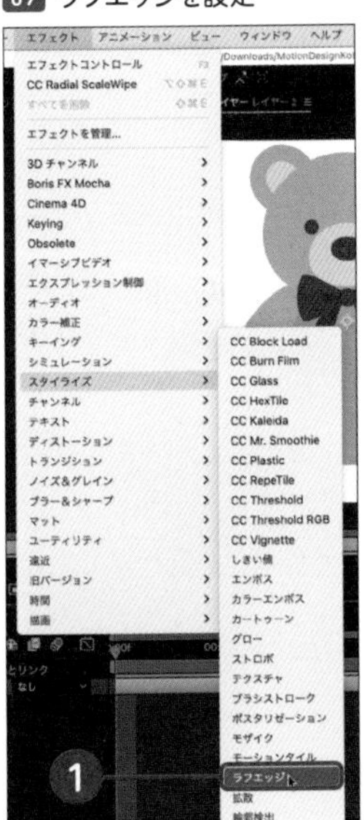

10 ラフエッジのエフェクト。左が適用前、右が適用後

11 ラフエッジのパラメータ

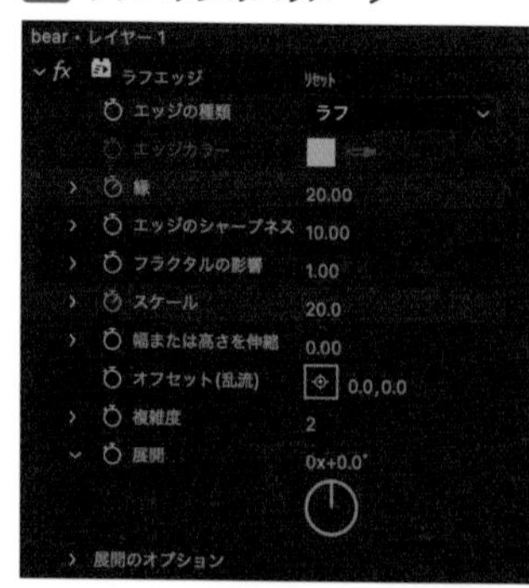

ラフエッジの主なパラメータと効果

- 縁：数値が大きいとエッジの量が増え、細かくなる 12
- エッジのシャープネス：数値が大きいとシャープになる
- スケール：数値が大きいとエッジの効果が大きくなる 13

12 縁の値による変化

縁：10

縁：100

13 スケールの値による変化

スケール：10

スケール：100

◎おすすめのエフェクト② ワープ

Illustratorの「ワープ」機能と類似のエフェクトがAfter Effectsの「ワープ」です 14 15。After Effectsにはワープと名のつくエフェクトが複数ありますが、「ワープ」を選択すると、Illustratorのワープと同様の機能を利用できます。

❶エフェクトを掛けたいレイヤーを選択して、[エフェクト] メニュー→[ディストーション]→[ワープ]を選択

❷エフェクトコントロールパネルかレイヤーの[エフェクト]プロパティ→[ワープ]を展開して、項目のストップウォッチをクリックし、各数値を設定

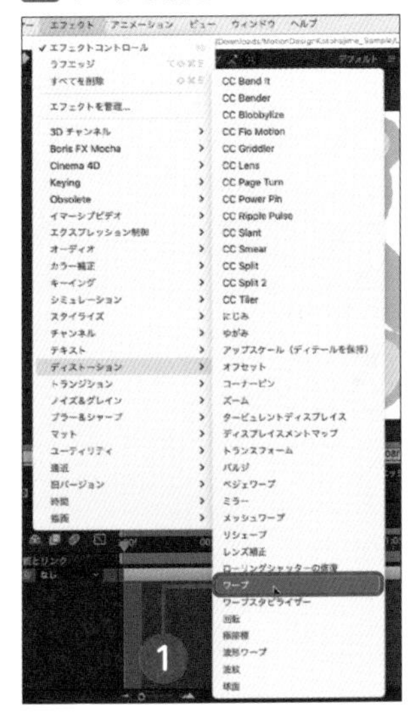

14 ワープを設定

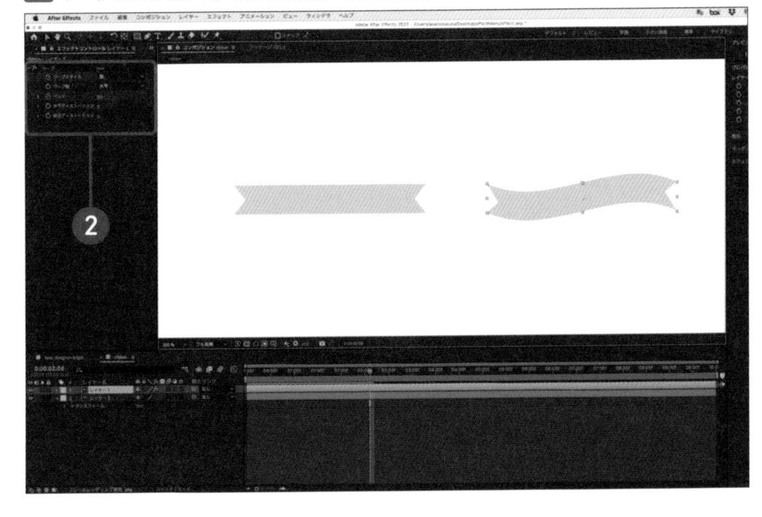

15 ワープのエフェクト。左が適用前、右が適用後

ワープの主なパラメータと効果

- ワープスタイル：種類、Illustratorの「スタイル」と同じ
- ベンド：ワープの強さ、Illustratorの「カーブ」と同じ
- 水平／垂直ディストーション：Illustratorの「水平／垂直方向の変形」と同じ

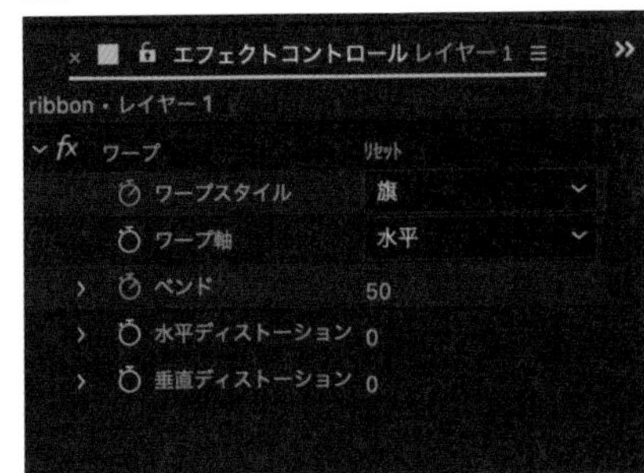

16 ワープのパラメータ

たとえば国旗のようなオブジェクトに「旗」のエフェクトを掛けてベンドやディストーションに少しずつ変化を加えれば、自然に旗をはためかせることができます。

他にも「ベジェワープ」はパスを起点としたモーションを設定できるエフェクトなので、特にイラストを動かしてみたい方はあわせてチェックしてみてください。

04 パスに沿って動かそう

パスを使えば直線的な動きはもちろん、曲線的な動きも可能です。After Effectsのペンツールを使ってレイヤーに「マスクパス」で曲線を描くとスムーズです。イージングと併用するとイラストなどを柔軟に動かすことができます。

◎完成データ：FinishFile/Chapter4/C4-4/Taxi.aep
◎素材データ：LessonFile/Chapter4/C4-4/Taxi.aep

このセクションでは次の操作を学べます
- パスに沿った動き

イメージとゴール

タクシーがUターンして乗客の前で停まるモーションを作成します。After Effectsでパスを描き、マスクパスに沿ってタクシーを動かしていきます 01。

01 作例のイメージ

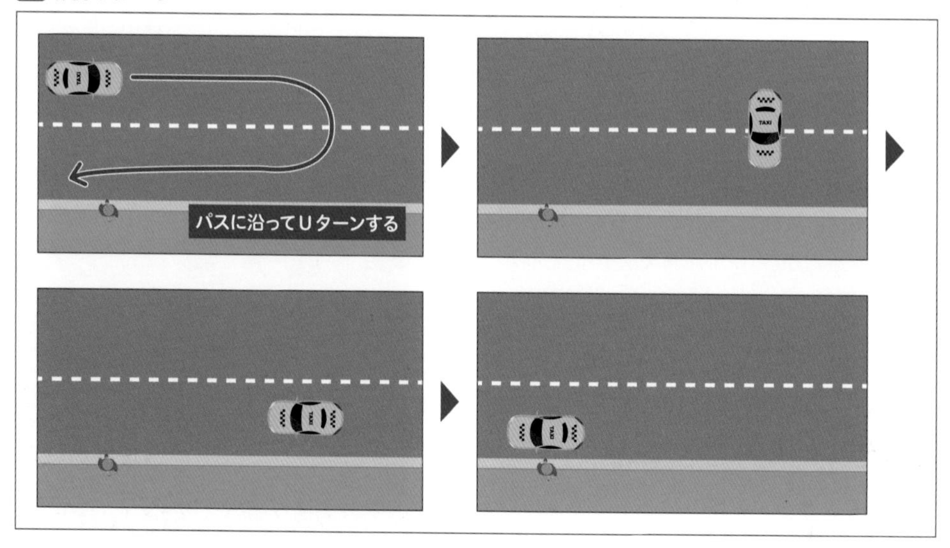

Step.1 マスク用のパスを描く

素材データのTaxi.aepを開きます。[ペン] ツールで [Background] レイヤーを選択してU字状のパス（マスクパス）を描きます。パスの描画の基本的な操作はIllustratorと同じです 02。レイヤーを選択せずにペンツールでパスを操作すると、自動的に新規シェイプレイヤーが作成され、その中に「シェイプパス」が描画されてしまうので注意してください。

❶[Background]レイヤーを選択
❷ペンツールでU字状のパスを描く

02 ペンツールでマスクパスを作成

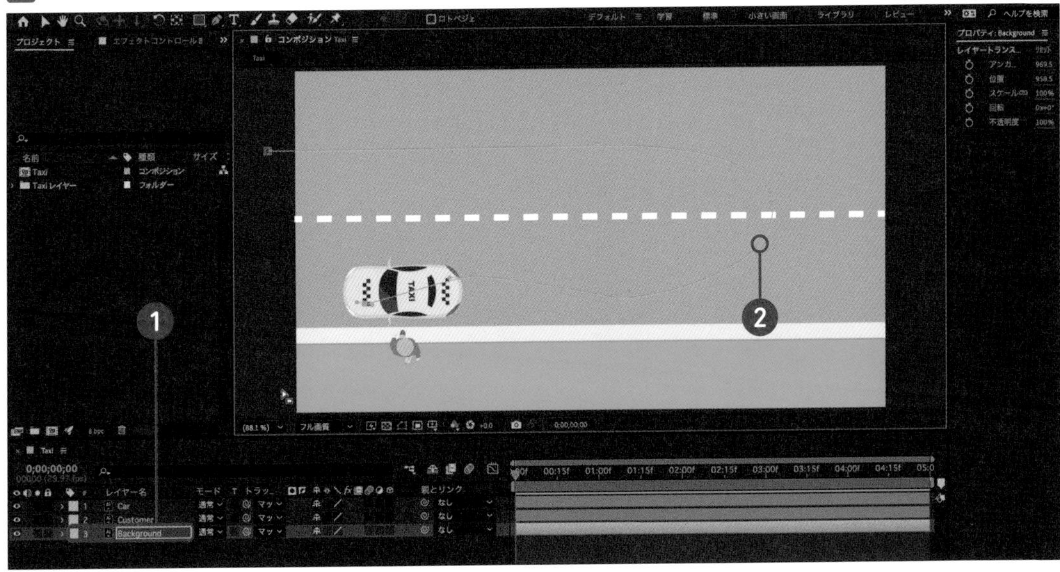

Step.2 マスクパスを[Car]レイヤーへコピー&ペーストする

[Background] レイヤーに「マスク1」という名前の「マスクパス」が追加されます。[Background] レイヤーを選択して [M] キーでマスクパスのみを表示できます。表示されたマスクパスを選択して 03 [Car] レイヤーの [位置] にコピー&ペーストします。すると、マスクパスの開始位置に自動的にタクシーの位置が移動し、パスに沿った動きのキーフレームが作成されます 04。

❶ [Background] レイヤーのマスクパスを [M] キーで表示して、
[編集]メニュー→[コピー] (ショートカットでも可)

03 [Background]のマスクパスを選択してコピー

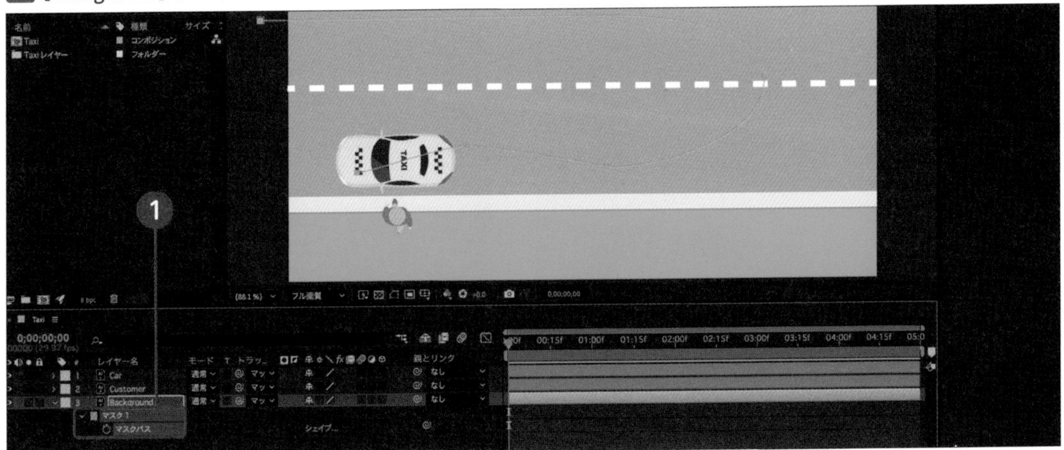

❷[Car]レイヤーを選択して[位置]を表示して選択し、[編集]メニュー→[ペースト]
❸パスに沿って移動するキーフレームが自動作成される

04 パスに沿った動きのキーフレームが作成

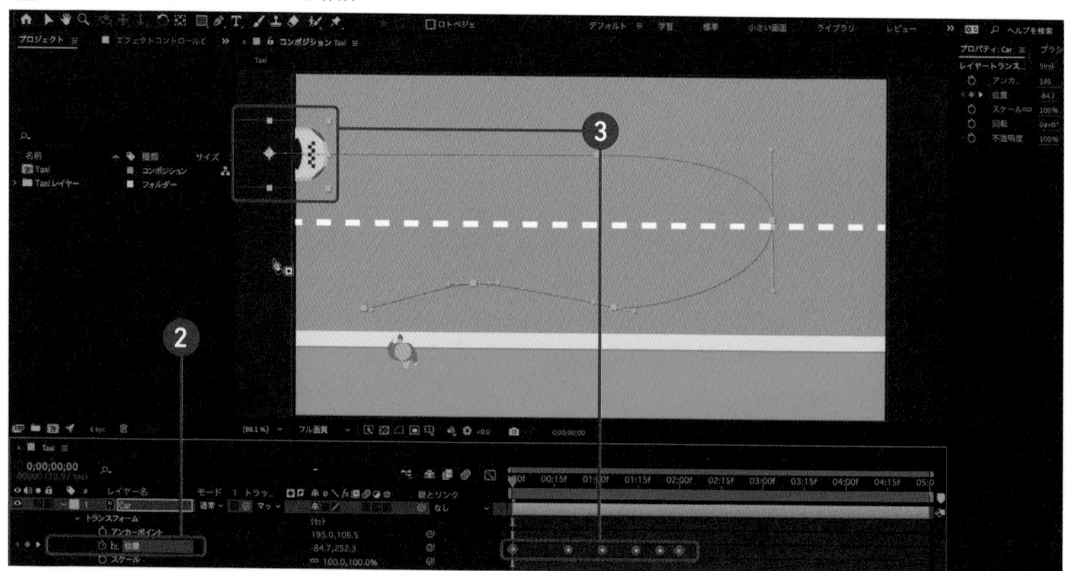

Step.3 方向を調整する

現状のままだとタクシーの向きがおかしいので、これを修正します。[Car] レイヤーを選択し、[レイヤー] メニュー→[トランスフォーム]→[自動方向] を選択 05 して、[パスに沿って方向を設定] を選択します 06。自動方向だけではタクシーの前後が逆になってしまう場合、[Car] プロパティの [回転] に 180° を入力 07 します。この時、キーフレームを選択する必要はありません。

❶[Taxi]レイヤーを選択して[レイヤー]メニュー→[トランスフォーム]→[自動方向]を選択
❷[パスに沿って方向]を選択

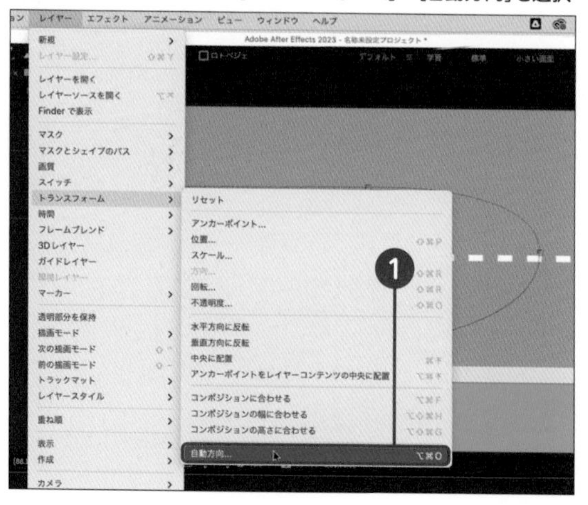

05 [レイヤー]メニュー→[トランスフォーム]→[自動方向]を選択

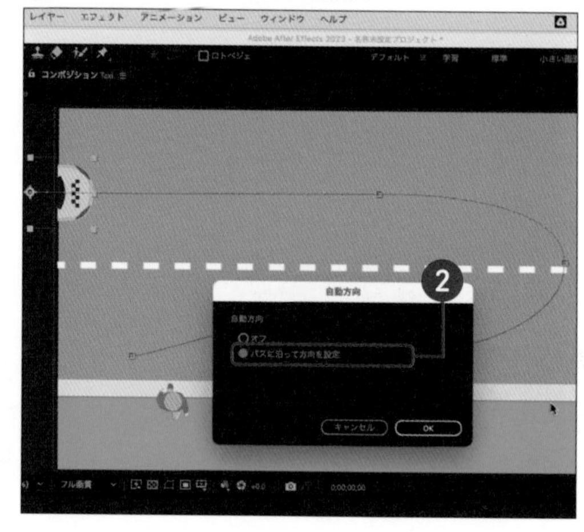

06 [パスに沿って方向を設定]を選択

❸[Car]レイヤーの[回転]に180° 入力

07 [Car]プロパティの[回転]に180° を入力

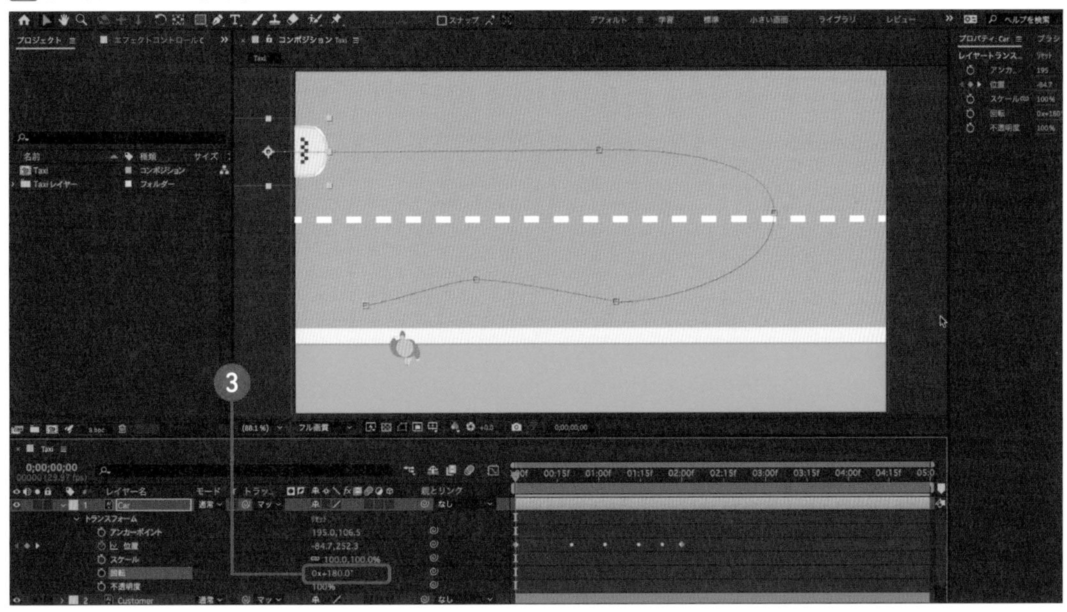

Step.4 イージングや時間、位置を調整する

最後のキーフレームだけを選択してドラッグするとモーションの長さを調整できます**08**。イージングを設定したり、マスクパスを直接編集してタクシーの停車位置を調整して完成です。

08 モーションの長さを調整

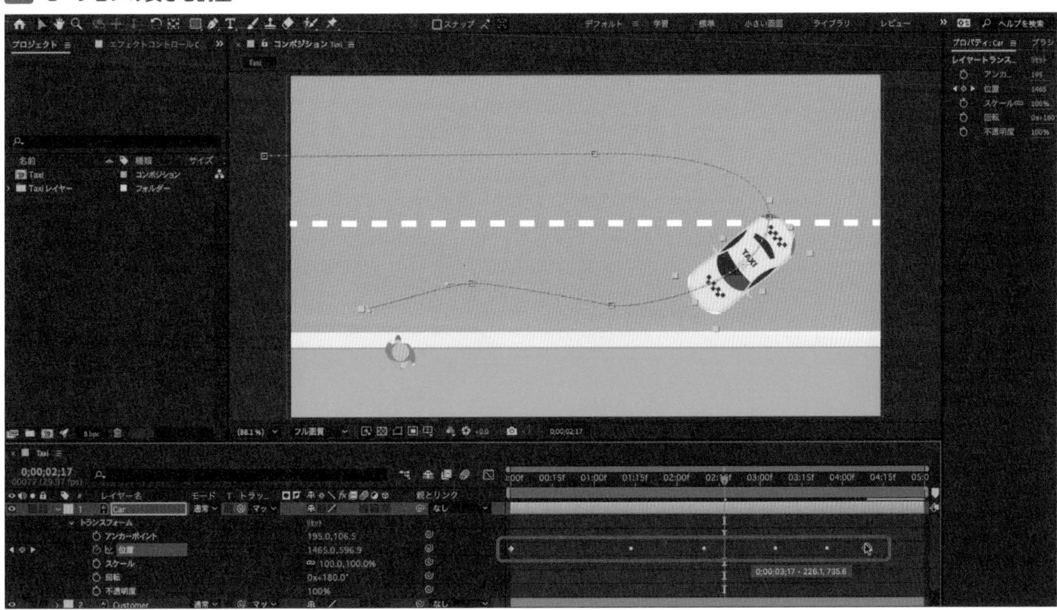

Chapter 4

05 描くモーション①
マルつけのモーション

「エフェクト」メニューのブラシアニメーションを使って、書き順に沿った軌跡を作成し、フォントの文字や数字を実際に手で書いたようなモーションに仕上げていきます。はじめに、二重丸を描くモーションをつけてみましょう。

●完成データ：FinishFile/Chapter4/C4-5/DoubleCircle.aep
●素材データ：LessonFile/Chapter4/C4-5/DoubleCircle.aep

このセクションでは次の操作を学べます
- 「エフェクト」メニューの「ブラシアニメーション」の操作
- 手書き風のモーションデザインの作り方

イメージとゴール

筆文字風の二重丸に対して、実際に書いたようなモーションをつけていきます。スクリーンに表示されている文字のデータには書き順という概念がないので、軌跡を自動で設定することはできません。ここでは、「ブラシアニメーション」を使って、実際に書くようなモーションを作ります。このようなマークを描いたように動かせると、価格や品質などを訴求するための実用的なアクセントになります01。

01 作例のイメージ

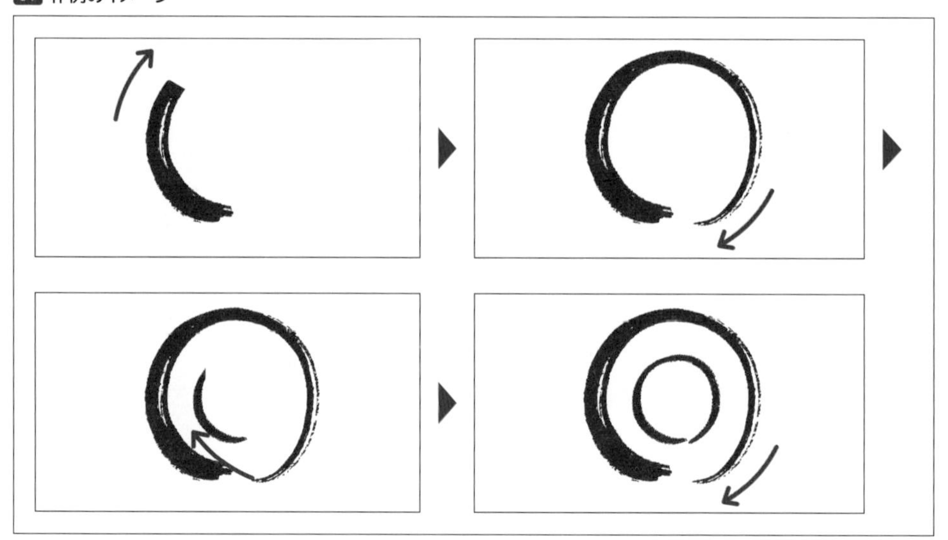

このテクニックは文字を書くモーションにも応用できますが、文字の形によっては充分に再現できないものも多いので、文字に応用したい場合は次の「描くモーション②」も一緒に参照していきましょう。

memo

実際に手描きしたデータをIllustratorのトレース機能などを使ってベクター化するとより魅力的な仕上がりになる。

Step.1 二重丸のレイヤーにブラシアニメーションのエフェクトを適用する

素材データのDoubleCircle.aepを開きます。二重丸のIllustratorレイヤー［DoubleCircle］を選択してブラシアニメーションのエフェクトを適用します 02。

❶［DoubleCircle］レイヤーを選択
❷レイヤー名の上で右クリック→［エフェクト］→［描画］→［ブラシアニメーション］を選択

02 エフェクトの中からブラシアニメーションを選択

エフェクトコントロールパネルが開き、ブラシアニメーションのプロパティが開きます。同じ項目はレイヤーのプロパティの「エフェクト」からも確認ができます 03。

03 エフェクトの中からブラシアニメーションを選択

Step.2 ブラシの太さと色を設定する

エフェクトコントロールパネルに「ブラシアニメーション」が表示されたら、はじめにブラシの[カラー]と[サイズ]などを調整しておきます04。[カラー]はこの作例の場合は実際のアニメーションの結果には影響しないので、視認性のよいものを選びましょう。

[サイズ]は実際の二重丸の線より少し太めにし、二重丸の線が隠れるくらいにしておきます。

memo

色自体は関係ないものの、このブラシの軌跡がそのままモーションの軌跡になるので、サイズの設定は重要だ。なお、ブラシツールとは別物なので注意。

04 エフェクトコントロールパネル

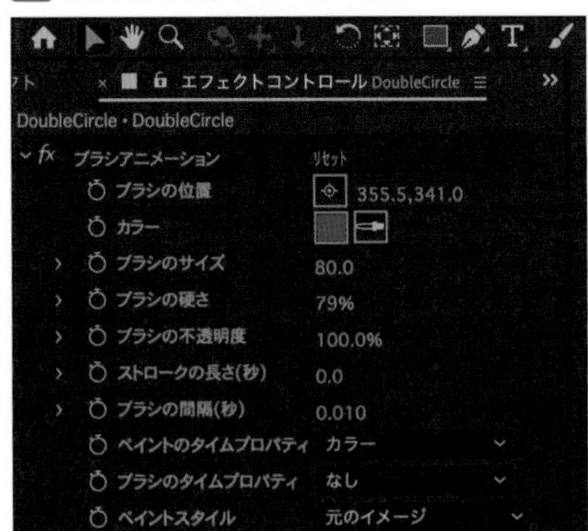

Step.3 [ブラシの位置]を調整して開始点を決める

ブラシを描画させたい位置に時間インジケーターを移動します05。

ターゲットマーク[◈]をクリックすると十字状のカーソルが表示されるので、コンポジションパネル上でブラシの位置を軌跡の開始点まで移動します。位置が決まったら「ブラシの位置」のストップウォッチをクリックします06。

❶タイムライン上の時間インジケーターを開始時のフレーム(00:00)に移動
❷エフェクトコントロールパネルの[ブラシの位置]のターゲットマーク[◈]をクリック
❸コントロールパネルに表示されているターゲットマーク[◈]をドラッグして描き始めたい位置まで移動
❹[ブラシの位置]のストップウォッチをクリック

05 エフェクトコントロールパネルのターゲットマークをクリック

06 ブラシの位置を調整してストップウォッチをクリック

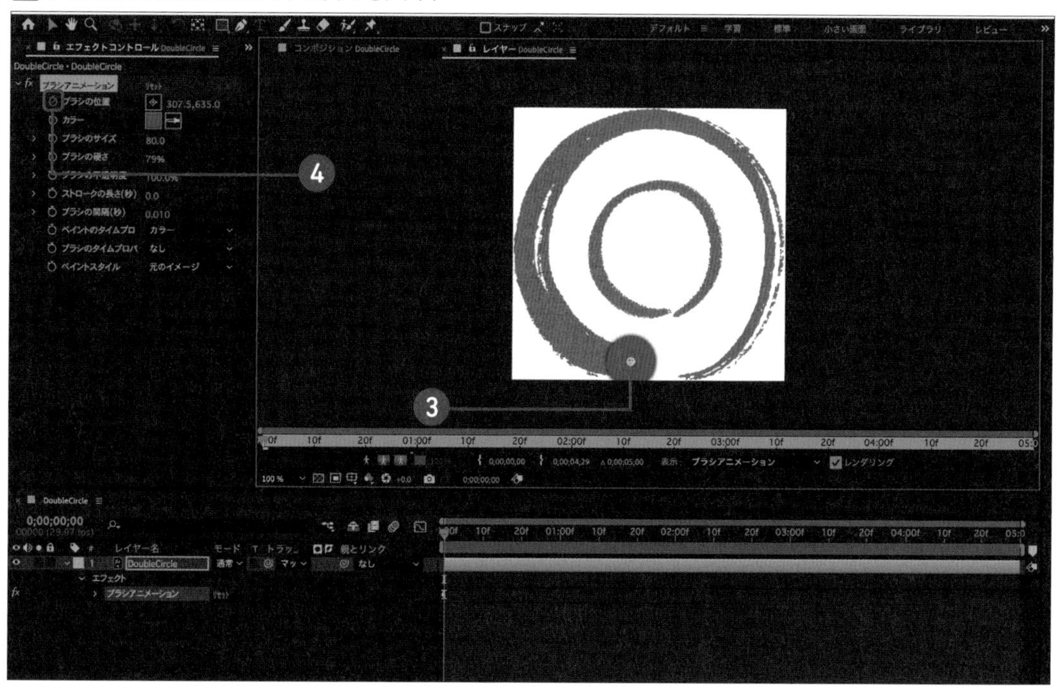

これで準備が整いました。青い丸の部分がブラシアニメーションの始点になります。

Step.4 時間インジケーターを操作しながらブラシをドラッグ

この状態で時間インジケーターをドラッグしながら、コンポジションパネル上で書き順の通りに少しずつドラッグしていくと、インジケーターで選択したフレームの場所にブラシの位置が移動し、軌跡を描くことができます。

❶タイムライン上の時間インジケーターを若干進める(移動する)
❷コンポジションパネルの[ブラシの位置]のターゲットマークをドラッグ
❸上記の操作を繰り返して一筆書きに一周させる

07 下絵の円を隠すようにドラッグ

❶の時間インジケーターを進める操作はマウスでは時間がかかるので［command or Ctrl］＋［方向キー右］のショートカットを使用して作業します。

たとえば、❶［command or Ctrl］＋［方向キー右］を5回押して（5フレーム進めて）から❷コンポジションパネルをドラッグして「ブラシの位置」の調整を繰り返していきます **08**。

ブラシの中心軸にあるターゲットマーク［ ］を途中で見失ったときは、エフェクトコントロールパネルの［ブラシの位置］の［ ］アイコンをクリックするとコンポジションパネル上に表示されます。

08 「時間インジケーター」と「ブラシの位置」の操作を連続させてブラシで覆うようにひと筆書きする

画面の枠からはみ出したブラシは見えなくなりますが、消えたわけではないのでそのまま一筆書きします。キーボードショートカットで時間インジケーターをテンポよく操作しながら、タイムライン上でキーフレームを細かく増やしていきましょう **09**。

09 青のブラシを内側の円にも続けていく

ターゲットマークを外れた位置を誤ってクリックしてしまうと、元の二重丸のグラフィックのほうが移動してしまう場合があります。こういった操作をしてしまった場合は一度[command or Ctrl] + [Z]でやり直してから再開します。作業が完了した時点で再生すると、元のオブジェクトを覆うようなモーションができます **10**。

10 完成例

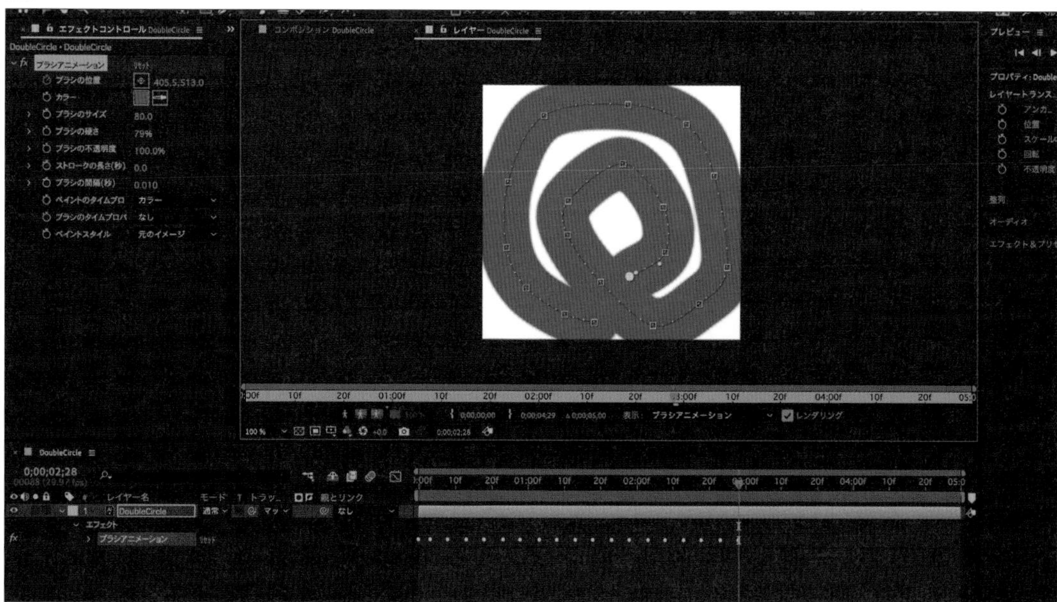

memo

この作業はとにかくテンポが肝心。ショートカットと素早いマウス操作の併用を心掛けよ。

Step.5 ペイントスタイルを「元のイメージを表示」に切り替える

エフェクトコントロールパネル一番下にある「ペイントスタイル」のプルダウンをクリックして「元のイメージ」を「元のイメージを表示」に変更します。

すると、設定したブラシの軌跡に沿ってオブジェクトが表示され、筆で円を描いたようなモーションとなります**11**。

11 レイヤーとタイムライン

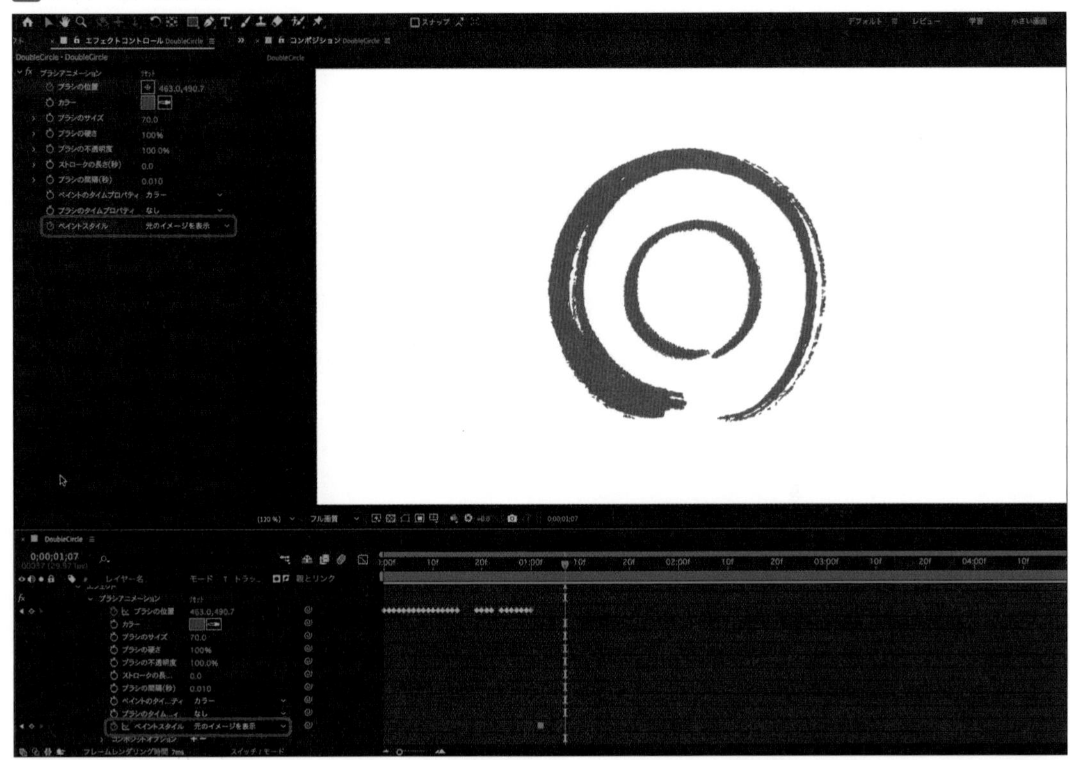

Step.6 「時間ロービング」を設定

キーフレームがスムーズに繋がるように自動調整してくれる「時間ロービング」を設定します。「時間ロービング」は複数のキーフレームをグループ化し、変化する速度を同じにする機能です。

「ブラシの位置」で使用しているキーフレームをすべて選択します。キーフレームの複数選択は、ドラッグ操作や［Shift］キーによる複数選択、プロパティ名をクリックして実行できます。

選択が済んだらキーフレームの１つにカーソルを重ねて右クリックして、「時間ロービング」にチェックを入れると、キーフレーム同士が自然につながるように自動で補間がおこなわれ、アニメーションの速度が安定します**12**。

❶レイヤーのプロパティを開き、［ブラシアニメーション1］→［ブラシの位置］を開く
❷キーフレームをすべて選択してキーフレームの1つを右クリック
❸［時間ロービング］にチェック

12 レイヤーとタイムライン

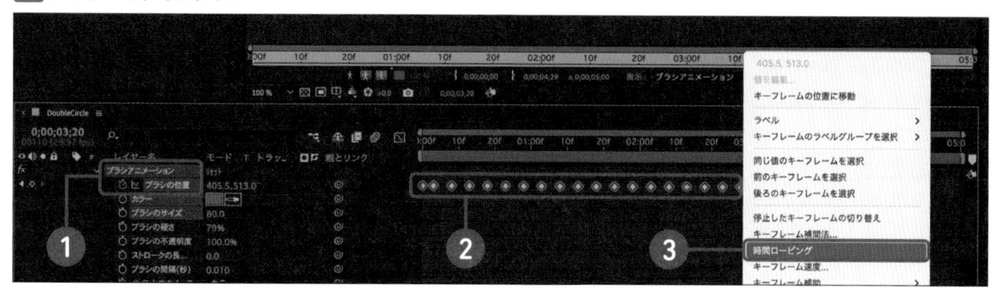

時間ロービングを選択すると、中間のキーフレームは丸いアイコンになります 13 。

13 キーフレームの形状が変化する

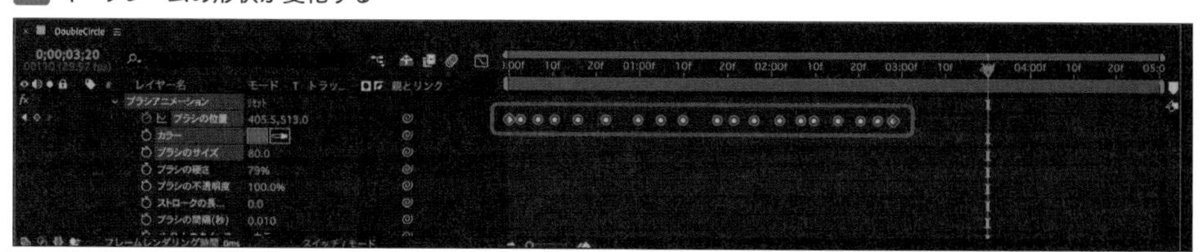

全体的な速度を調整するには？

エフェクトを掛けた後に、速度を全体的に早めたい（遅くしたい）という場合には、該当するキーフレームをすべて選択して［キーフレーム速度］を選択します。選択したキーフレームの開始点と終了点のキーフレームの形状が変化し、タイムライン上でのドラッグ操作で選択したキーフレームの速度を直感的にコントロールできるようになります。キーフレーム同士の間隔をタイトに(短く)すれば、モーションのスピードは速くなります。再生して確認しながらテンポのよい速度を探っていきましょう 14 。

❶キーフレームをすべて選択して右クリック
❷「キーフレーム速度」を選択
❸「キーフレーム速度」のダイアログが表示されたら［影響度］の数字を上げて［OK］をクリック
❹始点か終点のキーフレームを選択してドラッグ

14 ドラッグ操作でスピードを直感的に調整できる

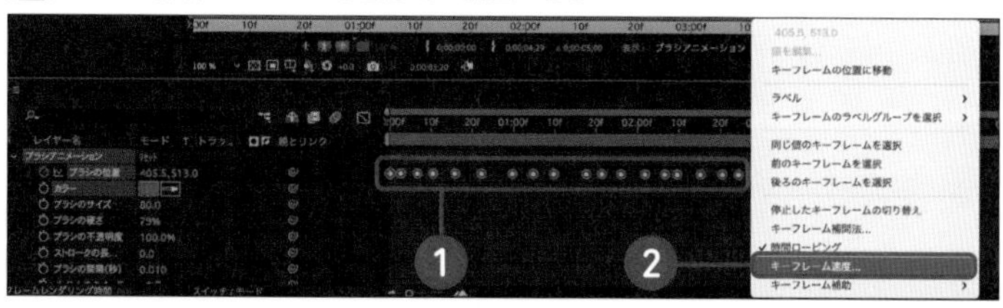

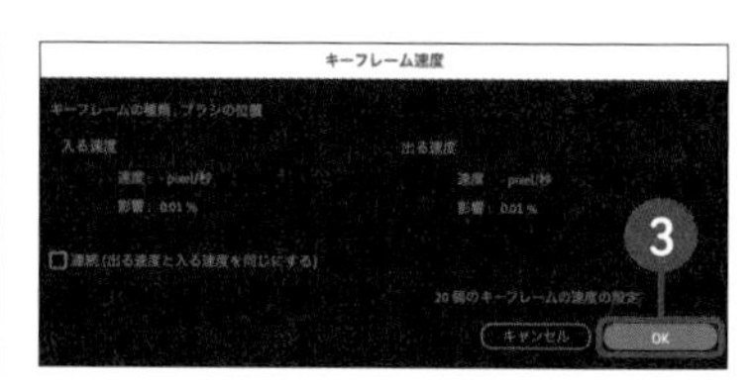

memo

イージーイーズは影響度(ハンドルの長さ)を33%に変更する動きになる。

06 描くモーション②
文字を描くモーション

前節「描くモーション①」で紹介したテクニックは文字にも応用可能ですが、文字の形状によってはブラシアニメーションの軌跡が不自然に感じられる場合もあります。そこで、「トラックマット」を使って余分なエリアを「マスク」していきます。

●完成データ：FinishFile/Chapter4/C4-6/Thanks.aep
●素材データ：LessonFile/Chapter4/C4-6/Thanks.aep

このセクションでは次の操作を学べます
- トラックマットを使用したマスクの作り方
- マスクの制御
- 手書き風のモーションデザインの作り方

イメージとゴール

前節「描くモーション①」と同じように、文字を一筆でなぞるブラシアニメーションをつけていきます 01。文字の場合、たとえば小文字の"t"のような線が重なり合う文字は、ひとつのレイヤーに対して一筆が前提となるブラシアニメーションだけでは余分な箇所が邪魔をしてうまく表現できません。そのような場合には一部を非表示にできる「トラックマット（アルファ反転マット）」によるマスクを作成します。このトラックマットの表示と非表示を切り替えることで、より自然な仕上がりになります。

01 作例のイメージ

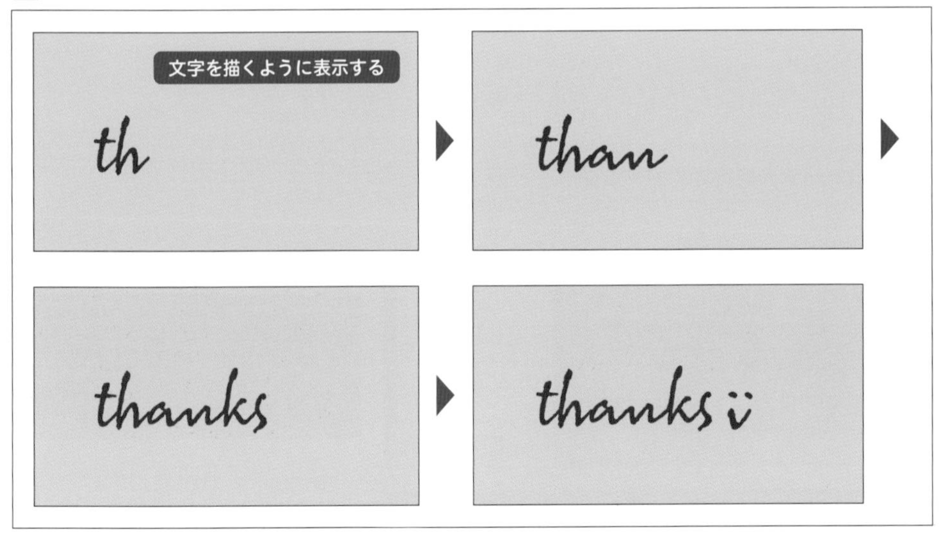

Step.1 ブラシアニメーションのコンポジションを開いて確認する

素材データのThanks.aepを開きます。テキストのIllustratorレイヤー［Text］を選択します。このレイヤーにはすでにブラシアニメーションのエフェクトが掛かっている状態です 02。まずは再生してみて、どのような動作なのかを確認してみてください。

02 サンプルデータの状態を確認する

この素材データ（エフェクト）の作成手順は、「描くモーション①マルつけのモーション（P144）」と同じなので、ブラシアニメーションの作成からおこないたい場合は 03 の軌跡を参考に作業をすすめてみてください。実際の筆の運びと同じように「ブラシの位置」を調整していくのがポイントです。文字の後の顔文字も同じブラシアニメーションで一筆書き状に覆います。

03 ブラシアニメーションの作成

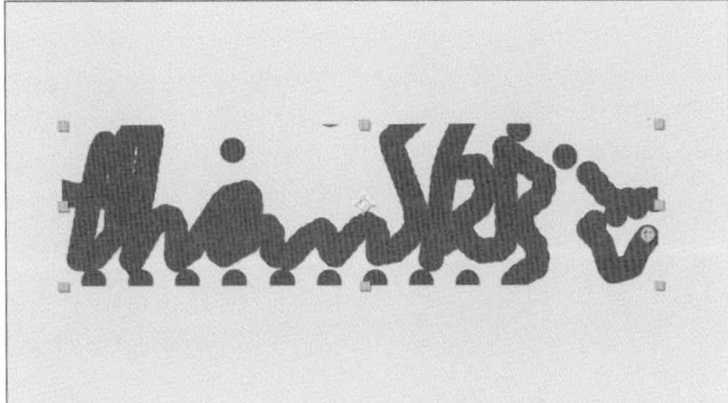

ところがこのサンプルデータを、エフェクトコントロールパネルの「ペイントスタイル」→「元のイメージを表示」にして再生してみると、「t」の文字について、ブラシの軌跡が太すぎるなどできれいに見えない部分があります 04。次のステップからはこういった、一時的に隠しておきたい部分のマスクを作成する作業をおこないます。

04 調整が必要な例

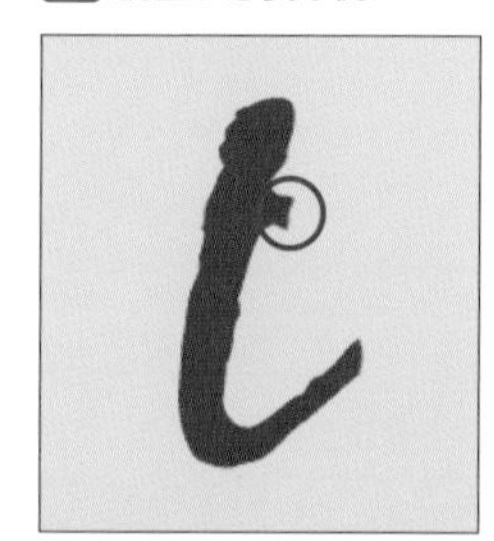

Step.2 マスク用のシェイプレイヤーを作成する

マスクを作成するためには、はじめにレイヤーを選択していない状態で「ペンツール」を操作してシェイプレイヤーを作成します 05。

❶時間インジケーターをドラッグで操作して、マスクする必要がある場所で停止させる
❷レイヤー欄の何もない所で右クリック→[新規]→[シェイプレイヤー]を選択
❸ペンツールを選択
❹任意の塗り(色)を設定
❺マスクしたいエリアをクリックやドラッグで囲んでシェイプパスを作成

作成したシェイプは、シェイプレイヤーを展開すると、[コンテンツ]の中に[シェイプ1]として表示されています。このシェイプのパスを編集するときには、レイヤー上でシェイプ名(シェイプ1)をクリックして選択した後に、コンポジションパネル内の編集したいパスのポイントをクリックして編集します。

作成したシェイプを削除するには、クリックして選択して[delete]キーで削除します。

05 シェイプレイヤー上でシェイプパスを作成

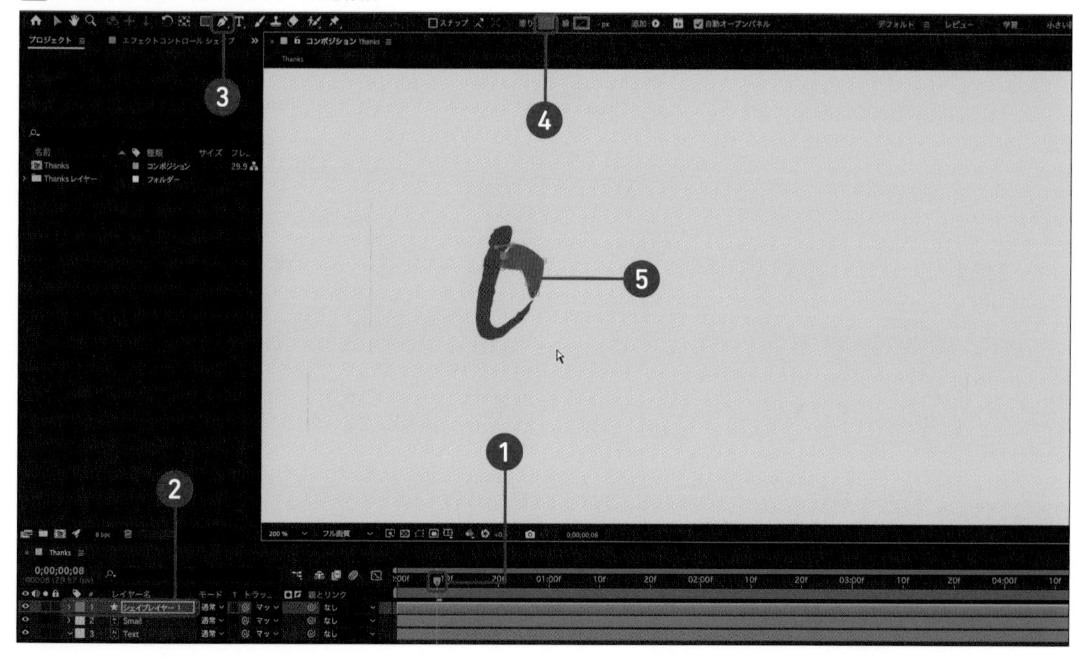

ペンツールの基本的な操作方法はIllustratorと同じです。今回のようなマスクの作成であれば、ドラッグを要する複雑な操作はそれほど必要ありません。

Illustratorとやや異なるのは、P083でも紹介したように、一度作成が終わった(クローズパスになった)状態で、ペンツールでコンポジションパネルをクリックして別のオブジェクトを作ると、同一のシェイプレイヤー内での作成が継続され、「シェイプ2」「シェイプ3」が作成されていくという点です。別のシェイプレイヤーを用意する必要がある場合は、一旦レイヤーの選択を解除してから、レイヤー上で右クリックして新しいシェイプレイヤーを作成します。

memo

コンポジションパネル上でオブジェクトをクリックすると、シェイプレイヤー全体が選択されてしまうことも。挙動を覚えて的確に選択するべし。

Step.3 「トラックマット」を「アルファ反転マット」に設定する

「トラックマット」のプルダウンを「マットなし」から「シェイプレイヤー1」に切り替えます。この操作でブラシが通過したときに「シェイプ1」部分が非表示になります 06。

注意

トラックマットのプルダウンが表示されていない場合は、左下の「制御転送を表示または非表示」ボタンを選択します(P156)。

❶ [Text] レイヤーの [トラックマット] のプルダウンを選択して「1.シェイプレイヤー1」を選択

06 トラックマットを選択

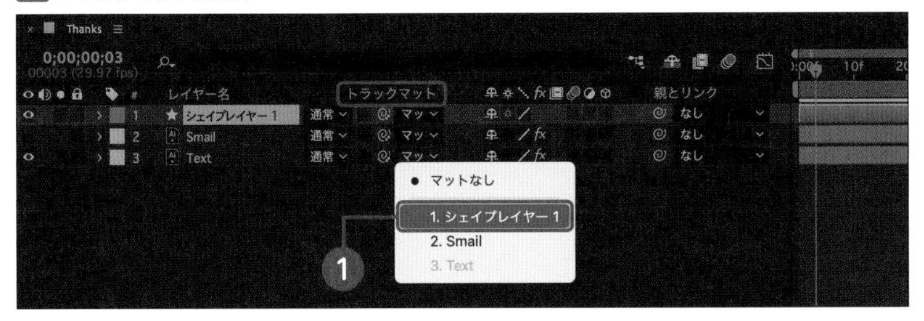

WORD

トラックマット

指定したレイヤーの形などを基準に直下にある別のレイヤーを切り抜くことのできる機能。

[Text] レイヤーにある「アルファ／ルミナンスマットの反転」ボタンと「マットの反転」ボタンを選択します 07。

❶ [Text] レイヤーのアイコン2種をクリック (赤枠部分) して [アルファ／ルミナンスマットの反転] と [マットの反転] を選択

注意

After Effects 2022以前のバージョンではUIが異なります。ボタンではなく「トラックマット」のプルダウン上でアルファ／アルファ反転／ルミナンスを選択するので、この場合は「アルファ反転マット"シェイプレイヤー1"」を選択します。

07 [アルファ／ルミナンスマットの反転] (下図左アイコン) と [マットの反転] (下図右アイコン) を選択

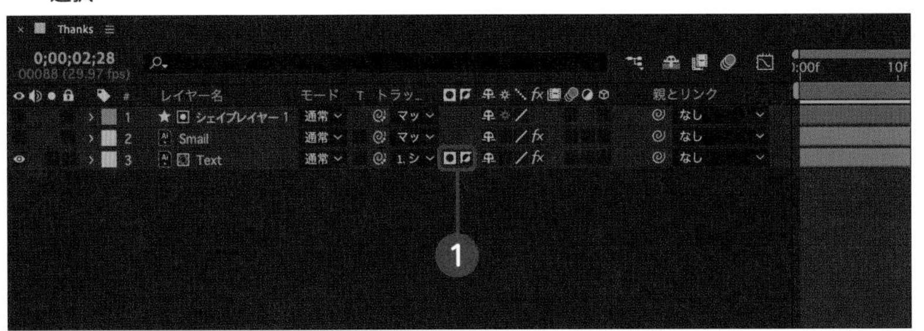

Column

トラックマットが表示されていないときは、「転送制御を表示または非表示」

デフォルトの状態では「トラックマット」が表示されていない場合があります。その場合はレイヤーパネルの左下のアイコンの中の「転送制御を表示または非表示」ボタンを選択します 01。

01 レイヤーの左下の4つのアイコン

再生してみると、ブラシの軌跡で余分だった箇所がマスクによって隠れることが確認できます 08。ただしこのままでは、ブラシが"t"の横棒に到達したときにマスクが掛かりっぱなしになってしまいます 09。

そこで、次のStepでは、ブラシがマスクを通り過ぎたらマスクをOFFにする（不透明度を0%にする）という設定をしていきます。

08 調整前と調整後

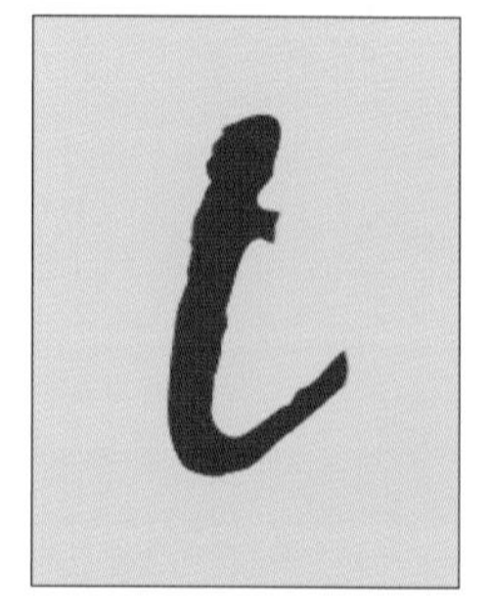

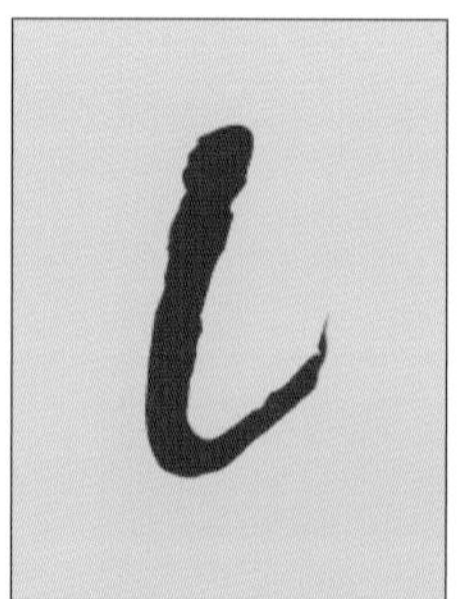

09 "t"の横棒がマスクで隠れてしまう

Step.4 各シェイプの「不透明度」を100%と0%に設定

描画が通過したらマスクが消える（0%になる）処理をおこなうために、シェイプレイヤーのオブジェクトに対して「不透明度」のキーフレームを入れます 10 11。このとき、「シェイプレイヤー全体」ではなくそれぞれの「シェイプオブジェクト（この画面の場合はシェイプ1）」にキーフレームを入れます。

2箇所あるトランスフォームのうちどちらを選択しているのかは、プロパティパネルからではシェイプレイヤーとシェイプの関係がやや読みづらいので、レイヤーのプロパティから確認するのが便利です。ここでは、レイヤー全体のレイヤートランスフォームではなく、**シェイプ内部のシェイプトランスフォームの不透明度を変更する点に注意しましょう。**

❶「シェイプ1」を選択して　時間インジケーターを「t」の横線が縦線と交わる位置に移動
❷［トランスフォーム］→［不透明度］のストップウォッチをクリックして不透明度のキーフレームをひとつ設定（100%の状態）10
❸時間インジケーターを数フレーム程度右へドラッグ
❹不透明度のキーフレームを設定して0%にする 11

10 横線がマスクのエリアへ入る直前のタイミングで「不透明度」のキーフレームを入れる

11 直後にキーフレームをうち、こちらの不透明度を0%にすることで、以降マスクを非表示にする

Step.5 「キーフレームの切り替え」でパキッと変化させる

最後に100%と0%のキーフレームを同時に選択して右クリックし「停止したキーフレームの切り替え」を選択します 12 。キーフレームの形が変化することを確認しておきましょう 13 。

これにより、100%と0%の「透明」が中間の変化を伴わずに変化するようになり、マスクのON/OFFをパキッと切り替えられます。

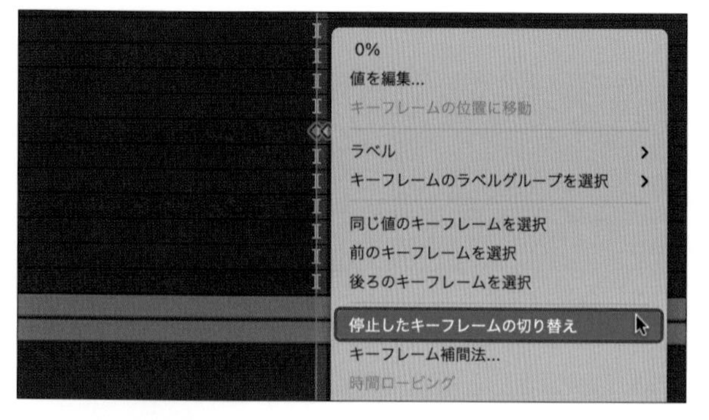

12 停止したキーフレームの切り替え

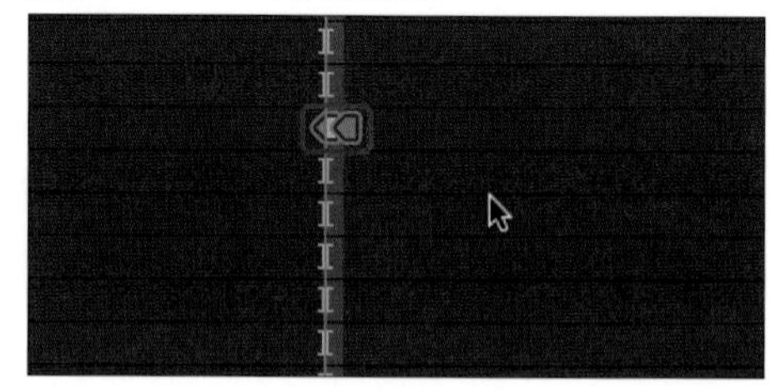

13 キーフレームの形状が変化

Column

マスクの箇所が多い場合はより緻密な作業に

この作例ではマスクは1箇所のみですが、文字の形によってはより細かくマスクのエリアを作成する必要があります。その場合、1枚のシェイプレイヤーに対して複数のマスク用のオブジェクトを作成し、Step.2以降の手順をそれぞれのシェイプオブジェクトに対して繰り返します 01 。

01 複数マスクの例

たとえばこの文字では、赤いシェイプオブジェクトが1枚のマスク用のレイヤーによって管理されていて、ブラシアニメーションの実行タイミングに応じて、表示されていたマスクを非表示にする、というキーフレームを打っています（ショートカット[U]キーで使用中のキーフレームのみを示しています）。地道な作業がクオリティーアップに繋がります。 02 。

02 マスクへのキーフレームの例

Chapter

キャラクターを動かそう

サンプルの制作手順を紹介した動画が
以下にアップされているので、
つまったら参考にするのじゃ。

https://motion-design.work/c5/

キャラクター向けのaiファイルを準備しよう

Illustratorで描いたキャラクターを動かすためには、After Effectsに読み込む前にパーツわけした状態のaiファイルを用意する必要があります。はじめに使用するサンプルのaiファイルの構造を確認し、データ作成のポイントを見ていきましょう。

素材データ：LessonFile/Chapter5/PcGirl.ai

このセクションでは次の操作を学べます

- キャラクターモーション用のIllustratorデータの構造

イメージとゴール

Chapter 5全体を通して、パソコンを操作する女性のイラストをAfter Effectsへ取り込んで、髪が揺れる、まばたきをする、キーボードを打つ、といった動きをつけていきます 01。このセクションでは素材のイラスト認しながら、Illustratorでのデータの作り方のポイントについて紹介します。

01 作例のイメージ

memo

このセクションでは主に完成データの構造を紹介していくので、オリジナルでイラストを描く際の参考にしてほしい。

Step.1 アートボードを準備する

Illustratorのアートボードの設定は「ビデオアートボード」か、RGBとピクセルがセットされている「Web」用のプリセットを使用します（P046）。Web用のプリセットを使用する場合は、After Effectsに読み込んだ際に絵柄が切れてしまわないように、アートボード内にオブジェクトをまとめます。

Step.2 動かす部分をパーツごとにわけて描く

イラストの描き方には色々な方法があります。一般的にはレイヤーなどを使って「線」と「塗り」にわけた形で絵を描くことが多いかもしれません。しかし、たとえば02のような、線と塗りがわかれていて髪と顔が一体になっているような描き方では、仮にモーションを付けたときに大きな隙間ができてしまいます。

また、そのままではパーツごとに動かせないので、データの作り直しが必要になります。

02 動かしにくいデータの例（全体が一体となっていて動かしにくい）

そこで、オブジェクトの線と塗りは同じレイヤーにし、「動かしたいパーツ」ごとにオブジェクトを個別のレイヤーにまとめていきます03。

動かしたときに前や後ろのオブジェクトはどう見えるかについても考えながらパーツわけをおこないます。

03 動かしやすいデータの例（パーツごとに別れていて動かしやすい）

memo

たとえば素材サイトでイラストを探すときに、イラストがパーツごとに分類されているとポーズなどを細かく調整しやすいのと同様だ。

Step.3 素材をすべて用意してレイヤーを整理する

パーツごとにレイヤーをわけながら作業を進めます。同時に、レイヤーの名前もつけておきましょう。Chapter 5で使用するパーツとレイヤーの構造は以下のようになります04。

04 使用するパーツとレイヤー構造

Point

- 髪の毛は揺れた時に髪の後ろが埋まるようにイラストを用意する
- 目はまばたきを単体でさせたいのでレイヤーをわける
- 顔と首は上下に揺らし息遣いを表現したいのでわける
- パソコンは打ち込む手が間にくるようにレイヤーをわけて用意する

完成データは05のようになります(下段はパーツわけがわかりやすいようにバラバラに配置したイメージです)。次のセクションからは、こちらのサンプルデータをAfter Effectsへ読み込んで作業をおこないます。

05 素材の完成データ

Adobe Illustrator 2023
共有
プロパティ
レイヤー
CC ライブラリ
hair_frint_R
hair_front_L
hair_side_L
eye
ear
face
hair_side_R
PC_01
hand_R
PC_02
hand_L
body
hair_back
line_table
ベクター...
Illustrator

Adobe Illustrator 2023
共有
プロパティ
レイヤー
CC ライブラリ
hair_frint_R
hair_front_L
hair_side_L
eye
ear
face
hair_side_R
PC_01
hand_R
PC_02
hand_L
body
hair_back
line_table
ベクター...
Illustrator

データを取り込んでまばたきさせよう

それではいよいよ、イラストをAfter Effectsへ取り込んでモーションをつけていきます。はじめに、目のまばたきのモーションからはじめてみましょう。

◎完成データ：FinishFile/Chapter5/C5-2/5-2PcGirl.aep
◎素材データ：LessonFile/Chapter5/C5-2/5-2PcGirl.aep

このセクションでは次の操作を学べます
- キャラクターモーション用のIllustratorデータの構造
- まばたきのさせかた

イメージとゴール

このセクションではIllustratorのデータをAfter Effectsへ取り込んで、まばたきのモーションをつけていきます。サンプルのような簡単な円形の目であれば、「スケール」の縦の数値を変更させて簡単なまばたきが表現できます 01。

01 作例のイメージ

memo
まばたきはアニメーション業界などでは通称「目パチ」とも言われる。検索ワードとして覚えておいて損はない。

Step.1 新規プロジェクトの作成とベクターの読み込み

aiデータを取り込む場合は、［ファイル］メニュー→［読み込み］から、サンプルデータのPcGirl.aiのファイルを選択して読み込みます。このとき、読み込みの種類で［コンポジションーレイヤーサイズを維持］を選択すると、元のレイヤーの幅と高さを活かすことができるので、直感的な作業が可能です 02（素材データ5-2PcGirl.aepを開いてStep.2からはじめても構いません）。

❶［ファイル］メニュー→［読み込み］→［ファイル］を選択してウィンドウを表示させ、Illustratorのaiファイルを選択
❷読み込みの種類：［コンポジション-レイヤーサイズを維持］を選択して［開く］を選択
❸Illustratorファイルが表示される

02 ［コンポジションーレイヤーサイズを維持］を選択

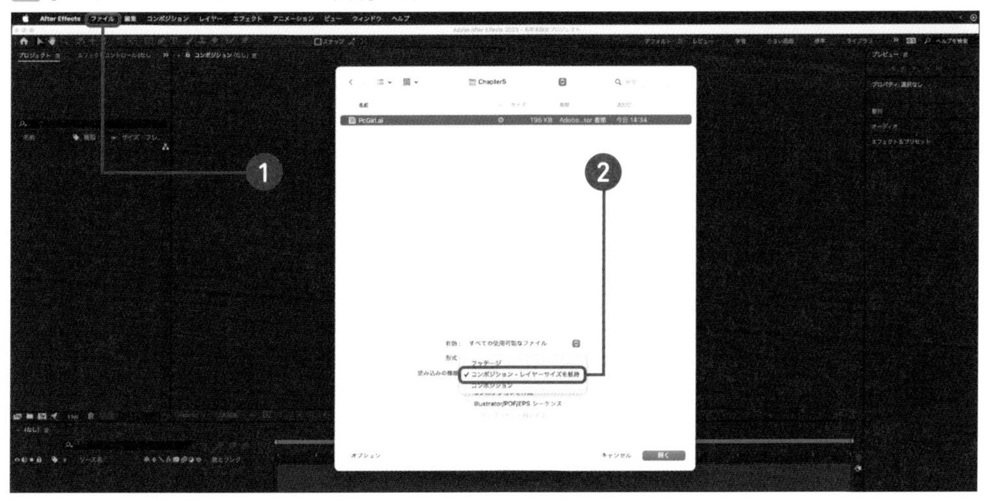

プロジェクトパネルに表示されている、読み込んだ［PcGirl］コンポジションをダブルクリックするとIllustratorと同じレイヤー構造が確認できます。一番下のベクターレイヤーは背景なのでロックしておきます。

Step.2 編集しやすいようにコンポジション設定を整える

適時「ソロボタン」を選択してパーツごとに表示／非表示を切り替えながら作業をおこないます。そのためには、大元のコンポジションの背景色が視認性のよいものである必要があるので、背景を明るいものにしておきましょう。また、フレームレートとデュレーションを以下のように設定します 03 。

❶[コンポジション]メニュー→[コンポジション設定]を選択
❷フレームレート：24、デュレーション：0:00:04:00（4秒）、背景色：白に設定

03 コンポジションを調整する

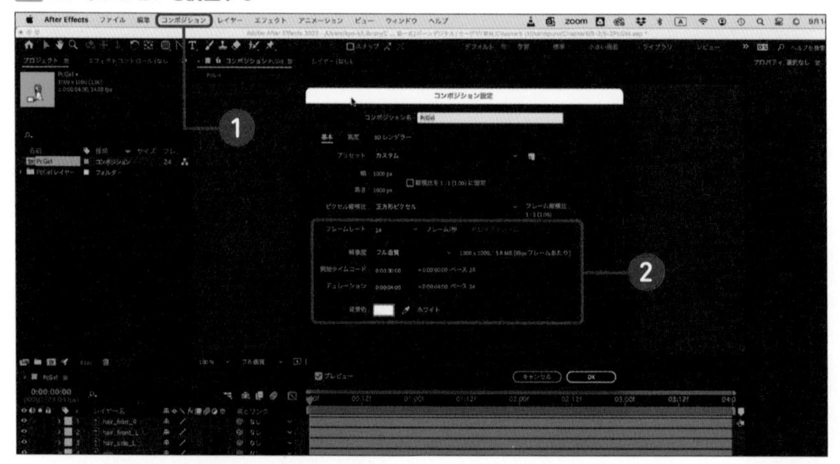

memo

フレームレートを落とすとデータの軽量化が期待できる。24はアニメーションをはじめ、映像全般の基準のひとつとなるフレームレート。

●拡大表示とソロボタンで表示を整える

Chapter 5は全体を通して細かいパーツに対する作業が多いので、作業がしやすいように環境を整えておくとよいでしょう。たとえば 04 のような設定がおすすめです。

❶コンポジションパネルの[拡大率]を大きくする
❷ワークエリアの右端をクリックして左側へドラッグし、フレーム単位で細かく確認できるようにしておく
❸[eye]レイヤーのソロボタンをクリックして目のレイヤーのみを表示

04 表示を調整

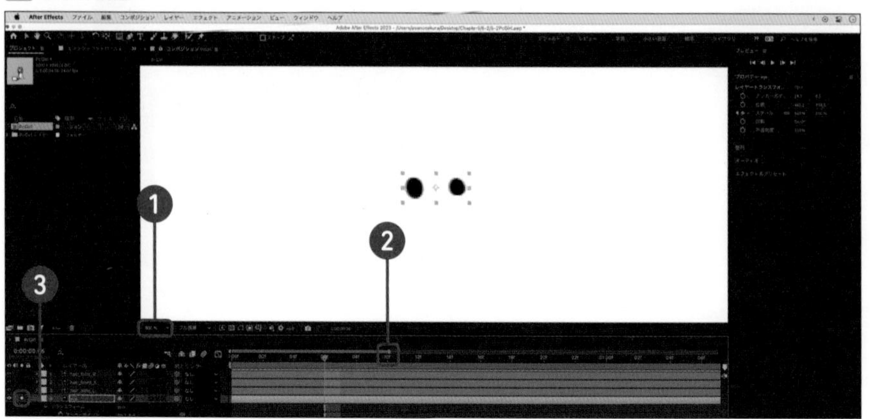

Step.3 [スケール]のキーフレームを3つ打つ

[eye] レイヤーのトランスフォームプロパティの「スケール」でまばたきをさせます。縦のスケールの数値だけが一瞬切り替わることで丸が潰れて、その後元通りになるというモーションをつけます。はじめに、トランスフォームの「スケール」のキーフレームを3つ打ちます。この3つのキーフレームは、目を開いてる、つむる、また開く、の動きになります 05。

❶時間インジケーターが0フレームめになっていることを確認する
❷[eye] レイヤーを選択して、レイヤーのトランスフォームプロパティを展開するかプロパティパネルを参照して、[スケール]のストップウォッチをクリック
❸[command or Ctrl] + 方向キー右を3回押して3フレームめに移動
❹[スケール]の左側のひし形アイコンをクリックしてキーフレームを追加
❺[command or Ctrl] + 方向キー右を3回押して、さらに3フレーム(6フレームめ)に移動
❹と同様に[スケール]の左側のひし形アイコンをクリックしてキーフレームを追加

05 スケールのキーフレームを3つ打つ

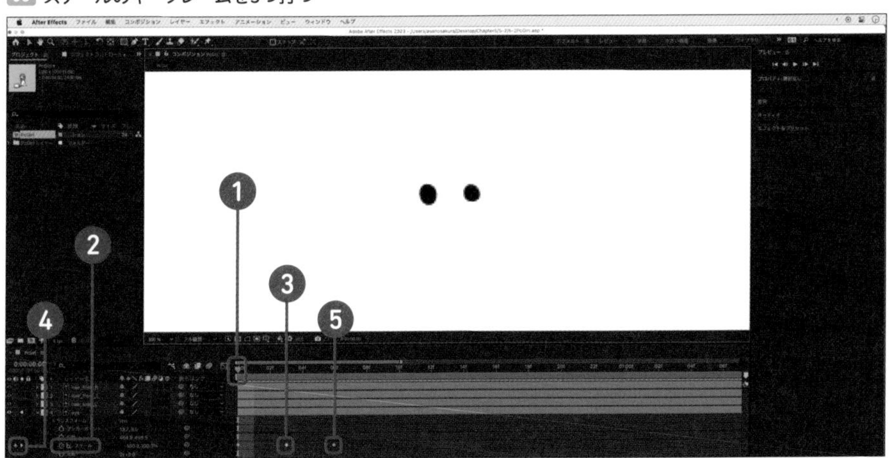

Step.4 2番目のキーフレームのスケールを変更

2つめのキーフレームを選択して、目をつむる動きをつけます。トランスフォームプロパティの「スケール」は縦と横、ふたつのパラメータを持っています 06。2つめの縦のパラメータだけ動かすように、鎖のリンクマークをクリックして解除して作業します 07。

06 スケールのパラメータ

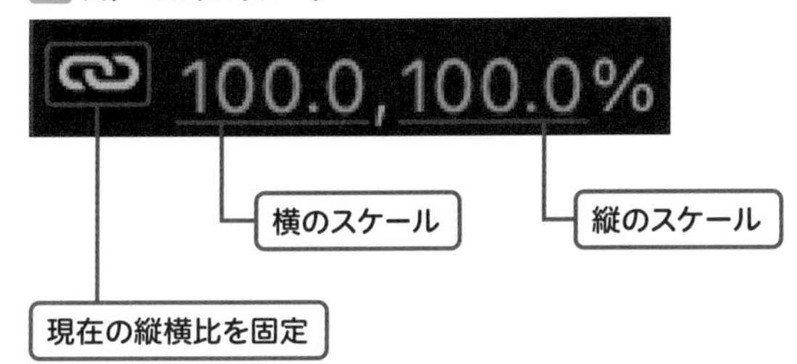

❶2つめのキーフレームを選択する
❷[現在の縦横比を固定](鎖のアイコン)をクリックして解除。縦スケールの数値を50%程度にする

07 2つめのキーフレームのスケールを変更

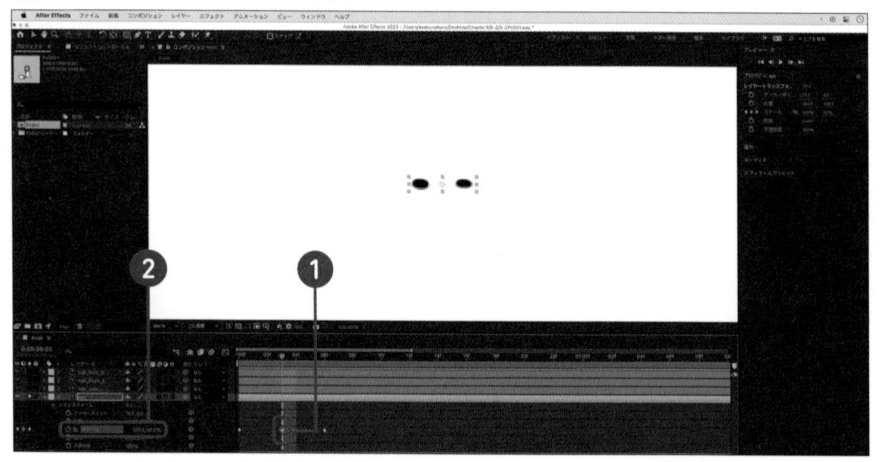

スケールの数値は0%まで落とさずに、40%〜50%くらいの数値にするとデザインが壊れません。ソロボタンをクリックして解除するとほかのレイヤーとあわせて確認ができます。まばたきしていることを確認しましょう。

Step.5 キーフレームの停止を選択

このままの動きだと、動きがスムースすぎてまばたきには見えません。そこで、2番目のキーフレームを選択して[停止]のキーフレームに変更します。すると、キーフレーム同士の中間の動きをつけない処理となり、瞬間的なまばたきの動きになります 08。

❶2つ目のキーフレームを選択して右クリック→[キーフレーム補完法]を選択
❷[キーフレーム補間法]で[キーフレームの停止]を選択

08 キーフレーム補間法で「キーフレームの停止」を選択

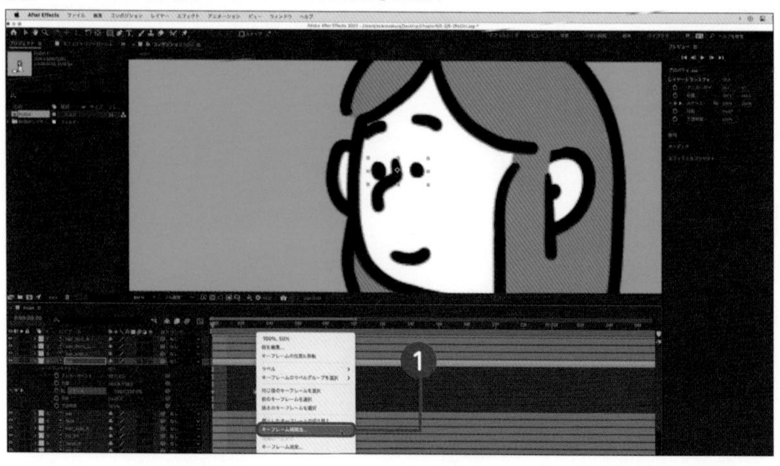

同じ機能として、キーフレームを選択して右クリック→[停止したキーフレームの切り替え]も便利です。どちらを利用しても構いません。

Step.6 キーフレームのコピー&ペースト

ワークエリアバーを右端へドラッグして全体のデュレーション(時間)を表示させた後、3つのキーフレームを選択してコピーをしてから時間インジケーターを移動し、任意の場所でペーストをおこない、何度かまばたきを繰り返させます 09。最後にレイヤーをロックして完成です。

❶ワークエリアバーを右端へドラッグして全体を表示
❷3つのキーフレームをコピー
❸時間インジケーターを任意の場所へ移動して3つのキーフレームをペースト

09 キーフレームをコピー&ペースト

03 髪の毛をなびかせよう

髪の毛や体のパーツをほかのパーツと連携させて揺らします。Chapter 3-4の「アンカーポイントを決めてベルのイラストを揺らす」(P112) の応用になりますが、より自然に見えるようにさらに細かい調整を加えていきます。

◎完成データ：FinishFile/Chapter5/C5-3/5-3PcGirl.aep
◎素材データ：LessonFile/Chapter5/C5-3/5-3PcGirl.aep

このセクションでは次の操作を学べます
- アンカーポイントの調整
- 親子関係
- 複数のパーツの動きの処理
- 速度グラフの編集

イメージとゴール

このセクションでは髪の毛を揺らしていきます。パーツが多く、繰り返しの作業も増えるので、こまめに再生しながら心地よい動きを探っていきましょう 01。

01 作例のイメージ

memo
具体的な数値を忠実になぞるよりも、直感的に動かしていくほうが大切。

Step.1 コンポジションパネルでビューアを2枚表示する

初期設定のワークスペースではコンポジションパネルは中央に1枚だけですが、コンポジションパネルを2枚表示させると、常に片方のパネルで最終状態を見ながらもう片方のパネルで細部を調整できます 02。大型のモニタを使っている場合にはおすすめの表示です。

❶コンポジションパネルをクリックして選択（青い枠が表示される）
❷［ビュー］ウィンドウ→［新規ビューア］を選択
❸新しいビューアが表示される

02 ビューアの表示

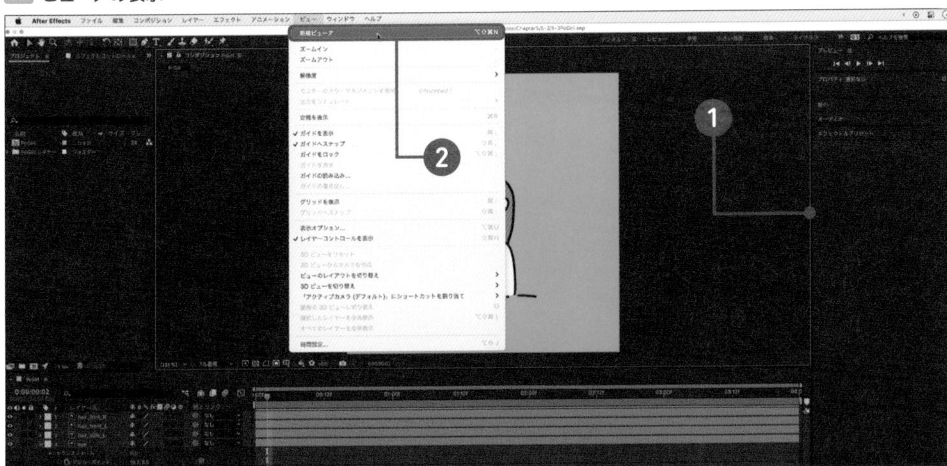

コンポジションパネルのビューアが2枚並んだ状態では、デフォルトで右側のビューアがロックされます（左側のビューアのロックは解除されます）。左側のビューアでは拡大表示をおこなったり、個別のレイヤーをダブルクリックで開いたりして細かい操作をおこない、右側のビューアでは最終的な全体の仕上がりをチェックしていきます。

「コンポジション」と表記されている左側の南京錠のマークをクリックするとビューアのロック／ロック解除を切り替えられます。

Step.2 動かすレイヤーのアンカーポイントを調整する

動きの中心軸になるアンカーポイントの位置を設定していきます。レイヤーをひとつダブルクリックすると、左側のビューアにレイヤーが1枚だけ表示されます。

中心にアンカーポイントが確認できるので、アンカーポイントツールを選択し、アンカーポイントをドラッグして移動します 03。

❶[hair_first_R]のレイヤーを選択
❷アンカーポイントツールを選択
❸ドラッグして移動

03 アンカーポイントを編集

memo
サンプルのレイヤーは動かさないのでアンカーポイントは調整しない。

動きの中心軸を意識して、髪の付け根、首、腰、肘、などモーションの動きの軸になる部分にアンカーポイントを移動します。

個別のレイヤーのアンカーポイントを移動したら、「回転ツール」を使って左右にドラッグして擬似的に揺らしてみて、動きに違和感がないか確かめてみるとよいでしょう。「回転ツール」で試した動きで問題がなければ[command or Ctrl] + [Z]で元の配置に戻しておきます 04。

❹回転ツールを選択
❺ドラッグして動きを確認

04 回転ツールでの簡易確認

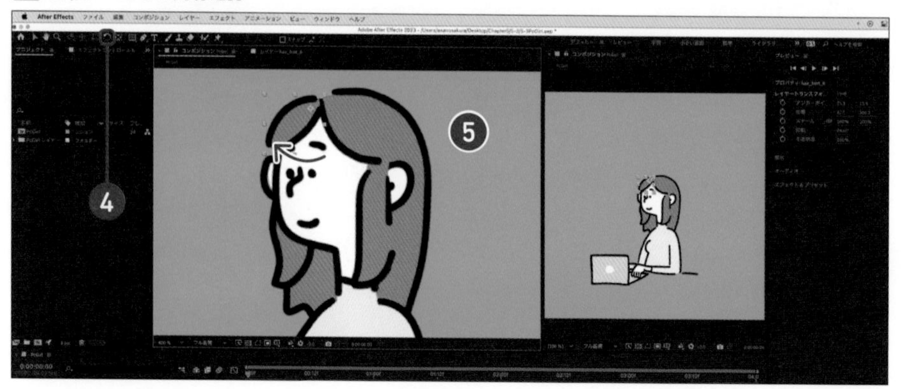

Column

レイヤーパネルでアンカーポイントを移動する際、選択ツールを使用すると？

アンカーポイントツールを使わずに選択ツールでドラッグ操作するとアンカーポイントを移動することもできます。ただし選択ツールの場合は、アンカーポイントが移動するとパーツの位置も変わっているので、必要に応じて元の位置に戻さなくてはいけません。特にレイヤーが多い場合には、このひと手間が負担になるので、はじめからアンカーポイントツールを使いましょう。

Step.3 レイヤー同士を「親とリンク」で親子関係にする

体と頭、頭と髪や顔のパーツの動きが連動するように、レイヤーの「親とリンク」からプルダウンメニューで親子関係にしたいレイヤーを選択します 05。

体が動きそのエネルギーが顔や手、髪に伝播していくイメージで親子関係を繋げていきましょう。

❶「親とリンク」のプルダウンメニューから以下のように親子関係を設定

- 親を顔[face]レイヤーに設定：髪([hair_front_R] [hair_front_L] [hair_side_R] [hair_side_L] [hair_back])、耳[ear]、目[eye]レイヤー
- 親を体[body]レイヤーに設定：顔[face]、手([hand_L] [hand_R])

05 「親とリンク」の設定

Column

「ピックウィップ」を使ってリンクする方法

After Effectsのレイヤーに表示されている渦巻き模様のアイコンはピックウィップ(Pick Whip)と言います。「親とリンク」にある「親ピックウィップ」のアイコンを子レイヤーへドラッグすると、ムチで遠くのものを巻き取るようなイメージで、直感的にレイヤー間のリンクが操作できます 01。

01 ピックウィップ

Step.4 「回転」で髪の動きをつける

髪レイヤーのモーションは[hair_front_R] [hair_front_L] [hair_side_R] [hair_side_L] [hair_back]共通です。

トランスフォームプロパティの「回転」と「回転ツール」を使って動きをつけます 06。エクスプレッションのloopOut()でループにします 07。

❶時間インジケーターを0フレームめに移動
❷髪のレイヤーをひとつ選択して、レイヤーのトランスフォームプロパティを展開するかプロパティパネルを参照して[回転]のストップウォッチをクリック
❸時間インジケーターをドラッグして24フレームめ(1秒め)に移動
❹「回転ツール」で右に少しドラッグし、2つめのキーフレームを作成
❺1つめのキーフレームをコピーして48フレーム(2秒め)にペースト

06 2つめのキーフレームに回転をかける

❻[回転]のストップウォッチを[option or Alt]+クリックしてエクスプレッションを設定
❼loopOut()を設定

07 エクスプレッションを設定

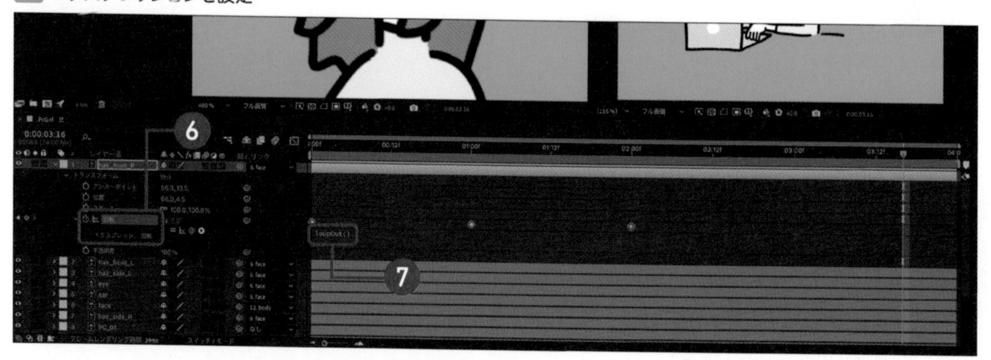

Step.5 グラフエディターで動きをなめらかにする

キーフレームを設定した髪レイヤーの動きをなめらかにしていきます 08 ～ 13。

❶レイヤー（回転含む）を選択してからタイムラインパネル上部の［グラフエディター］アイコンをクリックしてグラフを表示

08 グラフエディタを表示

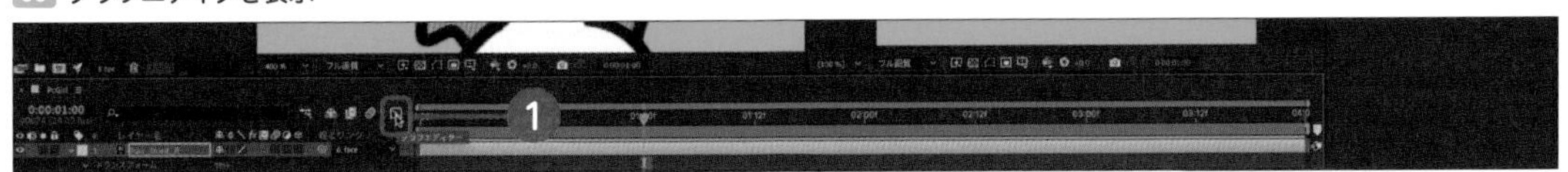

❷グラフを選択して下部にある［グラフの種類とオプションを選択］アイコンをクリック
❸［速度グラフを編集］を選択

09 速度グラフを編集

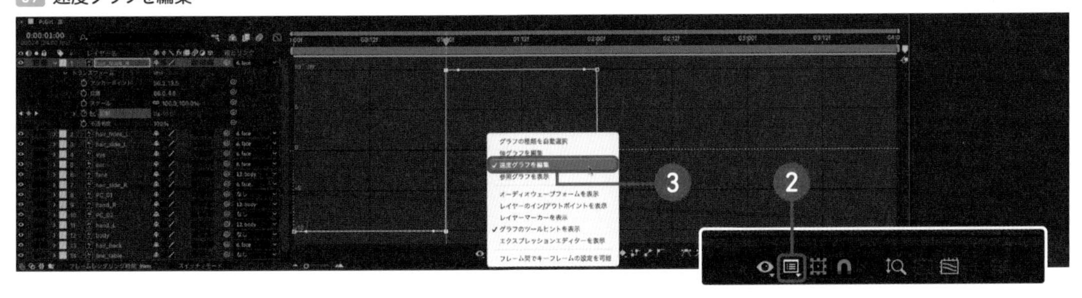

❹グラフのなめらかにしたい箇所を選択
❺グラフエディターのオプションの［イージーイーズ］ボタン（右から3番目）をクリック
❻直線状のグラフが曲線に変化する

10 イージーイーズボタンで曲線にする

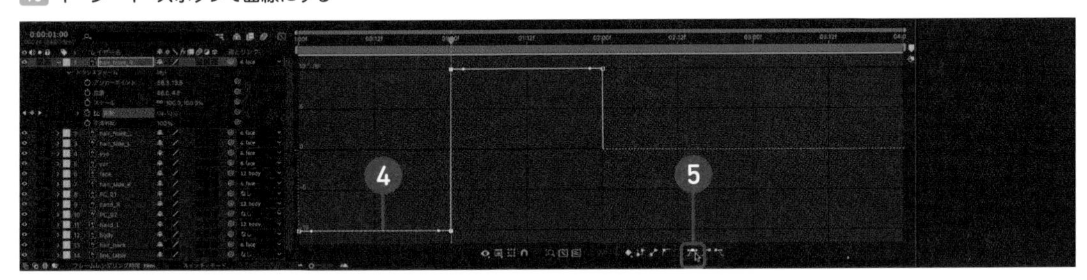

11 直線状のグラフが曲線に変化する

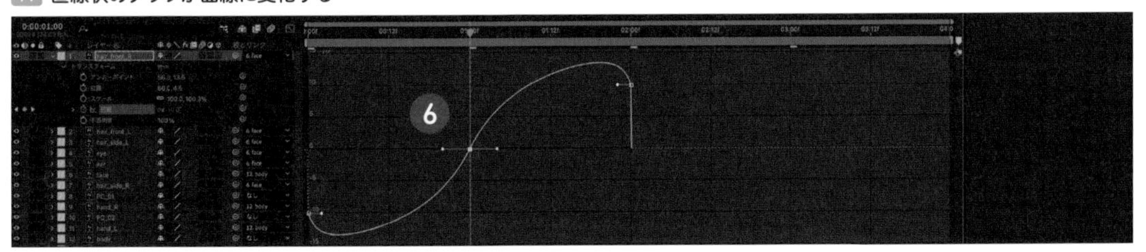

キャラクターを動かそう

❼黄色のハンドルをドラッグで調整し、横S字状の曲線にする

12 カーブを調整

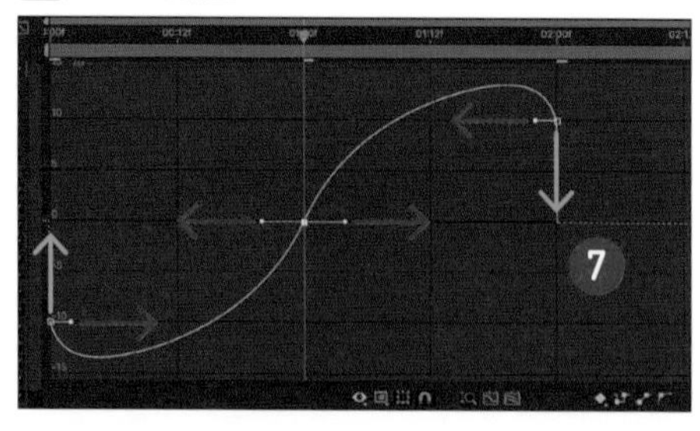

13 調整完了

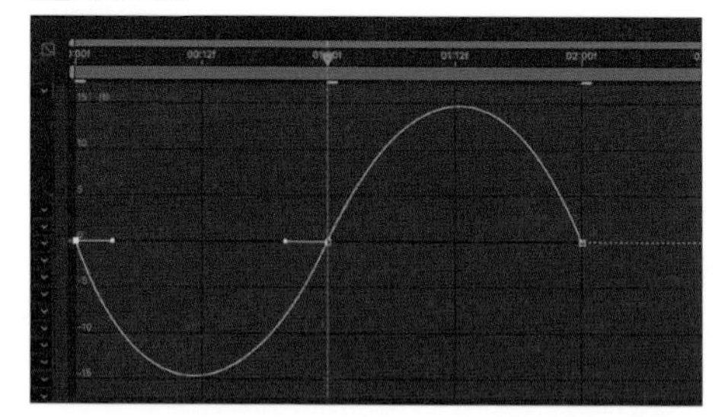

⟵ ハンドルを伸ばす
⟵ 位置を移動

イージングの設定ができたらもう一度グラフエディタのアイコンをクリックして元のタイムラインに戻します。

Step.6 髪のレイヤーにキーフレームをペーストする

Step.4とStep.5をひとつのレイヤーに設定できたら、レイヤーの［回転］プロパティを選択してコピーし、ほかの髪レイヤーにペーストします 14。

❶動きをつけたレイヤーを選択して［U］キーを押す。回転だけが表示されるので［回転］の文字をクリックしてすべてのキーフレームを選択
❷時間インジケーターを0フレームめにする
❸髪のレイヤーにペーストしていく

14 他の髪のレイヤーにペースト

背景以外のすべてのレイヤーを選択して2度［U］キーを押すと2回めですべてのキーフレームが展開され、キーフレームがペーストされたことが確認できます15。

再生するとすべての髪のパーツが揺れます。

15 すべてのキーフレームを展開

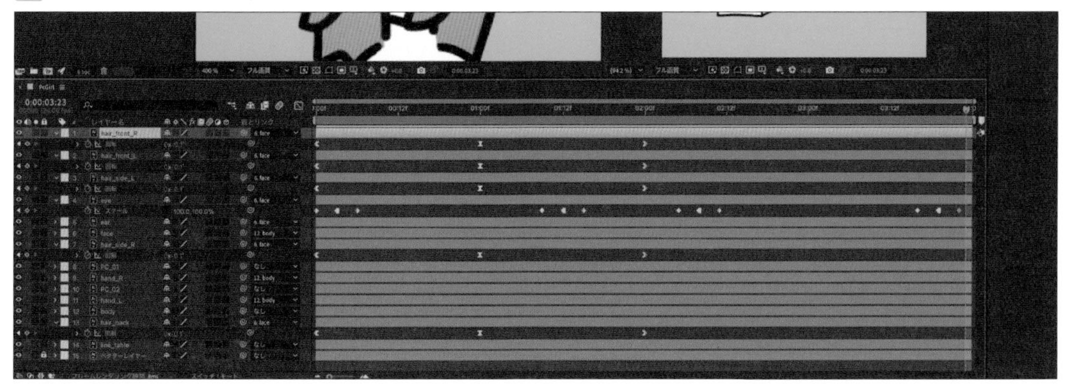

Step.7 揺らすタイミングを微調整する

すべての髪が同じタイミングで揺れているのは少々不自然です。そこで、ペーストしたキーフレームを少しだけずらします。ペーストしたキーフレームを選択して、大きな後ろ髪［hair_back］、サイドの髪［hair_side_R］［hair_side_L］、前髪［hair_front_R］［hair_front_L］の順になびくよう、ドラッグ操作で1〜2フレームずらしてみましょう16。

❶動かしたいキーフレームをまとめて選択
❷［option or Alt］+方向キー右で1〜2回キーを押す

16 タイミングをずらす

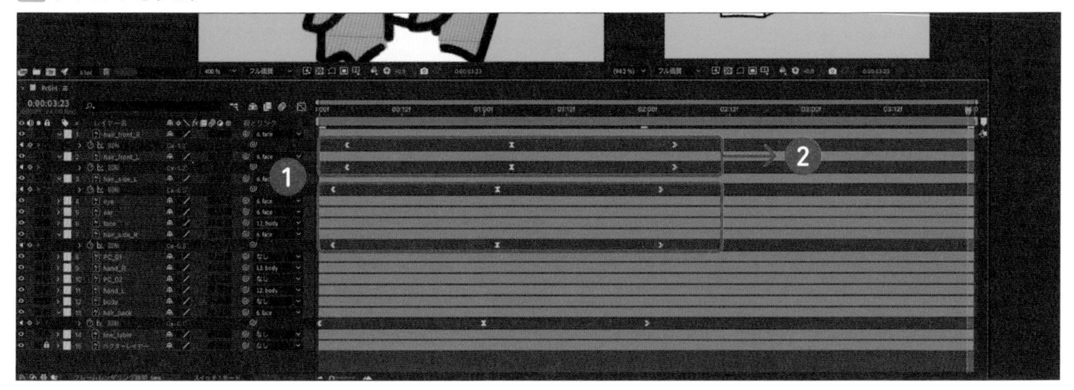

04 体や腕を動かそう

髪や目が動くだけでは若干不自然さが残ります。そこで、上下に体をゆらしたり、腕を上下に動かしてキーボードを操作しているようなモーションをつけていきます。

◎完成データ：FinishFile/Chapter5/C5-4/5-4PcGirl.aep
◎素材データ：LessonFile/Chapter5/C5-4/5-4PcGirl.aep

このセクションでは次の操作を学べます
- 体の自然な動き
- カタカタとした引っかかりのある動き
- 「ウィグラー」の操作

イメージとゴール

　このセクションでは髪以外の頭や腕を動かしていきます。髪と連動した体の自然な上下の動きと、キーボードをカタカタと叩くような引っ掛かりのある動きをつけていきます。自然な動きと引っかかりのある動きの両方を取り入れることで、印象に残るモーションをデザインできます 01。

01 作例のイメージ

Step.1 顔に上下の動きをつける

顔［face］のレイヤーが2秒周期で上下に動くよう設定します02。イージーイーズを掛け、緩急をつけます03。

❶時間インジケーターを0フレームめに移動して［face］レイヤーを選択。レイヤーのトランスフォームプロパティを展開するかプロパティパネルを参照して［位置］のストップウォッチをクリック
❷時間インジケーターをドラッグして24フレームめ（1秒め）に移動
❸コンポジションパネルでオブジェクトを選択し、そのまま下に少しドラッグし、2つめのキーフレームを作成
❹1つめのキーフレームを選択して48フレーム（2秒め）にペースト

02 ［face］レイヤーの「位置」を少し下げる

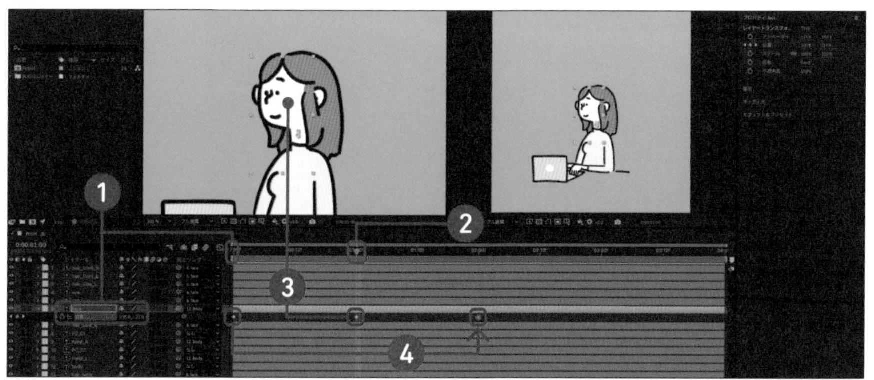

❺［位置］のストップウォッチを［option or Alt］＋クリックしてエクスプレッションを設定
❻loopOut()を設定
❼キーフレームをすべて選択し、右クリック→［キーフレーム補助］→［イージーイーズ］を選択

03 イージーイーズを設定

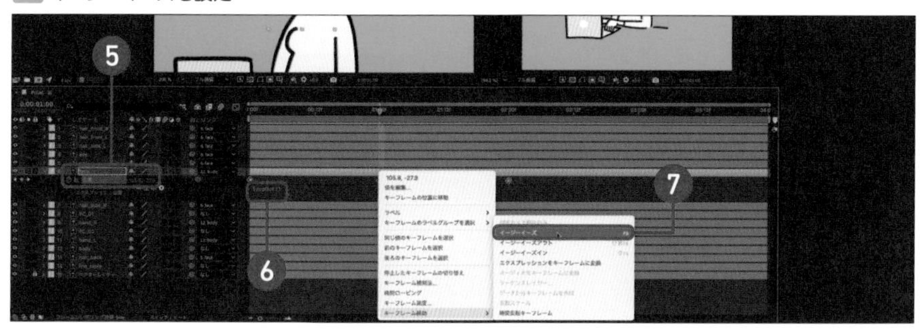

P173で設定した「親とリンク」によって［face］はすべての髪のレイヤーや目、耳のレイヤーと繋がっているので、親の［face］を揺らすと顔のほかのパーツも一緒に上下に揺れます。

Step.2 体に左右の動きをつける

Step.1と同じ要領で、[回転]を使って[body]レイヤーを若干動かします。わずかな動きについてはキーボードなどを使った数値での調整が便利です 04。最後にloopOut()のエクスプレッションを設定します 05。

❶時間インジケーターを0フレームめに移動して[body]レイヤーを選択。レイヤーのトランスフォームプロパティを展開するかプロパティパネルを参照して[回転]のストップウォッチをクリック
❷時間インジケーターをドラッグして17フレームめに移動
❸回転の右側の数値を[0x + 1.0°]にする
❹1つ目のキーフレームを選択して36フレームめにペースト

04 体を少しだけ揺らす

❺[回転]のストップウォッチを[option or Alt]+クリックしてエクスプレッションを設定
❻loopOut()を設定
❼キーフレームをすべて選択し、右クリック→[キーフレーム補助]→[イージーイーズ]を選択

05 エクスプレッションを設定

Step.3 キーボードを打つ動きをつける

素早くカタカタと動くモーションを「ウィグラー」で作ります。「ウィグラー」は指定したレイヤーのプロパティに対して変則的な動きをつけるのに役立ちます。

◯ウィグラーパネルを表示させる

はじめに[ウィグラー]パネルを表示させます06。

WORD
ウィグラー（wiggler）
揺れ動くこと。

❶[ウィンドウ]メニュー→[ウィグラー]パネルを表示
❷[ウィグラー]パネルが表示

06 ウィグラーパネルを表示させる

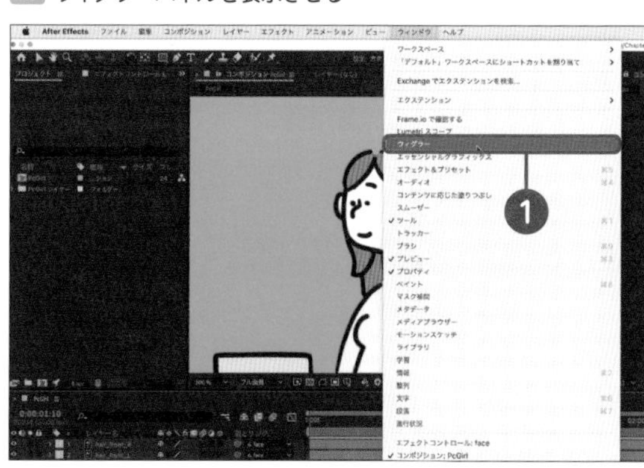

◯キーフレームの準備

ウィグラーを利用するには、2点以上のキーフレームが必要になるので、[回転] のプロパティでキーフレームを2点打ちます。このとき回転ツールなどは使用しないので、動きは発生しません。

❶0フレームめに[回転]のキーフレームを設定する
❷10フレームめに[回転]のキーフレームを設定する

07 [回転]のキーフレームを2つ打つ

◎ウィグラーの適用

両方のキーフレームを選択して08ウィグラーを適用します09。

❶2つのキーフレームを選択

08 2つのキーフレームを選択

❷[ウィグラー]パネルを設定して[適用]を選択
（適用先：時間グラフ、ノイズの種類：ギザギザ、周波数：24.0/秒、強さ：10.0）
❸ウィグラーが適用

09 ウィグラーの適用

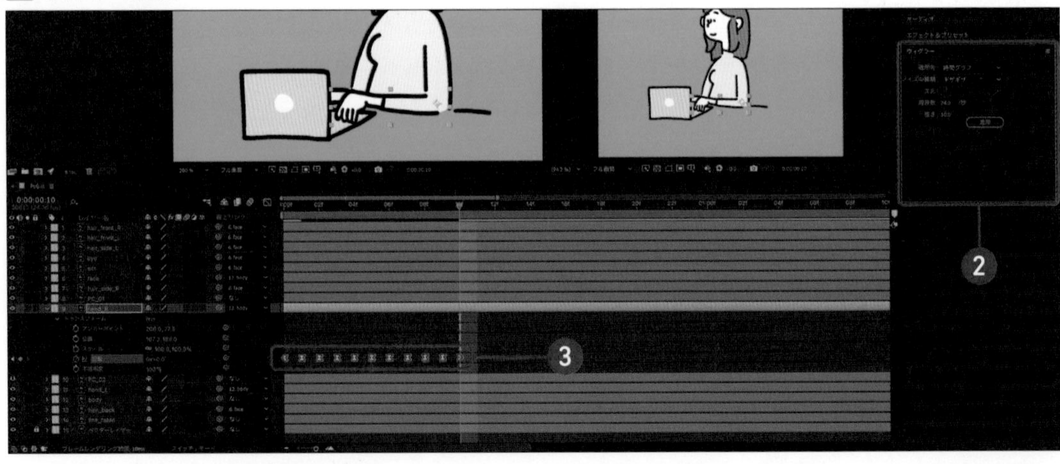

ウィグラーが適用されるとキーフレームの数が変化し、回転ツールを使わずにランダムで「カタカタッ！」とした動きをつけられます。

このキーフレームをまとめて選択してペーストすると、モーションを繰り返せます。

また、奥の左手のレイヤーにもペーストし、同じ動きをつけていきましょう。

左右の腕は若干タイミングをずらしたほうが自然に見えるので、キーフレームを少しだけドラッグ操作してタイミングを調整します10。

❶ウィグラーが設定されたキーフレームをコピー＆ペーストして増やす
❷[回転]プロパティをコピーして左手のレイヤーへペースト
❸左手のレイヤーのタイミングをドラッグ操作で前後にずらす

10 キーフレームを増やす

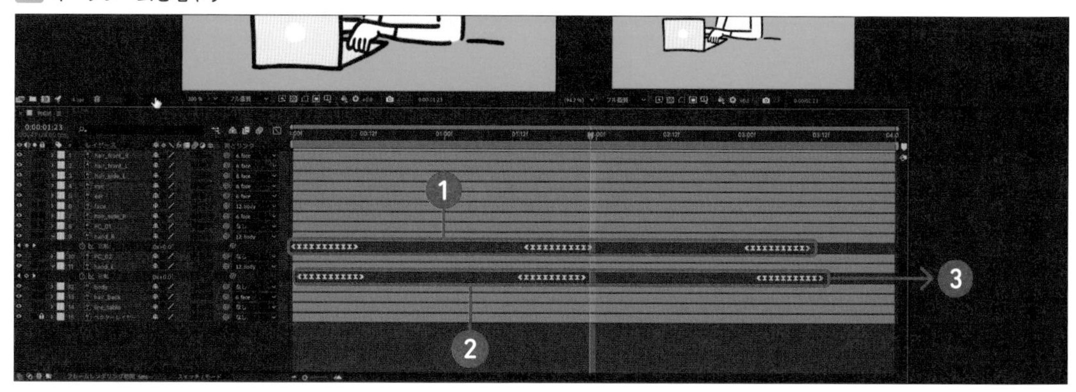

○まとめ

ここまでのセクションでおこなった作業をまとめると、次のようなキーフレームの構成になります 11 。

11 キーフレームのまとめ

簡単な動きを細かく組み合わせていくことで、より自然なモーションが作成できます。ぜひ、みなさんのお手元のイラストでも試してみてください。

Column

ビットマップ画像のテクスチャを入れよう

フラットで均一なシェイプでは物足りないと感じたら、テクスチャと描画モードで質感を持たせてみましょう。ビットマップ画像以外にも、動画やシェイプレイヤーにエフェクトを加えたものなど、さまざまな素材で応用可能です。

❶ビットマップ画像を用意する

テクスチャ用にJPGなどの画像データを用意します。質感のわかりやすい紙やコンクリートなどをモノクロにしたものがおすすめです。

❷ビットマップ画像を読み込む

使用するビットマップ画像を左側のプロジェクトパネルへドラッグ&ドロップし、「フッテージ」として登録します。フッテージとして登録したビットマップ画像をレイヤーの一番上へドラッグ&ドロップで配置します。

❸描画モードを「焼き込み」にする

描画モードを設定するために、レイヤーパネル左下の「転送制御を表示または非表示」アイコン(P156)をクリックして描画モードなどのプルダウンを表示しておきます。

❹不透明度を調整する

ビットマップ画像のプロパティのトランスフォームを展開して、「不透明度」を30%程度に下げ、元の色味とテクスチャをなじませます 01。

01 テクスチャーを敷いて質感を出す

Chapter

仕上げと書き出しをしよう

サンプルの制作手順を紹介した動画が
以下にアップされているので、
つまったら参考にするのじゃ。

https://motion-design.work/c6/

01 作ったカットを繋げよう

動画制作では、不要な部分を削除した場面のことを「カット」と言います。ここでは、動画（モーションデザイン）に重要となる、カット同士を繋いで場面の遷移を作る考え方と、それに必要な技術を紹介します。

カットの切り替わりについて考えてみよう

カットの遷移にはさまざまな手法があります。セール告知の動画で2カットが遷移するケースを例に考えてみましょう。カット同士が切り替わる手法としては、たとえば以下のような考え方があります。技術的な難易度は①②③④の順に高くなり、細かい配慮や 動きを前提としたデザインが要求されます 01。

①カット同士がその場でパッと切り替わる
②カット自体がスライドする（古いカットを新しいカットが押し出す）など、カットごと動いて切り替わる
③カットに色のついたオブジェクトが載ったり、マスクされたり、効果によって切り替わる
④カットの中の背景やオブジェクトが別のカットに移動して切り替わる

01 カットの遷移例

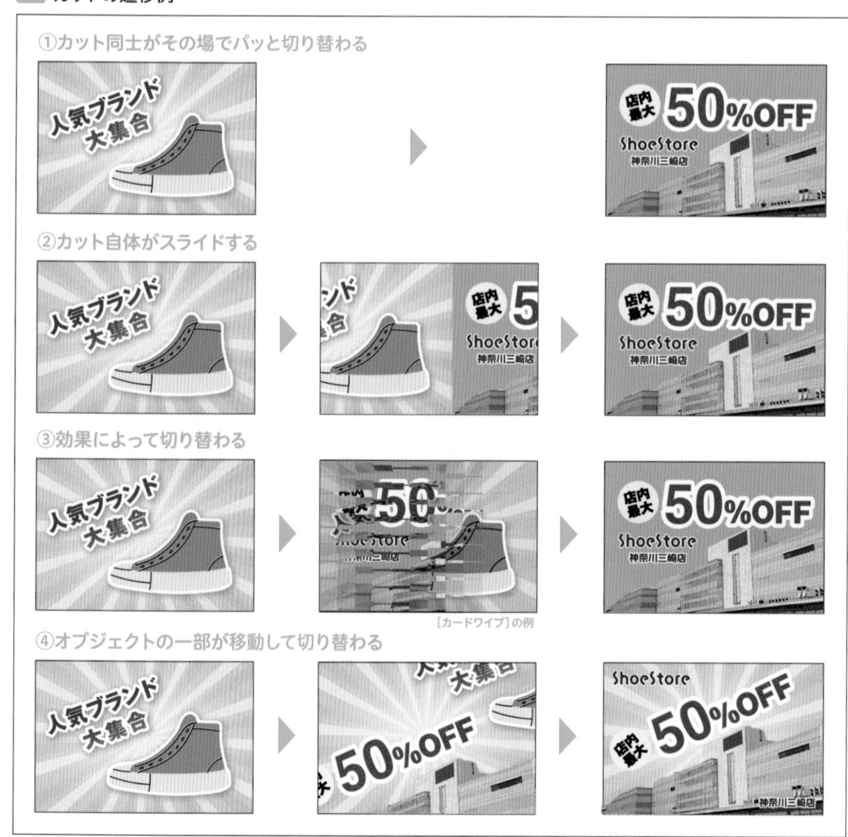

このようなカットの遷移・切り替わりを「トランジション」と言います。なお、動画制作のアプリ上では、遷移のための演出効果(②や③など)を「トランジション」と言います。トランジションを上手に活用すると、動画にテンポが生まれ、視聴者に飽きさせにくい動画を作成できます。

WORD
トランジション
移行や遷移、変化などの意味。

カット同士のレイアウトをスムーズにつなげよう

トランジションを考える前に、つなげるカット同士の整合性を考えておきましょう。

たとえば、1カットめと2カットめの両方に登場する要素は、同じ場所や向きで揃えておくと違和感のない繋ぎ方ができます。1カットめの終わりと2カットめの始まりを揃えておくのがポイントです。

カット同士の違いを明確に伝えよう

逆にトランジションを工夫しても、画面上で同じデザイン(似た雰囲気の絵)が続いてしまうと、視聴者が飽きてしまいます。そのため、最初にすべてのカットを設計する「カット割り」を作ったり、Illustratorのアートボードを複数作成する機能を使って(P069)カット同士のデザイン比較しながら制作したりなど、整合性を持たせながらもカット同士のデザインにメリハリを持たせる工夫の検討が必要となります 02 。

02 情報が似ているために変化が乏しく感じる例

たとえばこの靴の例では、パッと見たときのイメージが似ているので静止画では違いがわかりません。そこで背景の色を変えたり、文字色を変えるなどの工夫が考えられます。その上で、文字や写真に対して効果をかけたりトランジションを効果的に使って視聴者を飽きさせない工夫をしていきましょう。

memo
たとえばChapter4-02のテクニックが使える。

初心者は「1カット＝1コンポジション」からはじめよう

先に紹介した①〜④のカットの切り替わり（トランジション）のうち、特に④の「カットの中の背景やオブジェクトが別のカットに移動して切り替わる」は、ひとつのコンポジションの中で複数のオブジェクトや背景に対してひとつひとつ場面遷移を作る必要があるため、比較的手間や難易度の高い手法です。

まずは慣れるために、1つの場面（カット）＝1コンポジションから挑戦してみましょう。

03は、トランジションの効果を入れない、「①カット同士がその場でパッと切り替わる」ものです。内容はChapter 2-4（P068）と同じデータです。

03 Chapter 2-4のサンプル

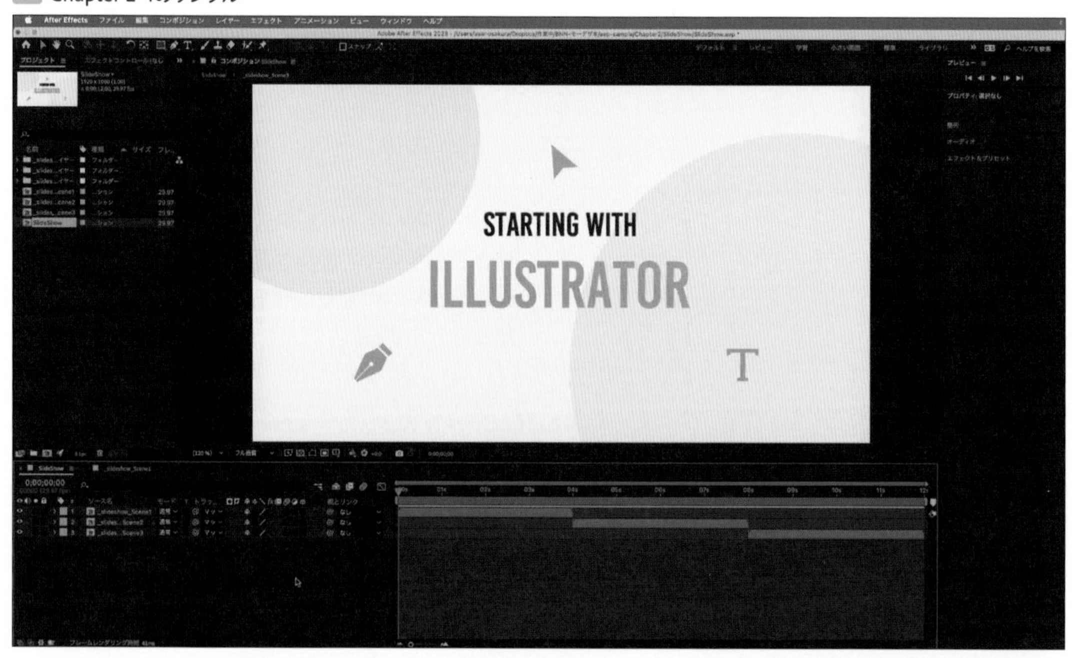

オリジナリティーのあるトランジションを作成するには、このトランジション部分での工夫が重要になります。そのためには、はじめにコンポジションとレイヤーの構造の全体的なイメージを掴んでおきましょう。たとえば、04では、「2枚の平面レイヤーが画面を覆い隠してカットを変える」という処理で、画面の切り替わりを表現しています。簡単な機能だけで実践できるトランジションですが、こういった平面レイヤーやシェイプ、またコンポジションに対して「移動」や「透明度」、エフェクトなどを加えることでさまざまな表現が可能になります。

04 切り替えのタイミングでワンクッション何か効果を持たせる

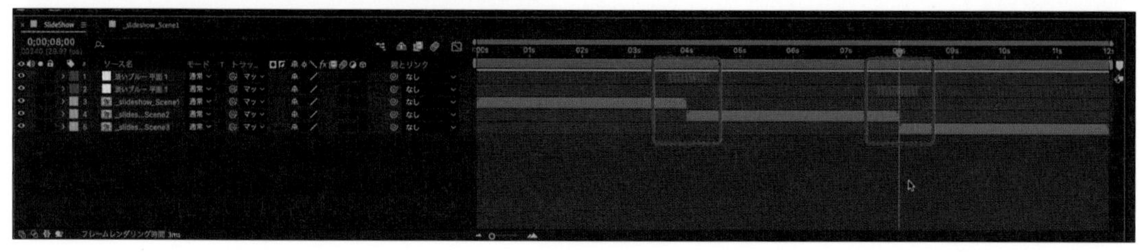

「マーカー」機能でトランジションのタイミングの目印をつける

モーションのはじまり、あるいは終わりのタイミングをはかる場合、どこがスタートなのかをわかりやすくする方法として、任意の場所に印が打てる「マーカー」があります 05。マーカーはコンポジションもしくはレイヤーに打ちます 06。レイヤーにマーカーを打つ場合は、右クリック［control］+クリック）で［マーカー］を選択します。なお、レイヤーのマーカーはひとつのレイヤーに付きひとつしか打てません。

コンポジションに対して打つ場合は、コンポジションマーカーを利用します。

❶マーカーを打ちたい場所に時間インジケーターを移動
❷レイヤーを選択
❸マーカーを打ちたいレイヤーのデューレーションバーで右クリック
❹コンポジションに対してマーカーを打つ場合はコンポジションマーカーをドラッグ

05 マーカーの追加方法

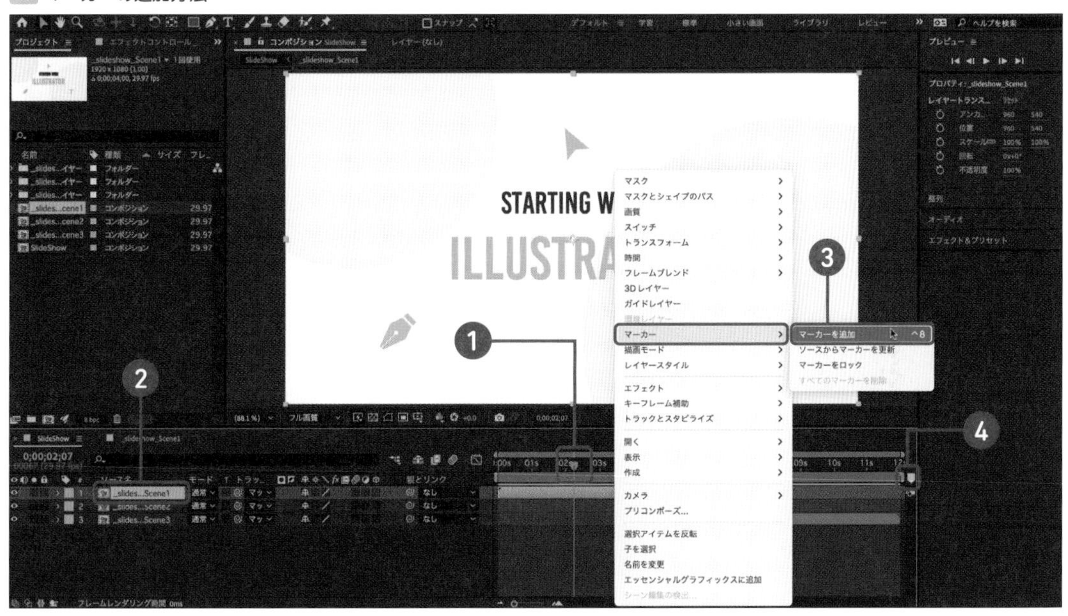

06 レイヤーマーカーとコンポジションマーカー

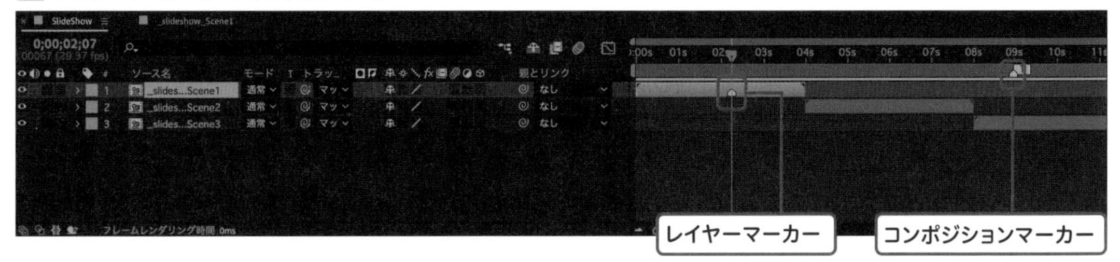

02 エフェクトのトランジションで場面遷移を作ろう

After Effectsの「トランジション」エフェクトを使うと、さまざまなトランジション（遷移）の効果を手軽に付けることができます。一般的な動画で見られるものも多いのでぜひ試してみてください。

トランジションエフェクトの使い方

［エフェクト］メニューの中にある［トランジション］01 はレイヤーやコンポジション同士の場面転換を簡単に実行できます。前の画面にあたるコンポジションのレイヤーを選択して、エフェクトメニューからトランジションエフェクトを選択し、かけたいエフェクトを選択します。その後エフェクトコントロールパネルからキーフレームやエフェクトに応じた効果を適用していきます。効果のかけ方はエフェクトによって異なります。

01 トランジション項目の表示

トランジションエフェクトの種類

トランジションエフェクトは17種類の効果があります 02。この中から、比較的よく見られる「リニアワイプ」と「CC Radial ScaleWipe」の使い方を紹介します。ほかにも興味を持ったエフェクトがあればぜひ試してみてください。

02 主なトランジションエフェクトの種類

名称	効果のイメージ
CC Glass Wipe	ガラスが溶けるように歪みながら切り替える
CC Grid Wipe	グリッド状に画面を切り替える
CC Image Wipe	ワイプ用のレイヤーを元に切り替える
CC Jaws	サメの歯のようなギザギザで挟んで切り替える
CC Light Wipe	3つの形状で境界が発光しながら画面を切り替える
CC Line Sweep	階段状のアニメーションで切り替える
CC Radial ScaleWipe	穴が広がっていくように切り替える
CC Scale Wipe	レイヤーの一部を引き伸ばして切り替える
CC Twister	レイヤーをねじりながら画面を切り替える
CC WarpoMatic	輝度などを元にしたゆらぎで画面を切り替える
アイリスワイプ	カメラの絞り（アイリス）状に多角形で画面を切り替える
カードワイプ	複数のカードの表と裏が回転するように切り替える
グラデーションワイプ	明度差を使って明るい所（暗い所）からぼかして切り替える
ブラインド	窓のブラインドのようにストライプ状に切り替える
ブロックディゾルブ	モザイクタイル状に細かい四角いブロックで切り替える
リニアワイプ	任意の方向へ直線的に切り替える
放射状ワイプ	中心から外側へ時計の針のように切り替える

WORD

ワイプ

遷移したい次の画面など、別の画面一部が見えている効果のこと。テレビ番組などでの「ワイプ」は画面に小窓を表示させて出演者を表示させる手法を指す。

memo

ここでの「CC」はCreative Cloudではなく「Cycore FX」の略称。エフェクトを開発しているスウェーデンにあるCycore Systems社に由来する。

「リニアワイプ」を使ったトランジション

◎完成データ：FinishFile/Chapter6/C6-2/wipe.aep
◎素材データ：LessonFile/Chapter6/C6-2/wipe.aep

「リニアワイプ」を使用すると直線が一方向から別の方向に移動して画面が変わります。画面が遷移したことがわかりやすく、よく用いられる効果のひとつです。

> **WORD**
> **リニア**
> ここでは「直線」や「線状」という意味。

◎データの準備

タイムラインパネルに、場面転換で使うコンポジションやフッテージなどのレイヤーを2枚用意します。レイヤーデュレーションバーをドラッグ操作して2つを階段状に配置しておきます。ここでは、黄色と青の平面レイヤーを2枚作成しています(平面レイヤーはP080で紹介しています)。

このとき、両方のレイヤーデュレーションバーを少しだけ重ねておき、重なった部分に対してエフェクトを掛けます。

❶[新規コンポジション]を作成(下図wipe)。作成したコンポジションを選択して[レイヤー]メニュー→[新規]→[平面]を選択してカラーを青に設定
❷同様の手順でカラーが黄の平面レイヤーを作成
❸デュレーションバーの長さを調整し、一部を重なるようにして配置

03 リニアワイプ用のレイヤーを配置

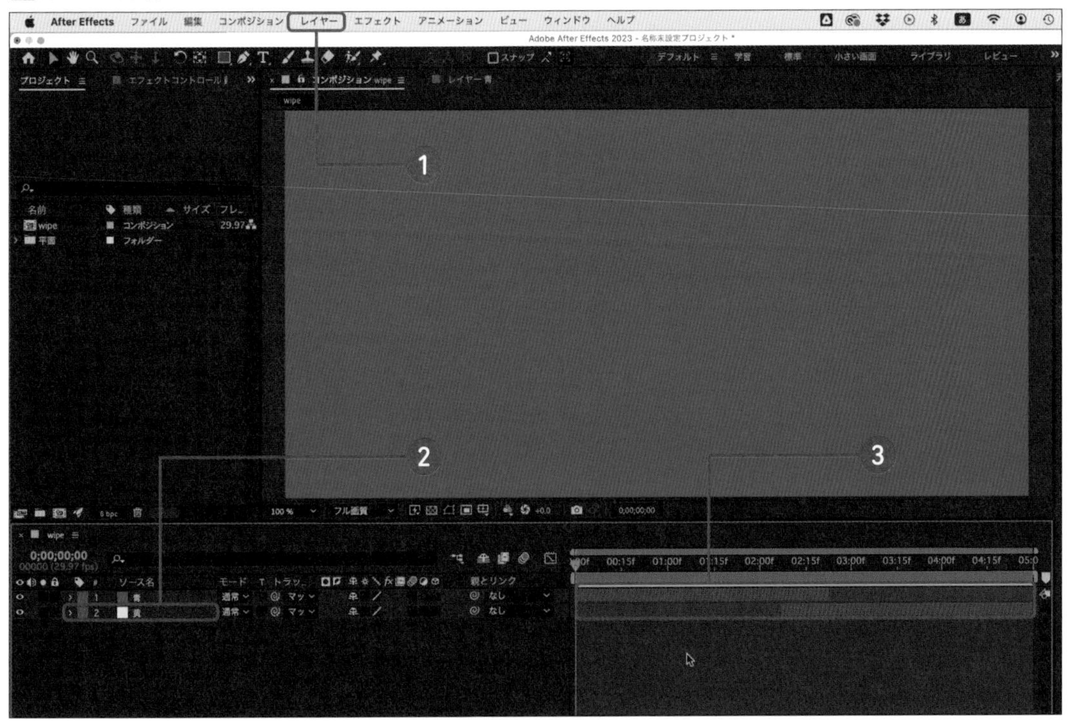

●リニアワイプのエフェクトを適用する

上に表示されている[青] レイヤーに[リニアワイプ]を適用します。

❶[青] レイヤーを選択
❷[エフェクト]メニュー→[トランジション]→[リニアワイプ]を適用
❸レイヤーのプロパティに「エフェクト」の項目が追加される。また、エフェクトコントロールパネルが開いてリニアワイプの項目が追加される

04 [青] レイヤーに[リニアワイプ]を適用

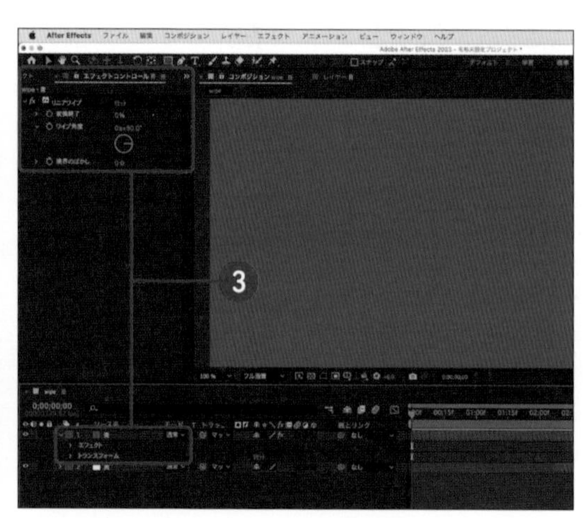

これだけではトランジションエフェクトは適用されているものの、変化がない状態です。次にタイミングや方向などの設定をおこなっていきます。

●リニアワイプのエフェクトを調整する

[変換終了]のプロパティを使って、トランジションの始まりと終わりのキーフレームを2点設定します。

❹時間インジケーターを切り替えたい始点の部分に移動する
❺エフェクトコントロールパネルの[変換終了]を０％にしてストップウォッチをクリック

05 エフェクトの開始を設定

❻切り替えを終了したい位置まで時間インジケーターを動かす
❼[変換終了]を100%にする

06 エフェクトの終了を設定

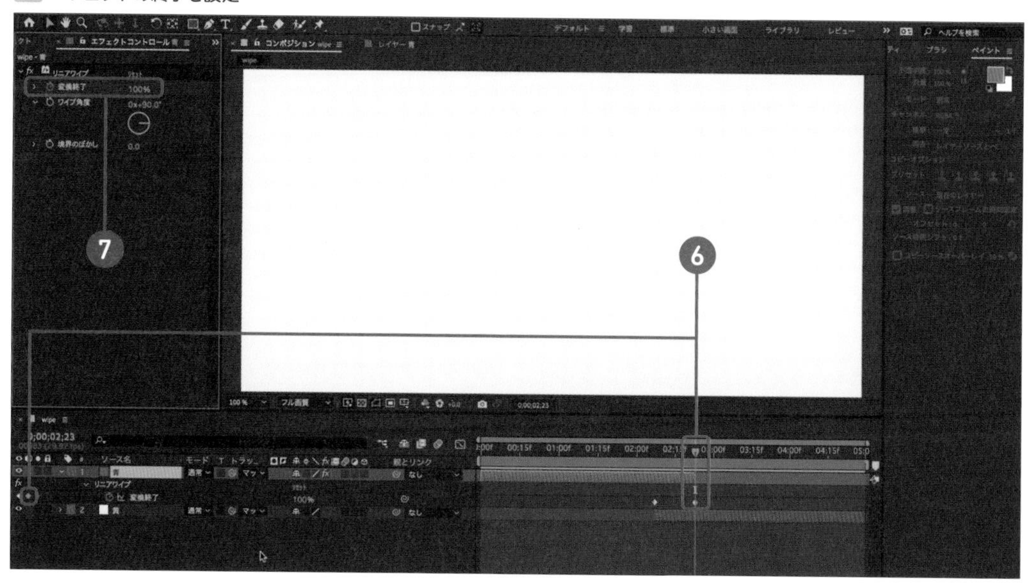

左から右へのリニアワイプが適用できました。[ワイプ角度] を調整すると斜め方向や上から下など、任意の角度でワイプが可能です。

07 斜め方向へのワイプ

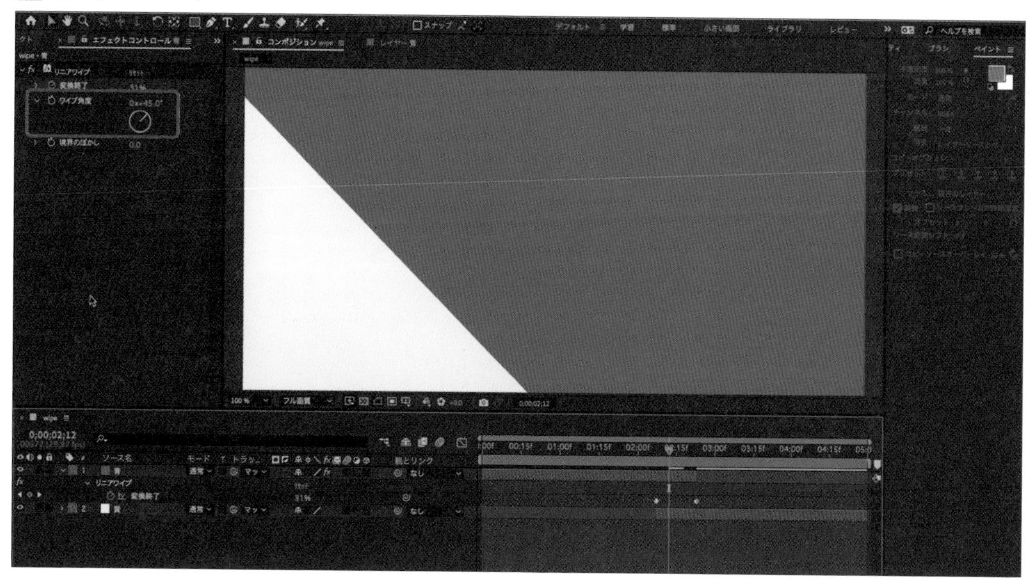

リニアワイプと平面レイヤーでポップな遷移を作る

本来のカットとは別に平面レイヤーを追加しておき、その平面レイヤーにリニアワイプを適用することで、画面の切り替わりをより印象づけるのに役立ちます。なお、「ワイプ角度」にもキーフレームを打てます。サンプルを参考に、いろいろな効果のかかり方を試してみてください 08 。

❶サンプルのaiファイルを[ファイル]→[複数ファイル(フッテージ)]で読み込む
❷ファイルをレイヤーパネルにドラッグ。デューレーションバーを操作して下図のように階段状に配置
❸平面レイヤーを作成してタイムラインパネルの一番上に配置
❹平面レイヤーのデュレーションバーを調整してエフェクトをかける部分に配置
❺[エフェクト]メニュー→[ファイル]→[トランジション]→[リニアワイプ]を選択
❻これまでの手順を参考にキーフレームとエフェクトを設定
[ワイプ角度]は、1つめのキーフレームが[+45°](ワイプが入る角度)、2つめのキーフレームが[-135°](ワイプが出る角度)

08 変換とワイプ角度のキーフレームを設定

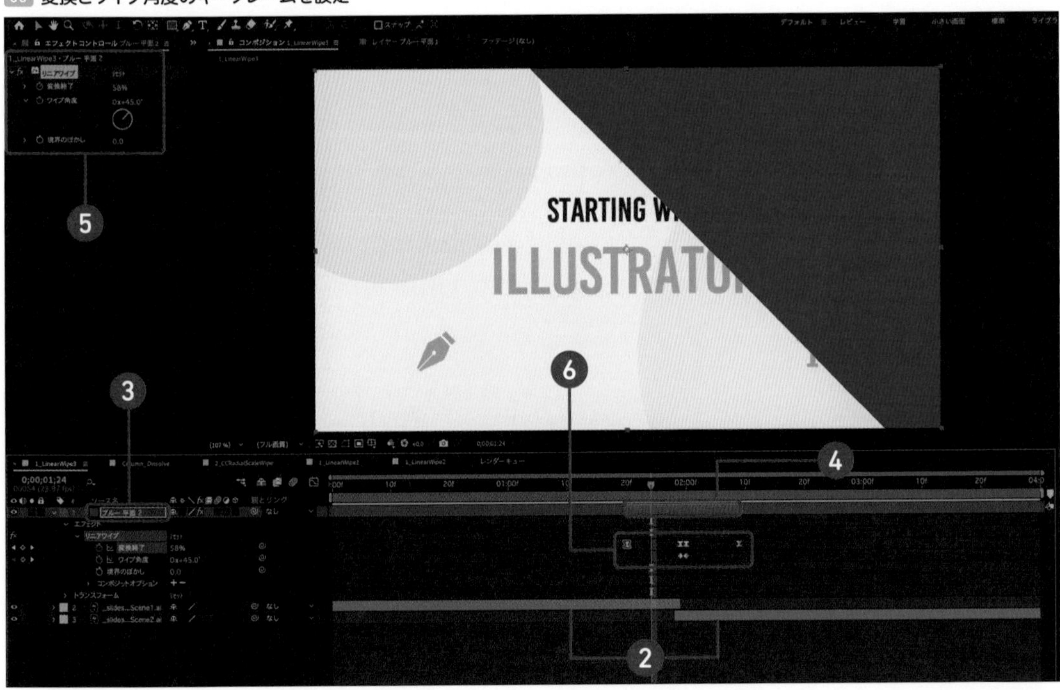

memo

平面レイヤーとエフェクトの代わりにコンポジションサイズの長方形レイヤーのシェイプを作って「移動」させても同じワイプ効果を作れる。

Column

「ディゾルブ」を作る方法

Adobe Premiere ProやMicrosoft PowerPointなどのアプリで標準的に使用できるエフェクトに「ディゾルブ」があります。「ディゾルブ」は、不透明度が変化してカット同士が溶けあうような一般的なトランジションの手法です。

After Effectsでディゾルブを使用するには、「エフェクト」メニューではなく、「トランスフォーム」の「不透明度」を調整して実行します。個別に調整するよりも、複数のレイヤーを選択して右クリックして選択できる[シーケンスレイヤー]のダイアログで設定するほうがスムーズです。

❶レイヤーを複数選択して、レイヤーデュレーションバーを表示させたい長さにする 01

❷右クリックで[キーフレーム補助]→[シーケンスレイヤー]を選択 02

❸ダイアログで、「オーバーラップ」をチェック、「デュレーション」に変化にかけたい時間を入力、「トランジション」で[前面レイヤーをディゾルブ/前面レイヤーと背面レイヤーをクロスディゾルブ]を選択 03

❹ディゾルブが作成 04

シーケンスレイヤーについてはP073のコラム「コンポジションを並べる作業を時短する」でも紹介しています。

01 レイヤーデュレーションバーをドラッグで調整

02 シーケンスレイヤーを選択

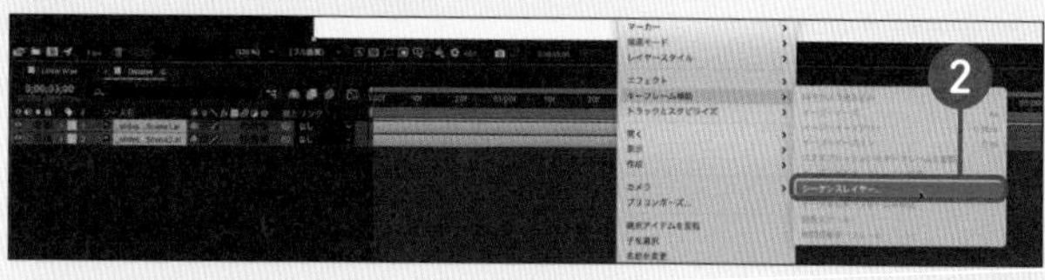

03 ダイアログを設定

04 ディゾルブが作成できる

CC Radial ScaleWipeを使った円形マスクでのトランジション

トランジションの効果としてよく見かけるものが「CC Radial ScaleWipe」です。これは、円形のマスクが広がって画面が切り替わる効果です。なお、「アイリスワイプ」では円形ではなく多角形の穴となります。

◎データの準備

ここまでと同様の手順でタイムラインパネルにコンポジションやフッテージなどのレイヤーを2枚用意します。レイヤーデュレーションバーを操作して、一部を重ねた状態で階段状に配置します。

◎CC Radial ScaleWipeを適用する

一番上のレイヤーを選択して[エフェクト]メニュー→[トランジション]→[CC Radial ScaleWipe]を適用します。すると、レイヤーのプロパティに「エフェクト」の項目が追加されます。また、エフェクトコントロールパネルが開き、CC Radial ScaleWipeの項目が追加されます。

◎[Completion]でタイミングを操作する

エフェクトメニューの[Completion]のストップウォッチをクリックしてトランジションの始点のキーフレームを設定します。

❶時間インジケーターを切り替えはじめたい始点の部分に移動後、[エフェクト]メニュー→[トランジション]→[CC Radial ScaleWipe]を選択
❷エフェクトコントロールパネルの[Completion]を0%にしてストップウォッチをクリック 09
❸切り替えを終了したい位置まで時間インジケーターを動かす
❹[Completion]を100%にしてキーフレームアイコンをクリックして設定 10

再生して確認すると、円形にマスクされた状態が拡大するワイプになります 11。

09 開始点に対して「Completion」を0%にしてキーフレームを設定

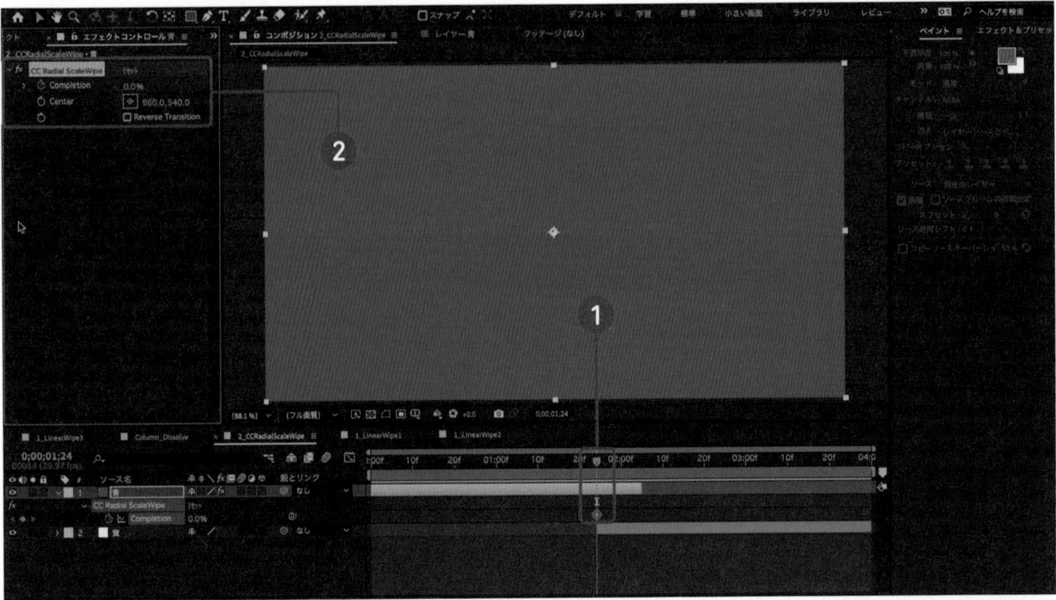

10 終了点に移動して「Completion」を100%にしてキーフレームを設定

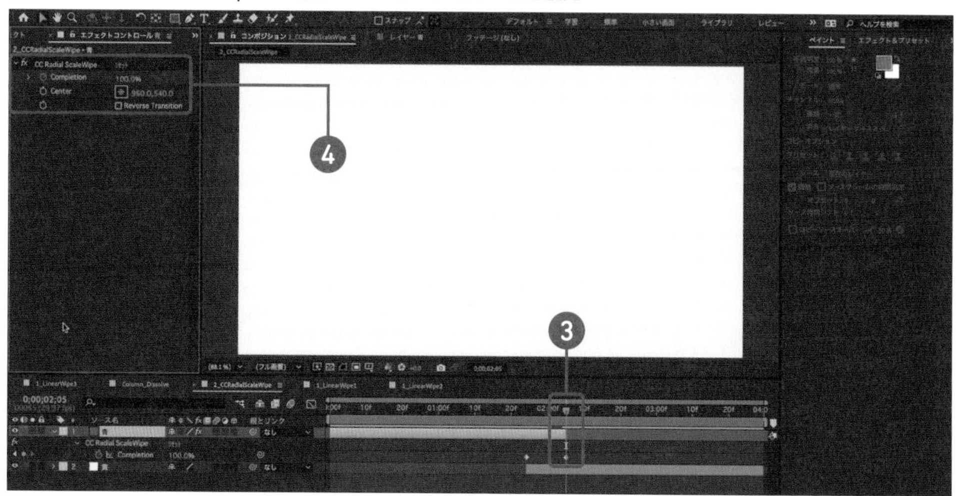

11 円形ワイプの完成

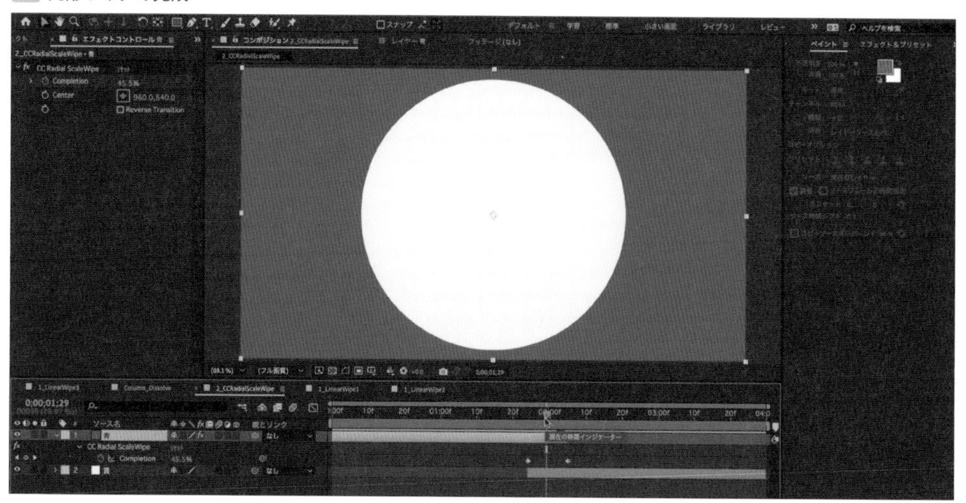

［Center］に表示されているターゲットアイコンをクリックして選択し、コンポジションパネル上で任意の場所をクリックすると、クリックした部分が円の中心になります 12 。

12 円の中心を移動

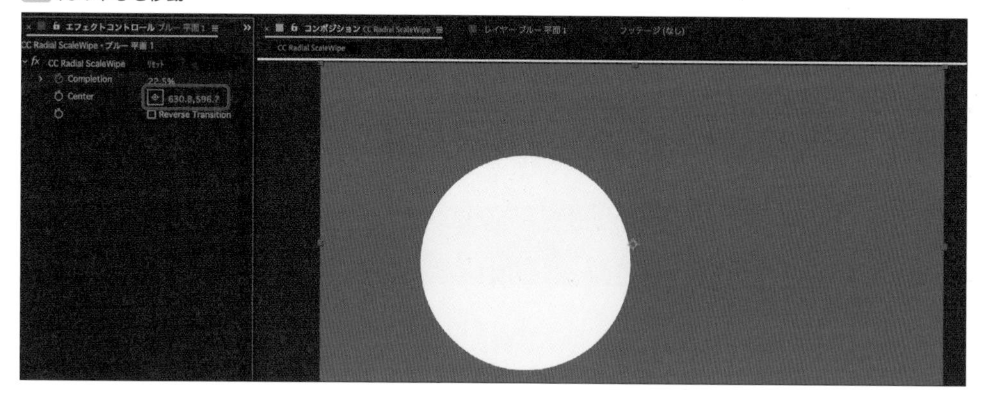

03 MP4形式で書き出そう

作ったモーションをYouTubeやInstagram、Vimeoなどの動画系SNSなどに投稿したり、ウェブサイト上に動画として表示させるためには、MP4形式などへの「書き出し」をおこないます。After Effectsのデータを書き出すには主に2通りの方法があります。

2種類の書き出し方法を知ろう

データが完成したら書き出し(エンコード)をおこないます。After Effectsでは書き出し方法が2種類あります。実際の業務では用途にあわせて両者を使いわけていきます。 どちらも書き出したいコンポジションを選択した後で、「コンポジション」メニューを選びます。そのため、あらかじめ複数のコンポジションを繋いでまとめた、書き出し用のコンポジションを作成しておきましょう。

●Adobe Media Encoderからの書き出し

動画の書き出し用のアプリである Adobe Media Encoderと連携させると、アニメーションGIFや、MP4形式のH.264圧縮など、ざまな動画データに対応した設定が可能となります。

なお、あからじめCreative Cloudのアプリから Adobe Media Encoderをインストールしておく必要があります。

●レンダーキューからの書き出し

After Effects内で書き出しの処理をする「レンダーキュー」からの書き出しは、品質をできるだけ落とさずに、素材として使えるデータとしての保存ができます。元のデータが軽く、データの圧縮をおこなわなくてもよい場合や、After Effectsでの作業の後でPremiere Proなどの編集アプリへMP4ファイルを取り込む場合などに利用するとよいでしょう。

01 Adobe Media Encoderの画面

WORD

エンコード
ある形式のデータを一定の規則に基づいて変換すること。動画の場合、膨大な動画データを扱いやすくするために形式の変換や圧縮をおこなう作業のことを指す。

H.264
拡張子がMP4形式の動画圧縮規格のひとつ。H.264を選択するとMP4の拡張子で書き出せる。

キュー
待ち行列のこと。(データ書き出しのために)待機する場所。

レンダリング
効果や音声などのさまざまな要素をひとつのファイルにまとめる作業。

Adobe Media Encoderからの書き出し

Adobe Media Encoderは動画系のアプリケーションと連携したエンコード(書き出し)専用のアプリケーションです。複数のファイルをまとめて書き出したり、複数のファイルフォーマットを選択することができます。

一般的に動画の書き出しには時間がかかる場合が多く、After Effects内で書き出しをおこなうと書き出し中は別の編集作業などができません。ただし、Adobe Media Encoderを利用すると、書き出し中でも編集作業を並行にできるようになります。

Adobe Media Encoderを直接立ち上げてAfter Effectsのファイルからコンポジションを選択する方法もありますが、After Effects上でファイルを選択し、Adobe Media Encoder関連のメニューを選んでアプリを起動する機会が多いでしょう 02 。

❶After Effectsのプロジェクトパネルで書き出したいコンポジションを選択
❷［コンポジション］メニュー→［Adobe Media Encoderキューに追加］を選択。Adobe Media Encoder（ME)が自動的に立ち上がる
❸MEの画面にある「キュー」にコンポジションが読み込まれる
❹［形式］欄のプルダウンをクリックして（H.264などの）ファイル形式を、［プリセット］欄の青字をクリックして「書き出し設定」の詳細を、［出力ファイル］欄で書き出し先を設定
❺［キューを開始］ボタンをクリック

H.264を設定すると、MP4の拡張子で書き出せます。書き出したい拡張子によって選択する形式は変わってきます。

02 ファイルメニューから「Adobe MediaEncoderキューに追加」を選択

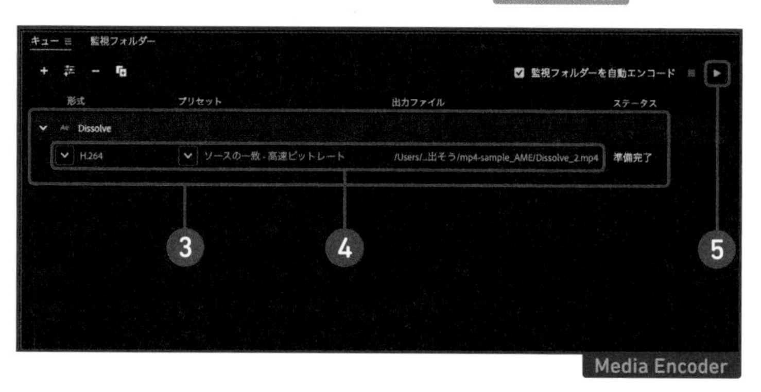

［∨］をクリックすると、プリセット項目がプルダウンで表示されます 03 。青文字の項目をクリックすると、ウィンドウが開き、より詳細な設定が可能です 04 。

03 書き出しの基本設定

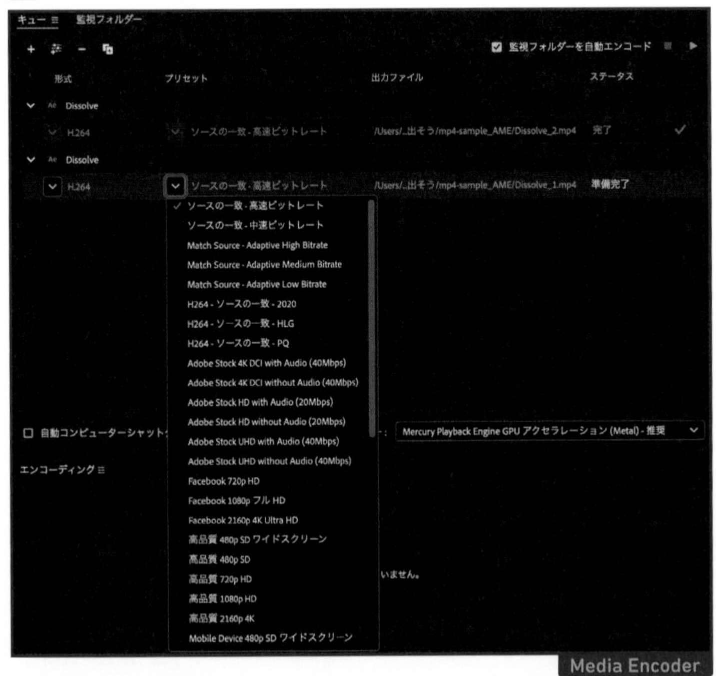

04 青文字をクリックすると詳細設定が表示

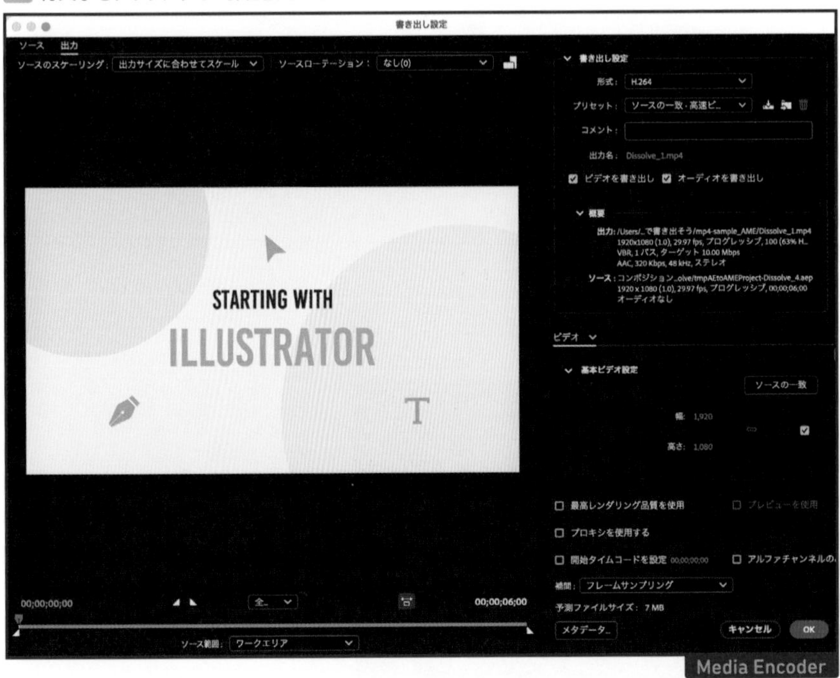

レンダーキューからの書き出し

After Effects内で書き出しをおこなえるレンダーキューからの書き出しは、モーションロゴなどの短い動画をMP4（H.264）で書き出したり、連番のPNGデータで書き出してAPNGデータを作成する（P037）といった用途に便利です。

［ファイル］メニュー→［レンダーキューに追加］を選択すると、レイヤー・タイムラインのパネル部分がレンダーキュー画面に変わります。元の編集中のコンポジションに戻るには、パネル上部のコンポジション名をクリックしてパネルを切り替えます。

❶書き出したいコンポジションを選択
❷［ファイル］メニュー→［書き出し］→［レンダーキューに追加］を選択
❸必要に応じて［レンダリング設定］［出力モジュール］の青字をクリックして、
　［出力先］の青字をクリックして保存先とファイル名を指定
❹設定が完了すると右上に［レンダリング］ボタンが表示されるのでクリック

05 レンダーキューに追加

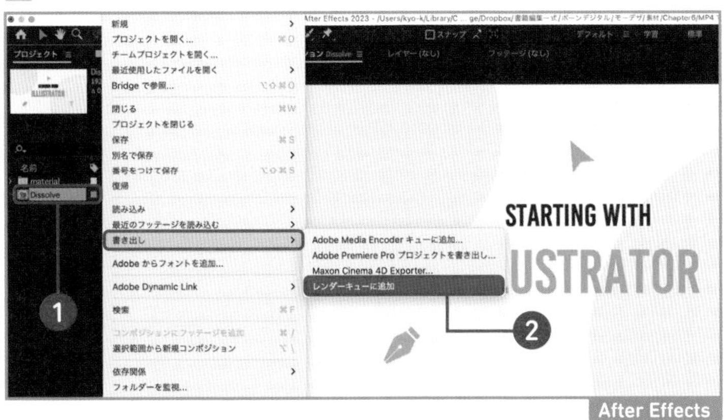

06 レンダーキューの設定

Adobe Media Encoderと同様、レンダーキューの各項目の設定には、［∨］をクリックすると表示されるプルダウン形式で選択する方法と、青文字の項目をクリックしてウィンドウから設定する方法があります。なお、青文字をクリックするほうが詳細な設定が可能です。

作ったモーションをPremiere Proで使おう

Premiere Proは撮影した動画素材を編集し、つなぎあわせることに長けたアプリです。ここでは、After Effectsで作成したモーションの素材をPremiere Pro上で利用する方法を紹介します。

After Effectsの素材をPremiere Proで使用する

After Effectsはレイヤーを細かくわけてエフェクトをかけることができます。トランジションやロゴのモーションなど、グラフィック(的)に効果を付けることができますが、一方で長時間の映像編集には不向きです。そこで、撮影された映像を元にした動画を作成する場合は場面の切り貼りなどの編集をPremiere Proでおこない、複雑な視覚効果をAfter Effectsで付けていく、という流れが一般的です。そのためには、**After Effectsで作った素材をPremiere Proに読み込む必要があります。**

After EffectsとPremiere Pro間でデータをやり取りするにはいくつかの方法があります。

After EffectsとPremiere Pro間でのコピー&ペースト

After Effects のタイムラインパネルからレイヤーをコピーして、Premiere Pro のタイムラインパネルにペーストできます。たとえばAfter Effects のレイヤーをコピーしてPremiere Pro のシーケンスへペーストできます。便利な反面、**複雑なレイヤー構造や動きはペーストが難しく、すべてをコピーできるわけではない**ので、ワンポイントのデザインなどを移植するのに利用するのがよいでしょう。

WORD

シーケンス

元々は決められた順序で処理をおこなうことを意味する言葉。タイムライン状に並べられた編集素材のまとまりのこと。After Effectsの「コンポジション」と近い概念。

注意

After EffectsとPremiere Proのバージョン(2023など)が揃っている必要があります。

AEPファイルをPremiere Proへドラッグ&ドロップ

After Effects のプロジェクトファイル(aepファイル)をPremiere Proのプロジェクトパネルへドラッグ&ドロップし、読み込みたいコンポジションを選択すると、プロジェクトパネルにAfter Effectsのコンポジション名がシーケンスとして表示されます。相対リンクとしての配置になるため、**aepファイルの場所を移動したり削除してしまうと、シーケンスがリンク切れを起こしてしまうので注意が必要です。**

.aepファイルを.prprojに変換する

After Effectsの［ファイル］メニュー→［書き出し］→［Adobe Premiere Proプロジェクトを書き出し］を選択すると、選択したコンポジションをPremiere Proのプロジェクトファイルとして.prproj形式で書き出すことができます。この場合は「別名保存」と同じ扱いになり、リンク関係にはなりません 01 。

.prproj形式に変換したファイルはPremiere Pro側で既存のプロジェクトに対して、［ファイル］→［読み込み］で、レイヤーを選択して読み込むことで、一部のレイヤーだけを使用することもできます。

❶After Effectsでプロジェクトを開く
❷［ファイル］メニュー→［書き出し］→［Adobe Premiere Proプロジェクトを書き出し］を選択して書き出す
❸Premiere Proで開く

01 After Effectsで書き出したaepファイルをPremiere Proで読み込む

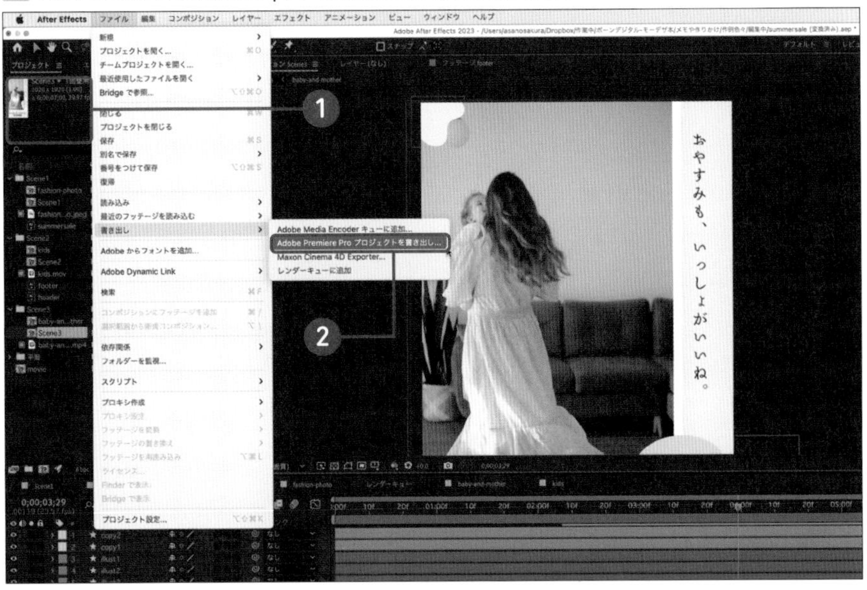

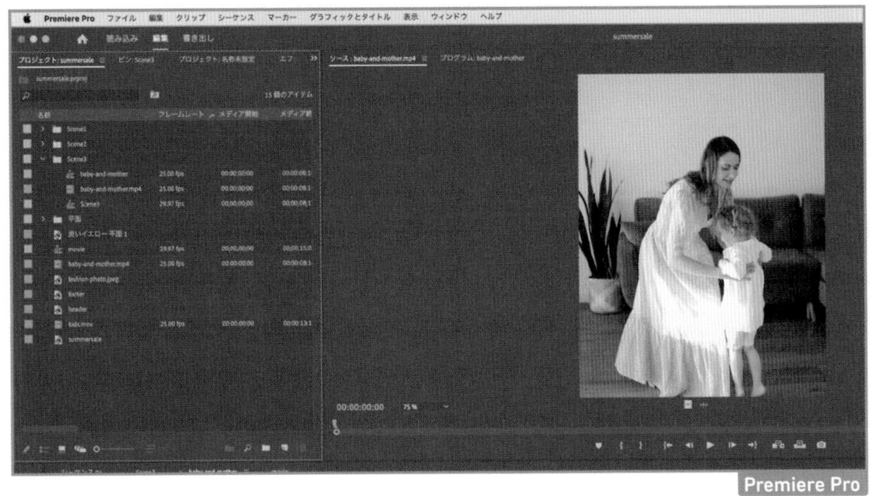

Premiere Proで.aepファイルを読み込む

Premiere Proを立ち上げて、［新規プロジェクト］→［ファイル］メニュー→［読み込み］を選択してAfter Effectsのaepファイルを選択するか、プロジェクトパネルにaepファイルをドラッグすると、「After Effectsコンポジション読み込み」のダイアログが表示されるので、コンポジションを選択します 02。

❶Premiere Proを立ち上げ、［ファイル］メニュー→［読み込み］を選択して動画ファイルを読み込む
❷同様の手順でAfter Effectsのaepファイルを選択して（または、プロジェクトパネルにaepファイルをドラッグ）読み込む
❸「After Effectsコンポジション読み込み」のダイアログでコンポジションを選択

注意

Premiere Proを最初に立ち上げた際は、まず［新規プロジェクト］を作成した後、プロジェクトの保存先を設定する必要があります。

02 Premiere Proでaepファイルを読み込み

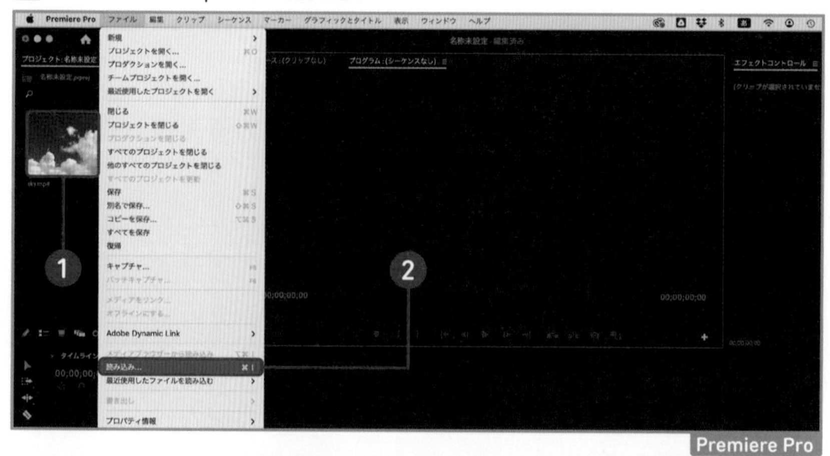

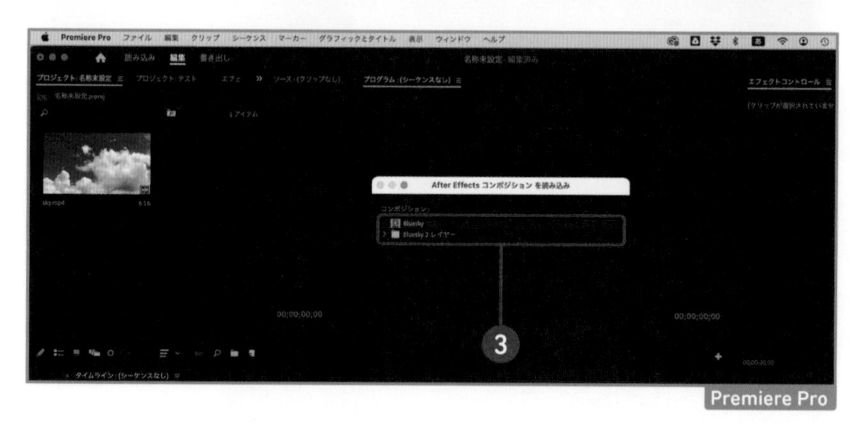

コンポジションの読み込みが完了すると、ひとつのシーケンスレイヤーとしてコンポジションを扱えるようになります。プロジェクトパネルからタイムラインパネルにシーケンスをドラッグし、動画素材に重ねると、動画素材にAfter Effectsのモーションが載せられます 03。

❹動画素材をタイムラインパネルにドラッグ
❺コンポジションを動画の上に重ねるようにタイムラインパネルにドラッグ

03 動画素材とコンポジションをタイムラインにドラッグ

Premiere Proだけでもシンプルな動きであれば実装することは可能ですが、たとえば複雑なモーションロゴなどを要する動画広告などはAfter EffectsとPremiere Proとを積極的に連動させていきましょう。

Column

コンポジションの「背景色」はどうなる？

After Effectsのコンポジションには必ず背景色の設定があります。モーションの下に動画などを置くのであれば、「この背景を透明にしておいたほうがよいのでは？」と思われるかもしれません。ですが、コンポジションの「背景色」は、あくまで作業時に見やすくするための用の色であり、書き出しには影響しません。この背景色を非表示にし、おなじみの市松模様状の透明にしておきたい場合は、After Effectsのコンポジションパネルで「透明グリッド」ボタンをクリック **01** してコンポジションを透明の表示にした状態で保存しておきます **02**。

01 元のコンポジション

02 背景が透明状態になる

05 書き出したデータをウェブサイトへ実装しよう

Chapter 1-8（P036）「ウェブ制作で活用するには」で紹介したように、作ったモーションをウェブサイトで表示するにはさまざまな方法があります。ここでは、Lottie（jsonファイル）を使用したモーションの書き出しとウェブサイトへの実装方法を紹介します。

Lottieアニメーションを使用するメリット

ウェブサイトで動画を扱う場合はさまざまな形式での書き出しがあります。この中で、ウェブサイトやアプリの中でベクターのモーションを使用したい場合は、Lottieの利用をおすすめします 01 。

JSONファイルをベースにした「Lottieアニメーション」は、ベクター画像を描画できます。そのためファイルサイズが軽量で、JavaScriptやCSSなどであとからサイズを制御しても美しい描画が可能になります。また、GIF形式などと異なり、スクロールやクリック、ホバーなどのインタラクティブな動作をもたせることができるので、多くのウェブサイトやアプリの中でベクターベースのアイコンやロゴ、イラストなどの「動き」に使用されています。

検索エンジンでLottieに関する情報を検索すると、「Lottie Files」についての情報にアクセスすることができます。Lottie、あるいはLottieアニメーションはファイルの種類を指します。一方のLottieFilesはサービスの名称です。LottieFilesにユーザー登録すると、自分で作ったLottieファイルを手軽にアップロードしたり、ほかのユーザーが作ったLottieのデータをダウンロードして使用できます。

LottieFilesには無料プランと2種類の有料プラン（個人・チーム）があります 02 。無料プランの場合でも10個まで作成したモーションをアップ・保管ができます。発行されたURLを埋め込んでサイトに使用できるので、作ったモーションを自分のウェブサイトで使ってみたい場合には最適です。

WORD

JSON（ジェイソン）

「JavaScript Object Notation」の省略で、JavaScriptのデータ集合の記述形式を標準化したもの。アプリの設定ファイルなどさまざまな場所で用いられている。

01 LottieFilesのウェブサイト

https://lottiefiles.com/jp/

02 LottieFilesの料金

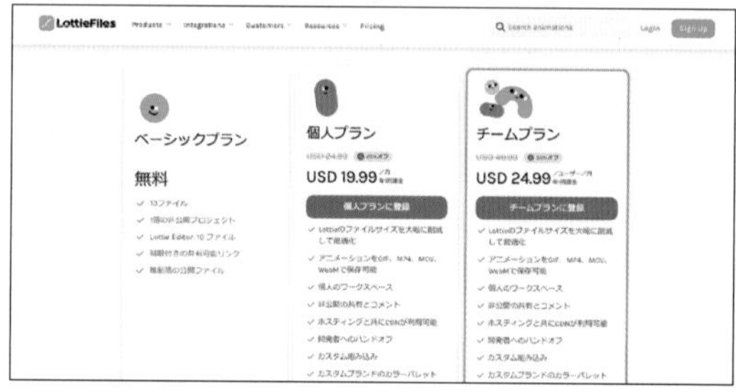

https://lottiefiles.com/jp/pricing

Lottieアニメーションに変換できないもの

P036のコラムでも取り上げていますが、Lottieでは書き出しができない、あるいは結果がおかしくなるAfter Effectsの機能があります。あらかじめこれらの機能や表現は避けて、代替案を考えておきましょう。

- マスクによるパスの切り抜き
- ビットマップ画像の使用
- グラデーションの使用
- エフェクトの使用
- 3D効果
- 音
- 線の拡大縮小など、線の機能の一部

モーションをウェブサイトに実装するまでのフローチャート

After Effectsで作成したモーションをLottie（JSONファイル）で書き出して実装するにはいくつかの方法があります。技術選定をする上で考えておきたい、実装にいたるまでの選択肢をフローチャート形式で紹介します 03 。

03 Lottie（JSONファイル）で書き出して実装するまでの手順

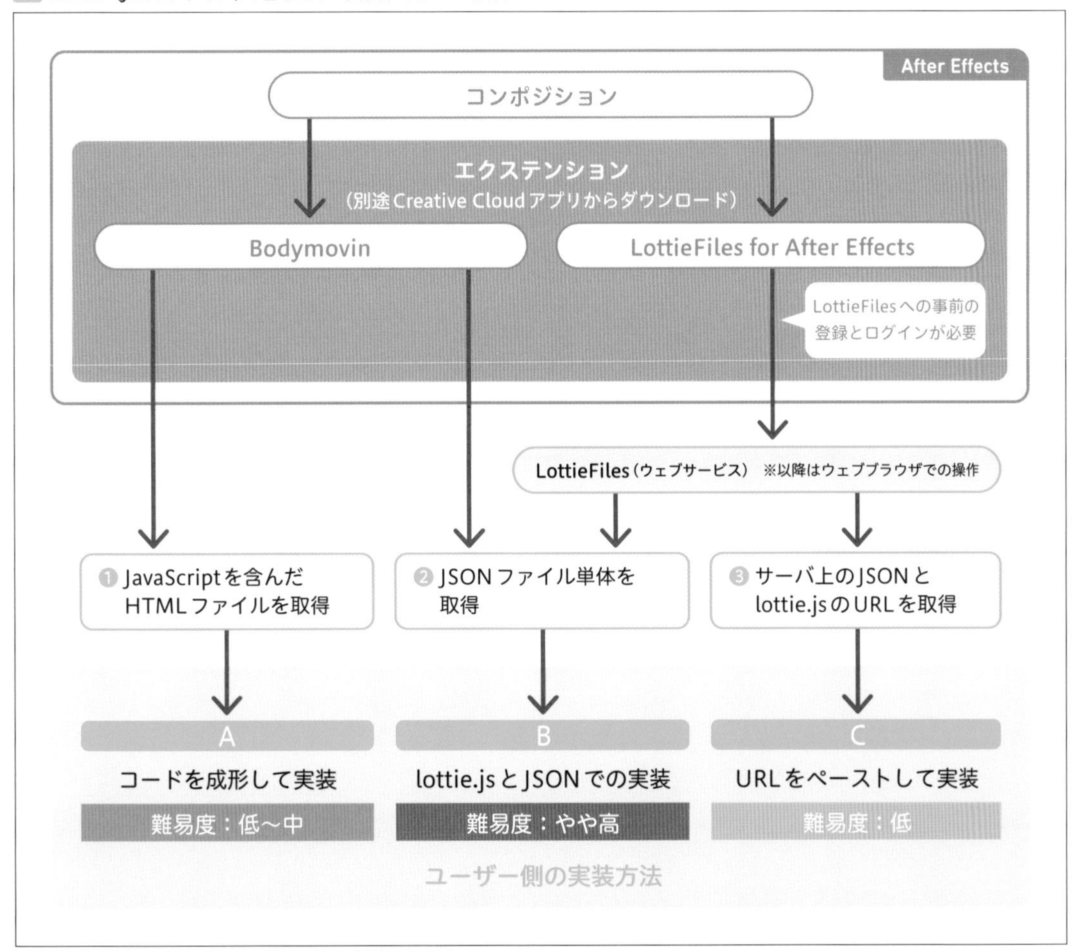

大きくわけると、Lottie Files（ウェブサイト）を経由するパターンとそうでないパターンが考えられます。中間成果物の形式としては、「①JavaScriptのコードが埋め込まれたHTMLファイル」「②JSONファイル単体」「③CDN形式（P218）でLottieFilesから提供されるURL」、の3種類がありますが、記述方法などが異なるだけで、見た目は同一のものです。

ユーザーがこれらの中間成果物を使って実装する場合、最終的なコードの実装方法としては前のページの図版03にあるように［A］［B］［C］の3パターンが考えられます。いずれもLottieアニメーションのJSONファイルと、JSONを動かすプレーヤーのJavaScriptが必要になる点は共通です。難易度については、HTMLやCSSなどの基本的な書き方がわかり、JavaScriptについては簡単な数値の修正ができる程度のスキルを持った方を想定しています。

memo
チャートでは省略したが、Bodymovinで書き出したJSONファイルをブラウザ経由でLottieFilesへアップして［C］のURLを取得する方法もある。

エクステンションを使用するための準備

まず、実装するために必要なエクステンションをAdobe Creative Cloudアプリからダウンロードします。2種類のエクステンションは実装にあわせてどちらを利用しても構いません。両方に共通するインストール方法と環境設定を紹介します。

●エクステンションをインストールする

Adobe Creative Cloudのアプリを立ち上げ、エクステンションをインストールします04。

❶Adobe Creative Cloudのアプリを立ち上げ［Stockとマーケットプレイス］を選択
❷［プラグイン］を選択して検索フォームに「Lottie」と入力すると「Bodymovin」と「LottieFiles for After Effects」が表示される
❸それぞれ［入手］ボタンをクリックしてインストール
❹インストールすると「インストール済み」となる

04 Lottieの入手

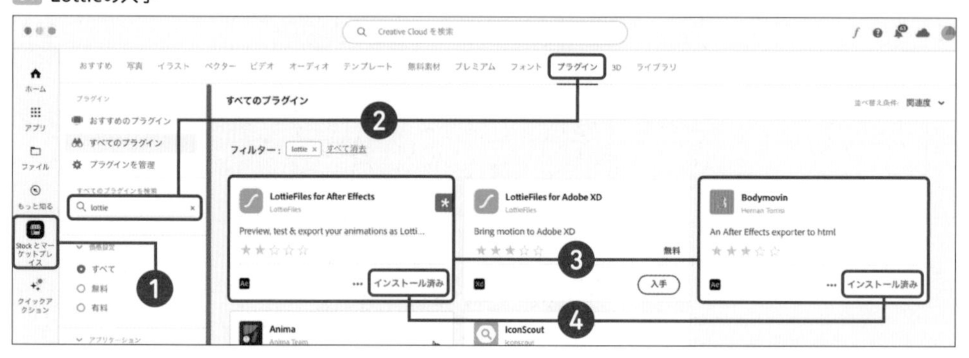

●［環境設定］で「スクリプトによるファイルへの書き込みとネットワークへのアクセスを許可」にする

After Effectsの環境設定から「エクスプレッションへの書き込みとネットワークへのアクセスを許可」を設定します05。

❶［After Effects（Windowsの場合は［編集］）］→［設定］→［スクリプトとエクスプレッション］を選択
❷［アプリケーションのスクリプト］→［スクリプトによるファイルへの書き込みとネットワークへのアクセスを許可］をチェック

05 [環境設定]→[スクリプトとエクスプレッション]を確認する

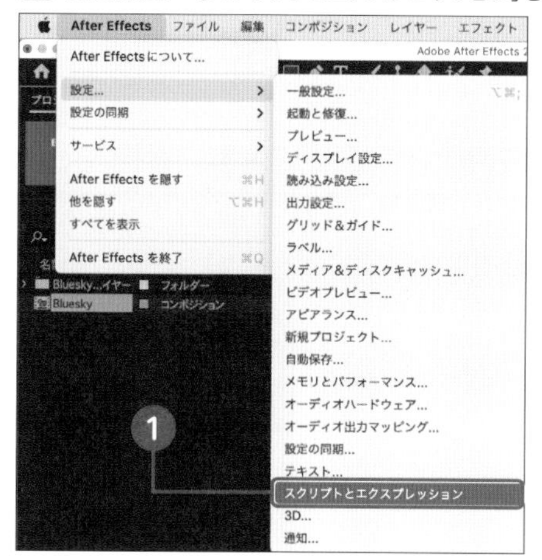

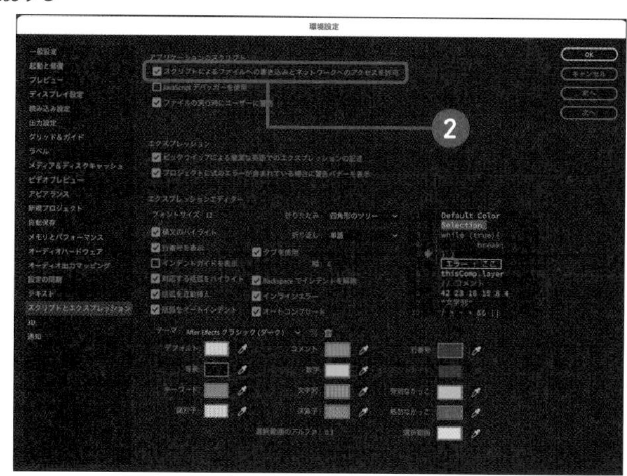

作業を進める中で、After Effectsがクラッシュしてしまうことがあります。クラッシュした後に再起動すると、ダイアログで環境設定のリセットするかどうかを訊かれます。ここで一度環境設定をリセットすると、上記の設定もリセットされてしまうので、うまく書き出せないと思ったら環境設定を確認してみましょう。

エクステンションを使用するための準備

3つの実装方法共通のデータを書き出す準備として、シェイプレイヤーへの変換があります。

特に、Illustratorのベクトルレイヤーをそのまま書き出すとラスターイメージとしてPNGになってしまうため、レイヤーを右クリックして[作成]→[ベクトルレイヤーからシェイプを作成]を選択します 06 07。

❶Illustratorのベクトルレイヤーを選択
❷Illustratorのレイヤーを選択して[作成]→[ベクトルレイヤーからシェイプを作成]を選択
❸レイヤーの順序をドラッグ操作で並べ替える。シェイプレイヤーに変換された元のIllustratorレイヤー（ベクトルレイヤー）は自動的に非表示になる

06 [作成]→[ベクトルレイヤーからシェイプを作成]

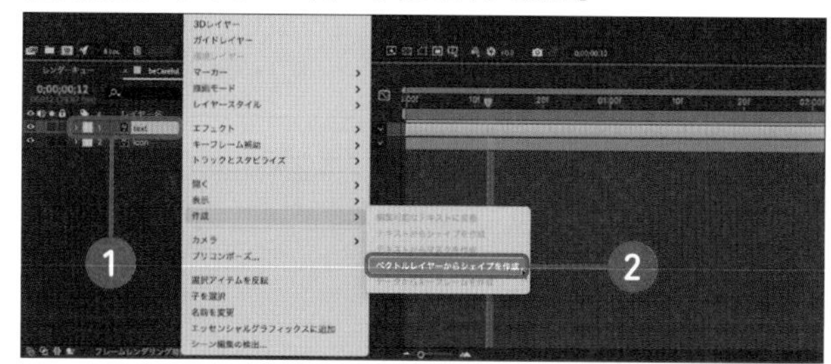

07 ベクトルレイヤーの順序を並び替える

こちらの操作はサンプルファイル（beCareful-icon.aep）を使って試してみてください。このサンプルはChapter 4-2と同様、［スケール］とイージングを使っています08。

08 サンプルデータ

なお、変換後のIllustratorのベクトルレイヤーは削除しても問題ありません。

A JavaScriptを含めたHTMLファイルを成形して実装

●［環境設定］で「スクリプトによるファイルへの書き込みとネットワークへのアクセスを許可」にする

Bodymovinの［setting］で［demo］を選択すると、HTMLファイル内にJavaScriptとしてLottieアニメーションを埋め込んだ状態でHTMLが書き出されます。スピーディーに確認をしたいときや、HTMLの中身について特に問わない場合にはこの方法が便利です。

実際のサイトに使用する場合はHTML上に書かれたJavaScriptを元にコードを成形したり、モーション以外の見出しやテキストなどの要素を追加する必要があるため、書き出したHTMLをそのまま使用すると、HTML本来の役割である文書よりもモーション部分の記述のほうが長く、煩雑なHTMLになってしまいます。

STEP.1 Bodymovin を起動して書き出したいコンポジションを指定

書き出したいaepファイルを開き、Bodymovinを起動します09。［Selected］列に表示されているボタンをクリックして書き出すコンポジションを指定します10。

❶［ウィンドウ］メニュー→［エクステンション］→［Bodymovin］を選択
❷Bodymovinの画面で［Selected］列に表示されているボタンをクリックして書き出すコンポジションを指定

注意

Could not export filesという表示がでる場合は、前のページの［スクリプトによるファイルへの書き込みとネットワークへのアクセスを許可］を設定してAfter Effectsを再起動してください。

09 Bodymovinを起動

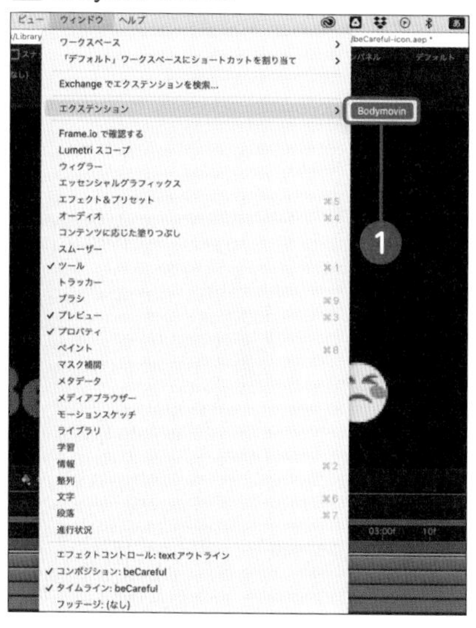

10 書き出すコンポジションを選択

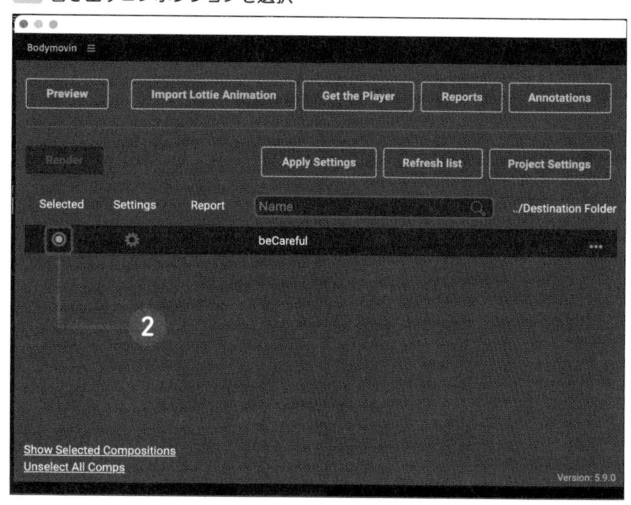

STEP.2 HTMLファイルを書き出す設定をおこなう

選択したコンポジションの［Settings］列にある歯車アイコンをクリックします 11 。表示された［Settings］画面の2セクション目にある［Export Modes］の［Demo］をクリックします 12 。最後に［Save］ボタンをクリックします。

❶［Settings］列にある歯車アイコンをクリック
❷［Export Modes］の［Demo］をクリック
❸［Save］ボタンをクリック

memo

丸いボタンは単一しか選択できないラジオボタンのようだが、実は複数選択できるチェックボックス形式。次に紹介するJSONファイルとHTMLファイルの両方を書き出すことも可能。

11 Settings画面を表示

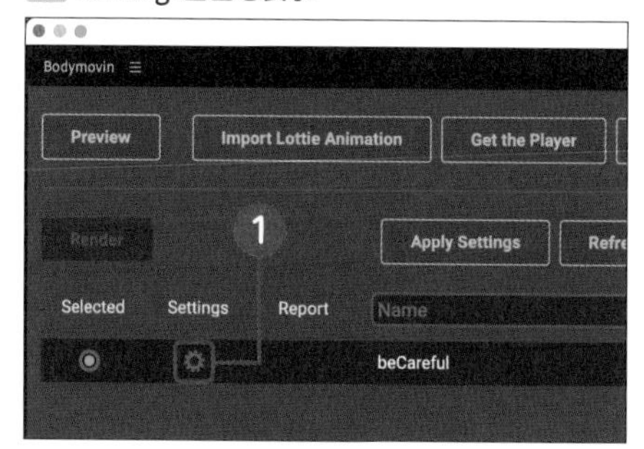

12 ［Demo］をクリック

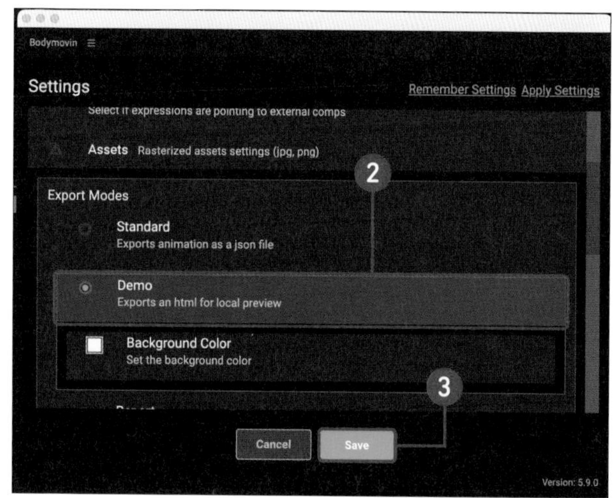

STEP.3 書き出しを実行

選択したコンポジションの右側の[…]アイコンをクリックして、保存先とファイル名を指定します13。保存先が決まると、左上部の[Render]ボタンが緑色になり、「書き出し」を選択できるようになります14。[Done]ボタンをクリックすると元の画面に戻ります15。

❶[…]アイコンをクリックして、保存先とファイル名を指定
❷[Render]ボタンをクリックして書き出し
❸書き出しが完了したら[Done]ボタンをクリックして元の画面に戻る

13 保存先とファイル名を指定

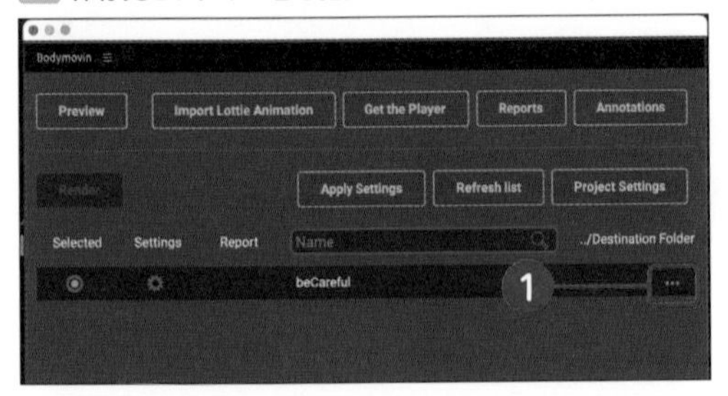

14 書き出しを実行

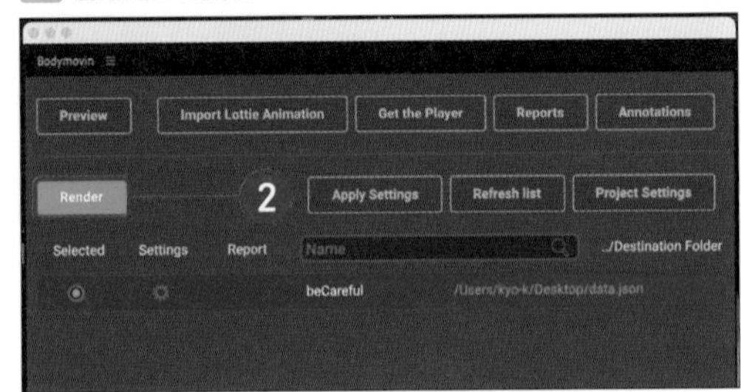

15 書き出しが完了

STEP.4 HTMLをコードエディタとブラウザで確認する

書き出されたHTMLファイルをブラウザで表示し、正常に書き出されていることを確認しましょう16。問題なければ、HTMLファイルをエディタなどで開いて編集します。

16 書き出したファイルをブラウザで確認

注意

この時点で書き出された画像がpngファイルなどのラスターイメージになっている場合、Illustratorのレイヤーがシェイプレイヤーへ変換できていないケースが考えられます。

HTMLの中にJSONが書かれているためにコードが長くなり、この状態でのコードの追加や編集は手間に感じることもあります。「demo」という名前が示す通り、簡易確認用のデータとして用いるのがスマートだと言えるかもしれません。とはいえ、スピーディーにHTMLファイルとしてブラウザ状で確認できるのは大きなメリットです。

B lottie.jsとJSONファイルを使った実装

○LottieFilesに依存しない読みやすいHTMLが実装可能

JSONファイルをサイトに組み込んで使用する場合、アニメーションのプレーヤーにあたるlottie.jsを外部ファイルとして読み込みます。実装の難易度はやや高いのものの、HTMLファイル自体にはアニメーションの情報は記述されることはないので、読みやすいHTMLの実装が可能です。また、LottieFilesのアップロード上限や、アセットのリンク切れなどを気にする必要もありません。

memo

同一のコンポジションであれば、Bodymovinから のJSONファイルとLottieFilesからのJSONファイルは同一のデータになるのでどちらのエクステンションでもOKだ。

WORD

アセット(Asset)
画像やモーションなどの素材のこと。

STEP.1 [Bodymovin]からJSONファイルを書き出す

STEP.1までは、[A]と同じ流れとなります。[ウィンドウ]メニュー→[エクスプレッション]→[Bodymovin]を選択して 17 、[Selected]列で書き出したいコンポジションを指定します。それ以降は以下の手順となります。書き出しが完了したら[Done]をクリックして元の画面に戻ります。

❶[Settings]の歯車を選択
❷[Export Modes]の[Standard]を選択して[Save] 18
❸[…]をクリックして書き出すフォルダを選択(すでにフォルダを選択済みの場合は保存先が表示) 19
❹[Render]ボタンからJSONファイルを書き出す

17 Settings画面を表示

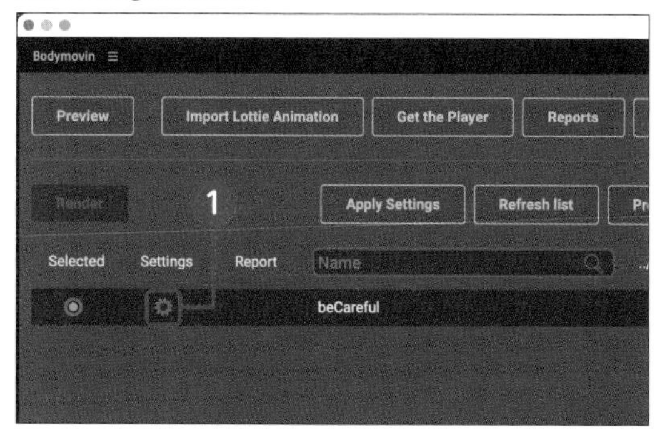

18 [Standard]を選択

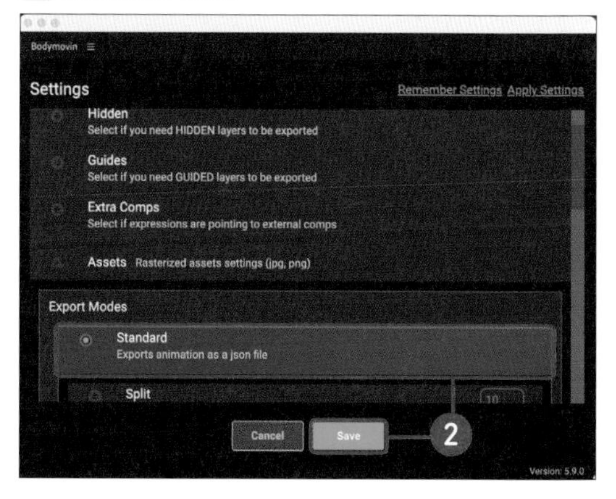

19 保存先とファイル名を指定

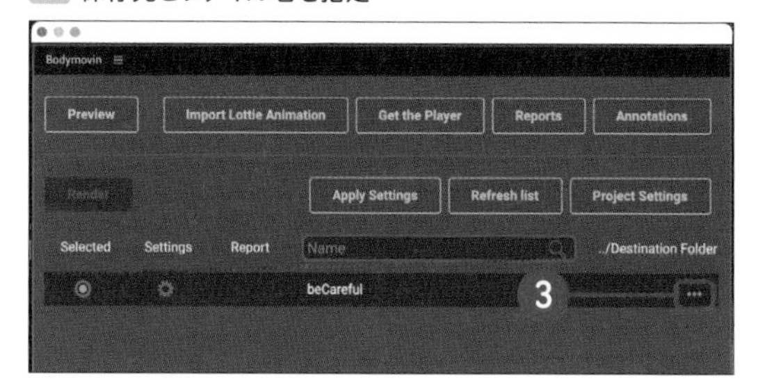

20 書き出しを実行

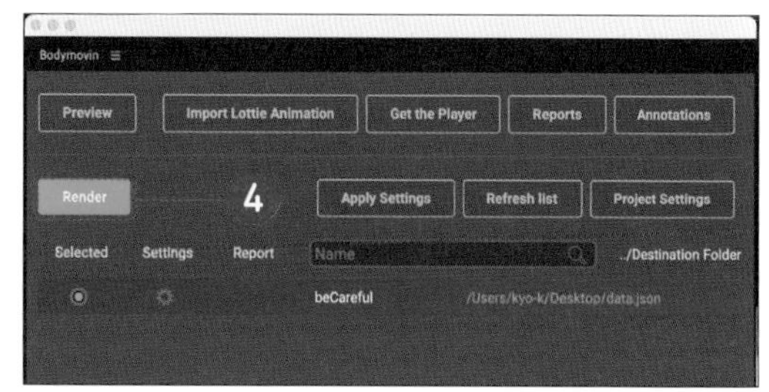

STEP.2 [Bodymovin]からlottie.jsを取得する

続いてlottie.jsを書き出します。このlottie.jsがLottieアニメーションを再生するためのプレーヤーになります。JSONファイルとlottie.jsの書き出しができたら、ウィンドウを閉じてBodymovinを終了します。

❶[Get the Player]ボタンをクリック 21
❷[Get the Player]ボタンをクリックしてlottie.jsを書き出す 22

STEP.3 HTMLなどのファイルを準備する

組み込むためのHTMLなどを準備し、あらかじめ適切なフォルダわけをおこなっておきます 23。lottie.jsはjsフォルダに格納しておきます。このサンプルではJSONファイルはHTMLと同階層にしています。

STEP.4 jsファイルを読み込む

HTMLファイルに書き出したjsファイルを読み込むためのコードを記述します 24。

❶HTMLの<head></head>タグ内などにlottie.jsを読み込む<script>タグを記述
❷❶の下に、アニメーションのコントローラーにあたるJavaScriptを記述
❸HTMLでモーションを表示させたい箇所にidを使ったタグを記述

id名はdocument.getElementById('icon')のカッコ内の名称と一致させておきます(12、23行目)。

21 [Get the Player]ボタンをクリック

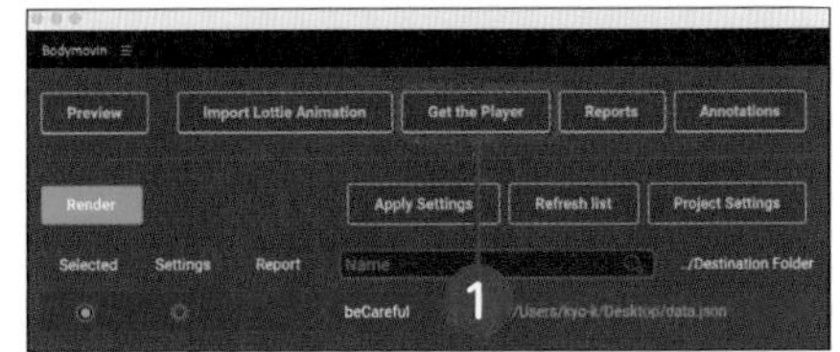

22 [Get the Player]ボタンをクリック

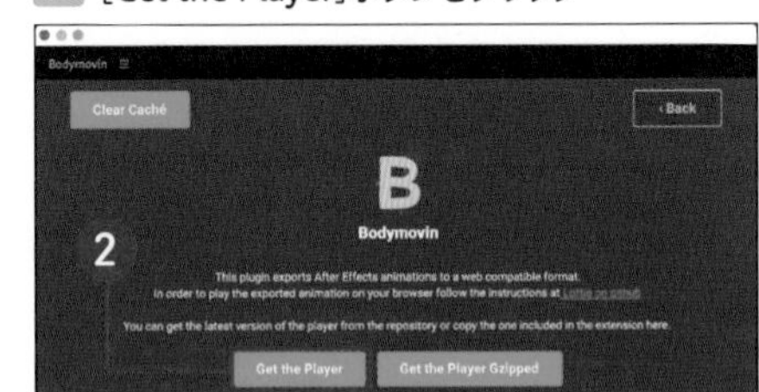

23 フォルダわけの例

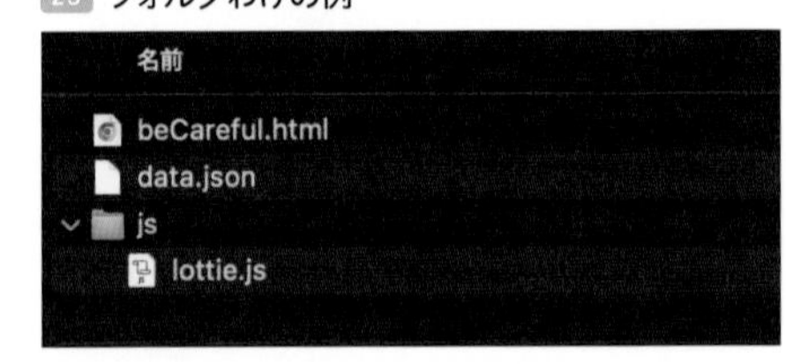

24 コードの一例

```
1   <!DOCTYPE html>
2   <html lang="ja">
3   <head>
4       <meta charset="UTF-8">
5       <meta name="viewport" content="width=device-width, initial-scale=1.0">
6       <title>lottie.jsサンプル</title>
7     <script type="text/javascript" src="js/lottie.js"></script>   ❶
8       <script type="text/javascript">   ❷
9         document.addEventListener('DOMContentLoaded', animation_int);
10        function animation_int() {
11        var animation = bodymovin.loadAnimation({
12                container: document.getElementById('icon'), //''にid名を記述
13                renderer: 'svg',
14                loop: false,  //ループの有無
15                autoplay: true, //自動再生の有無
16                path: 'data.json' //LottieアニメーションのJSONファイルを記述
17              });
18          }
19        </script>
```

```
20 </head>
21 <body>
22     <h1>この下に表示されます</h1>
23     <div id="icon"></div> <!--表示したい場所にidを記述-->   ❸
24 </body>
25 </html>
```


24 のソースコードはHTMLの中にJavaScriptを記載していますが、外部の.jsファイルにまとめるなど、必要に応じて成形をおこなってください。

lottie.jsの詳細については、公式サイト（英語）に詳細な設定やチュートリアル、CDNなどが用意されています。ウェブの他にiOS（Swift）やAndroid向けのリファレンスもあるので、サイト内の「Web」メニューか、こちらのURL（https://airbnb.io/lottie/#/web）からウェブサイトでの使用方法を確認しましょう。

STEP.5 サーバーにアップして確認する

サーバーに上がっていないローカル環境ではLottieアニメーションを再生することはできないので、レンタルサーバーなど動作確認用のサーバーがある場合はサーバーへアップして動作確認をおこないます。

Column

VS Code内でLottieアニメーションも再生できる拡張機能「Live Preview」

サーバーを持っていなかったり、都度アップして確認するのが手間な場合は、無料のコードエディターであるVS Codeの「拡張機能」に「Live Preview」をインストールするのがおすすめです 01。[Code]メニュー→[基本設定]→[拡張機能]で表示される検索フォームで「Live Preview」を検索してインストールし、右上部のアイコンをクリックすると、コードとプレビュー画面の両方を開きながらリアルタイムで変更を確認できるため、Lottieの確認はもちろん、通常のコーディングにも便利です。

01 Live Preview

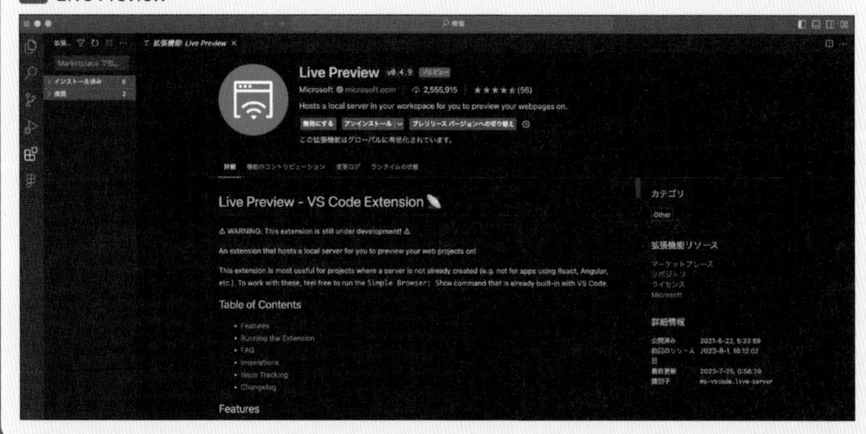

C LottieFilesでURLを取得してペーストする

◎LottieFilesのアカウントに依存するが、URLベースでモーションを管理できて手軽な手法

エクステンションのLottieFiles for After Effectsを使って、ウェブサービスのLottieFilesへコンポジションをアセットとして登録したあと、URLを取得してコピー＆ペーストでサイトに実装する手法です。URLのコピー＆ペースト方式なのでHTMLがシンプルで済みます。また、高度なJavaScriptの知識を必要としません。

便利な一方で、LottieFilesへの登録が必要になります。また、登録したアセットを削除するとコードも削除されるため、たとえばデザイナー個人のアカウントで取得したアセットのURLをクライアントワークで使用することは推奨されません。特に無料プランの場合、登録の上限が10点と厳しいことにも注意が必要です。

STEP.1 LottieFilesのアカウントを取得する

ウェブブラウザでLottieFilesのウェブサイトへアクセスして、[Sign Up]ボタンをクリックし、氏名や メールアドレス、パスワードを設定し、アカウントを取得しておきます25。

25 LottieFilesのアカウントを取得する

https://lottiefiles.com/jp/

STEP.2 After Effectsに「LottieFiles for After Effects」をインストール

P208を参考に、Creative CloudのアプリからLottieFiles for After Effectsをインストールしておきます。

STEP.3 After Effectsから「LottieFiles for After Effects」を利用する

After Effectsでaepファイルを開き、以下の操作を進めます26～33。

❶[ウィンドウ]メニュー→[エクスプレッション]→[LottieFiles]を選択
❷[Login via browser]ボタンをクリック
❸ブラウザからログイン(ログイン後ブラウザは閉じて構いません)
❹矢印アイコンをクリックしてコンポジションのモーションを確認。
　複数のコンポジションを書き出す場合は該当ファイルにチェックを入れて
　Renderボタンを選択後、アップロード先を選択
❺問題なければ[Save to workspace]ボタンをクリック
❻アップロードフォルダを選択し[Upload]ボタンをクリック
❼アップロードが完了するとプレビュー画面に戻る
❽地球のアイコンをクリック
❾ブラウザからLottieFilesのアップロードしたアセットの管理画面へアクセス

26 [ウィンドウ]メニューから[LottieFiles]を選択

27 [Login via browser]をクリック

28 ブラウザからログイン

29 矢印アイコンをクリック

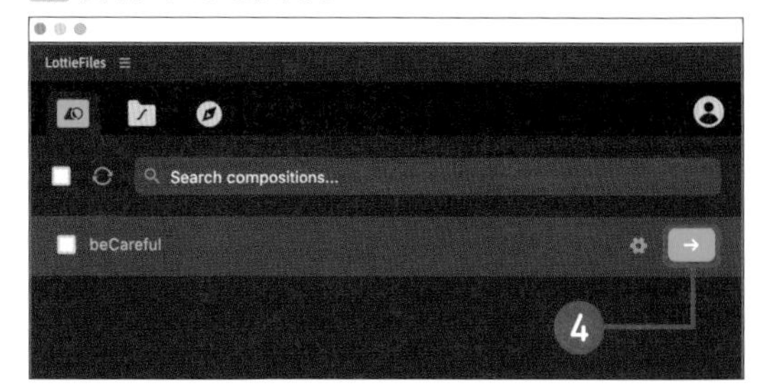

30 [Save to workspace]ボタンをクリック

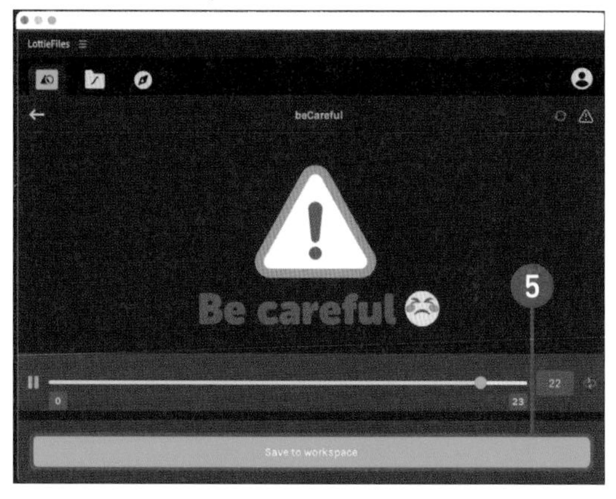

31 アップロード先を選択

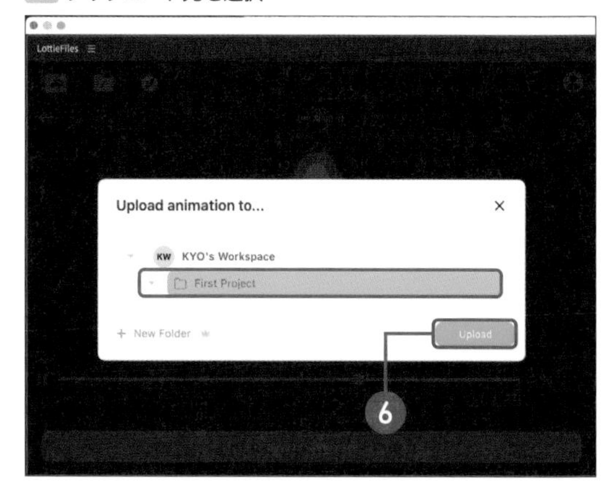

32 地球アイコンをクリック

33 アセットの管理画面

STEP.4 LottieFilesからURLを作成・取得する

あらかじめ貼り付け用のHTMLファイルを用意しておき、表示されているLottieFilesのURLを取得して貼り付けます 34 。

❶[</>]をクリック
❷[Enable Asset Link]をONに
❸[Embed WEB]に記載されているコードをアイコンをクリックしてコピー

34 LottieFiles（サイト内）からURLを取得可能にする

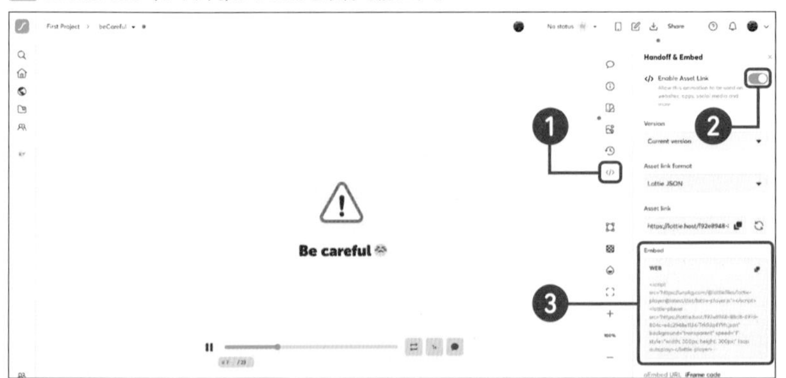

WORD
CDN
Contents Delivery Network。ネット上にデータをホスティングする仕組みで、自分のサーバー側にデータを持たずに、外部サーバーにホスティングされたJavaScriptライブラリなどをURLを指定して利用する。

35 のようなコードが取得できます。❶はLottieアニメーションを再生するためのCDNのアドレスです。❷がアニメーションのデータです。サイトの中でアニメーションを使いたい部分にコードを貼り付ければアニメーションを実行できます。また、一度アップしたアセットをLottieFilesのサイト上でノーコードで調整することもできます。

2行目をLottieFilesが発行したJSONでなく、自分のサーバーにアップした相対パスのJSONファイルに書き換えると、こうしたLottieFiles側で編集ができなくなる反面、アセットの削除や変更への影響を受けずに済みます。JSONファイルのダウンロードはLottieFilesのサイトからでも可能です。

35 取得したコードの例（ファイルによって2行目のURLは異なります。）

```
1  <script src="https://unpkg.com/@lottiefiles/lottie-player@latest/dist/lottie-player.js">
   </script>                                                                                    ❶
2      <lottie-player src="https://lottie.host/5179e4e2-7805-46b6-a5dd-d4ee05ebe11a/
       QJfGcrJcN5. json" background="transparent" speed="1" style="width: 300px; height:
       300px;" loop autoplay></lottie-player>                                                  ❷
```

Chapter

実践編！「モーデザ」をはじめよう

サンプルの制作手順を紹介した動画が以下にアップされているので、つまったら参考にするのじゃ。

https://motion-design.work/c7/

縦型の店頭向けデジタルサイネージ

ポスターやCMなどの素材データを使って、店頭などに掲載するデジタルサイネージのショートムービーを制作します。After Effectsのプロジェクトに動画やビットマップ画像を配置して、最後にトランジションを設定します。

●完成データ：FinishFile/Chapter7/C7-1/DigitalSignage.aep
●素材データ：LessonFile/Chapter7/C7-1/DigitalSignage.ai,materialフォルダ

ここでは、これまで解説してきた内容を参考に、仕事の現場で使用するモーデザについて解説していきます。内容も複雑になり手順も多岐に渡ります。本書ではじめてAfter Effectsに触れた方には、少々ハードルが高いかもしれません。まずは、サンプル素材やムービーなどを参考にしながら、慣れるためにいろいろ触れてみてください。

このセクションでは次の操作を学べます

- 動画やビットマップをAfter Effectsであつかう
- CCライブラリを使って素材を読み込む
- テキストの一部をAfter Effectsで入力して動かす
- 要素の多いモーションのコンポジションの管理

イメージとゴール

店頭などで見かける「デジタルサイネージ」を想定した1080px×1920pxのMP4形式のムービーを作成します 01 。モニタを縦で利用することを想定して、縦方向の動画を作成します。

動画や写真などの実写の素材とIllustratorで作成したベクターデータを組みあわせて3つのコンポジションを作成し、それぞれのカットを繋げます。

01 作例のイメージ

Step.1 Illustratorで素材を作成・レイアウト

Illustratorで1080px × 1920pxのビデオ用のアートボードを3枚作り、テキストやアイコンを作成します。写真や動画などはAfter Effectsへ直接読み込むのでIllustratorで配置はしなくても構いませんが、スクリーンショットなどを使ってIllustratorでデザインカンプ(ラフ)として全体のレイアウトを作っておくと仕上がりのイメージを掴みやすくなります 02。色はRGBにすることを忘れないようにしてください。

02 今回使用するIllustratorのデータ

テキストはAfter Effects側で入力する方法とIllustrator側で入力する方法があります。今回は縦組みのコピーを細かく動かしたいので、縦のコピーについては最終的にAfter Effectsで作成します。

背景については単色の2枚目(野菜)と3枚目(チョコレート)は、After Effectsの「平面レイヤー」に置き換えて、後からの色の変更に強いデータを作ります。

Step.2 CCライブラリを使って作成した素材を登録する

今回のような複雑なIllustratorのデータをパーツごとにレイヤーわけし、さらに3つのファイルに分割して、After Effectsに読み込む作業は複雑で手間が掛かります。また、今回はビットマップ画像やテキストなどAfter Effectsで置き換える前提の要素も多いため、それらをAfter Effectsで置換する作業も一苦労です。そこで、Illustratorで作成したデザイン用の素材だけをAfter Effectsへ取り込むために「CCライブラリ」を使用します。

●CCライブラリを表示する

まず、サンプルのaiデータを読み込み、[ウィンドウメニュー]から[CCライブラリ]を選択して[CCライブラリパネル]を表示させます 03。

WORD

CCライブラリ

別のアプリ同士での素材のやり取りを簡単におこなえる機能。メールなどでライブラリに招待し、異なるユーザー同士でのやり取りも可能。

03 [CCライブラリパネル]を表示

●ライブラリを作成してアセットを登録する

[+新規ライブラリを作成] を選択し、わかりやすい名称をつけます 04。続いてAfter Effectsで使用する素材 (After Effectsで制作したり配置したりする素材以外) をドラッグ&ドロップで登録します 05。なお、素材を選択してから右下にある [+] (エレメントを追加) をクリックすると、その素材がもつデザインエレメント(画像、色など)も登録できます 06。

❶[+新規ライブラリを作成]を選択
❷名前を入力
❸登録したい素材を選択して[CCライブラリパネル]にドラッグ&ドロップ
❹デザインエレメントを指定する場合は[+]から「画像」として登録

04 ライブラリに名前をつける

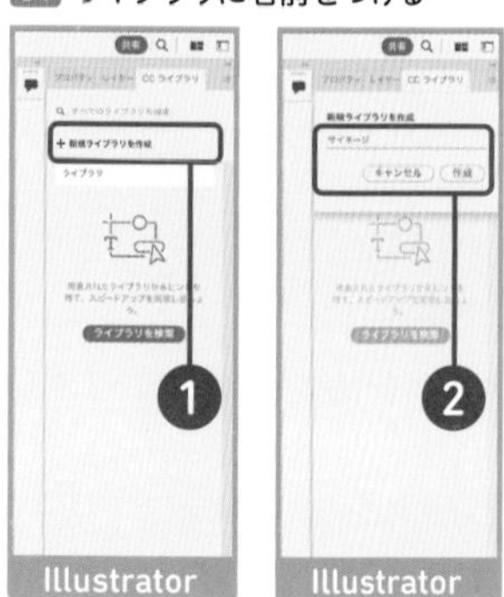

05 素材を登録(ドラッグ&ドロップの画像に差し替え)

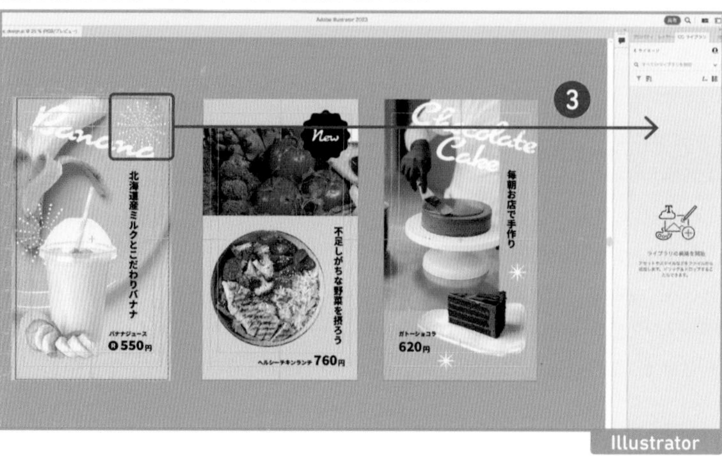

06 [+]（エレメントを追加）で登録

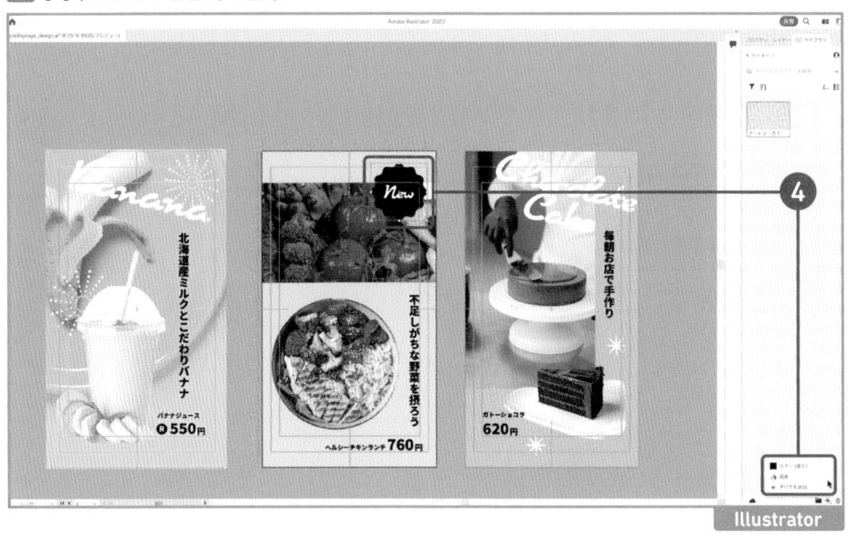

なお、本書ではCCライブラリのサンプルファイルを用意してあるので、登録済みのCCライブラリだけを確認したい場合は、任意のサイズのアートボードを作った後、ライブラリのファイルを読み込んでください。読み込む方法はCCライブラリパネル左上のパネルメニューから、[ライブラリを読み込み]を選択します 07 。

●ライブラリのファイル：LessonFile/Chapter7/C7-1/C7-1.cclibs

❺CCライブラリパネルメニューを選択
❻[ライブラリを読み込み]を選択してサンプルファイルを読み込む

07 ライブラリを読み込む

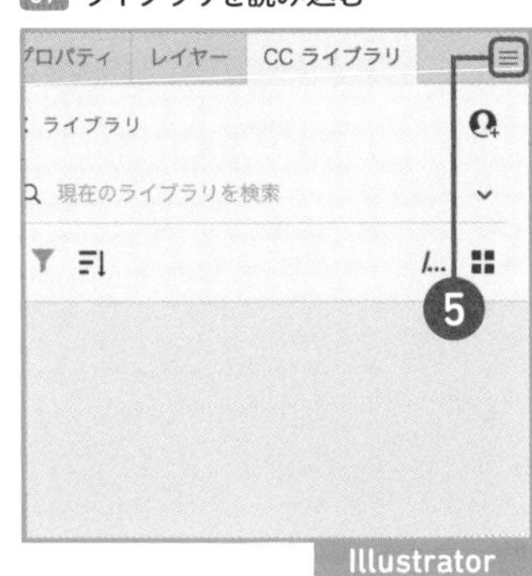

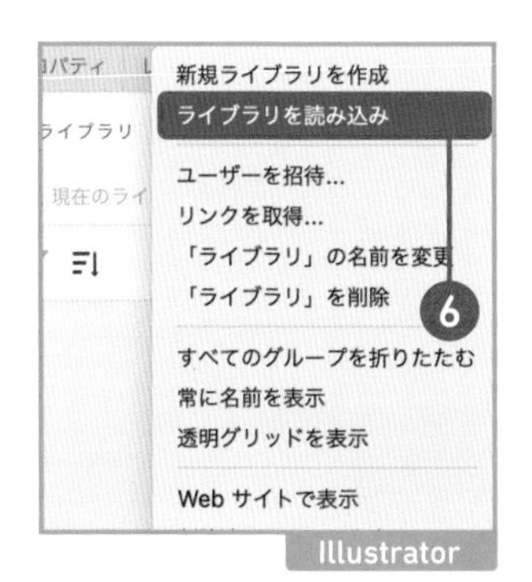

Step.3 After Effectsでファイルとコンポジションを準備する

●3つのコンポジションを作る

After Effectsで[ファイル]メニュー→[新規プロジェクト]で新規プロジェクトを作成して、コンポジションを3つ作成します。背景色はすべて白を指定しておきます 08 09 。

❶新規プロジェクトを作成して、[コンポジション]メニュー→[新規コンポジション]から以下のように設定したコンポジションを作成
❷同様のコンポジションを3つ作成

08 新規コンポジションを作成

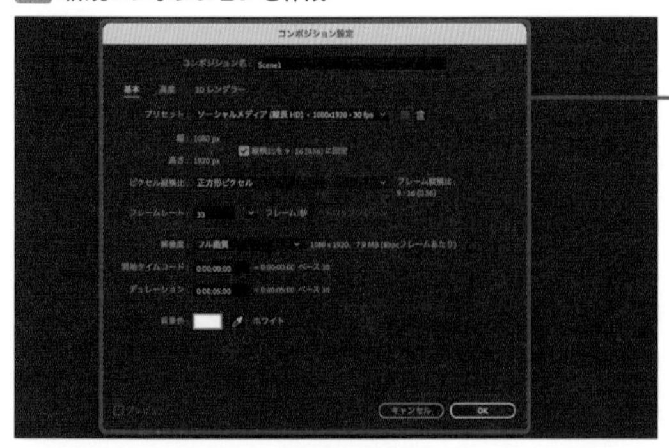

09 Scene1～3あわせて3つのコンポジションを作成

●コンポジションパネルでガイドを表示する

必要に応じて基準となるガイドを設定します。コンポジションパネルの下部にある[グリッドとガイドのオプションを選択]アイコンをクリックすると、ガイド・グリッドのほか、タイトル／アクションセーフ、プロポーショナルグリッドなどを利用できます。ここでは、[ガイド]と[タイトル／アクションセーフ]を選択します10。

❶[グリッドとガイドのオプションを選択]アイコンをクリック
❷[ガイド]と[タイトル／アクションセーフ]を選択

10 ガイドを表示

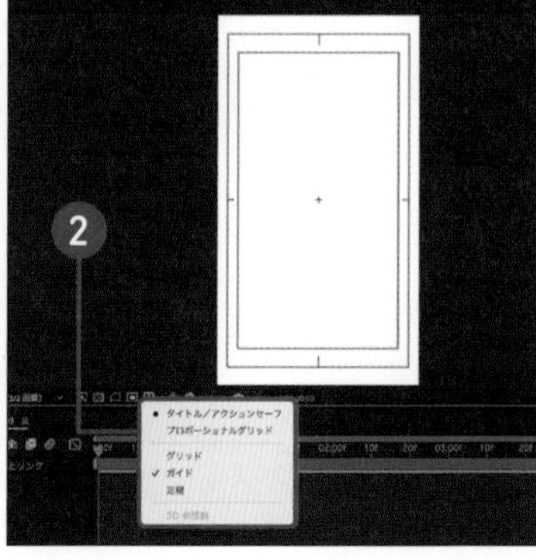

WORD

タイトルセーフ／アクションセーフ
アクションセーフは外側のライン、タイトルセーフは内側のライン。
特にテレビなどは再生環境によって一部トリミングされることがあるため、こうした共通のセーフティー・ゾーンの規格が設けられている。文字などはタイトルセーフに収めることが推奨されていた。

memo

今回のようなサイネージではセーフの表示を通常のガイドとして使っていく。なお、プロポーショナルグリッドを使うとコンポジション上にグリッドを表示できるのでこちらを使用してもよいだろう。

Step.4 After Effectsに動画・写真を配置する

◎動画・写真データをフッテージにする

Finder（macOS）やExplorer（Windows）でフォルダを開いて中の素材ファイルを選択し、After Effectsのプロジェクトパネルへドラッグ＆ドロップします。MP4以外にも、JPEG、PSD、MOVファイルなどをフッテージとして登録できます 11 。

11 素材をプロジェクトパネルにドラッグ＆ドロップ

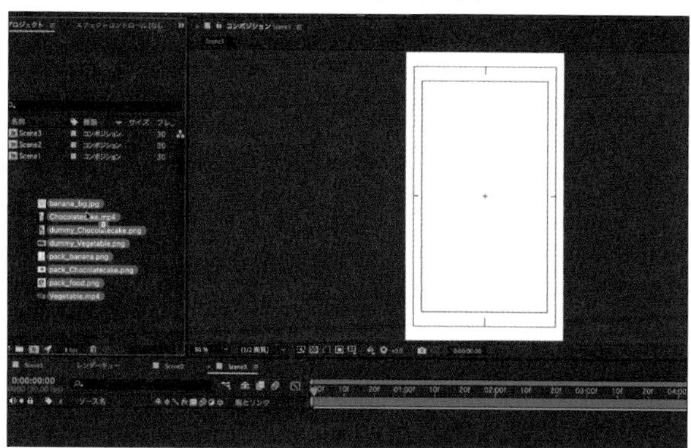

◎動画・写真データをプロキシに変換する

動画や写真データは容量が大きく、再生や差し替えに時間を要する場合があります。そこで、登録したフッテージを一旦プロキシ（コンポジションと.movファイル）に変換して、低解像度でプレビューしたり、差し替えたりしやすくします。ここでは、動画をプロキシに変換して配置します 12 〜 14 。

❶プロキシに変換したいファイルを選択して右クリック。[プロキシ作成]→[ムービー]を選択（写真の場合は「静止画」を選択）
❷プロキシファイルの保存先を登録

12 ムービーのプロキシを作成

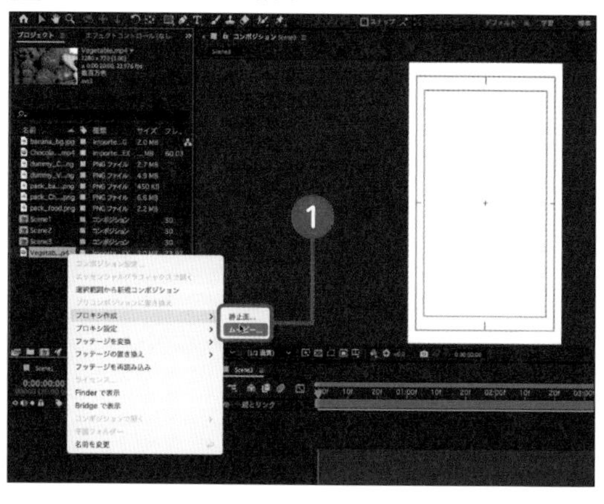

13 保存場所を設定

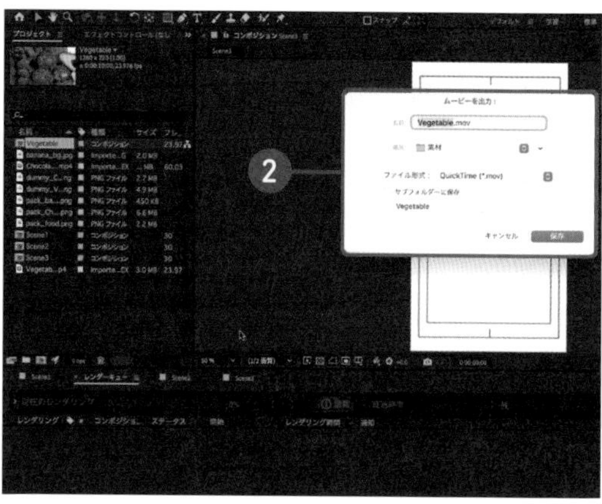

素材の中でアルファチャンネルを使用している場合、プロキシに変換すると標準設定では破棄されます（サンプルのデータでは使用していません）。

❸レンダーキューに動画が設定されたことを確認したら、[レンダリング] ボタンを選択

14 レンダリングを実施

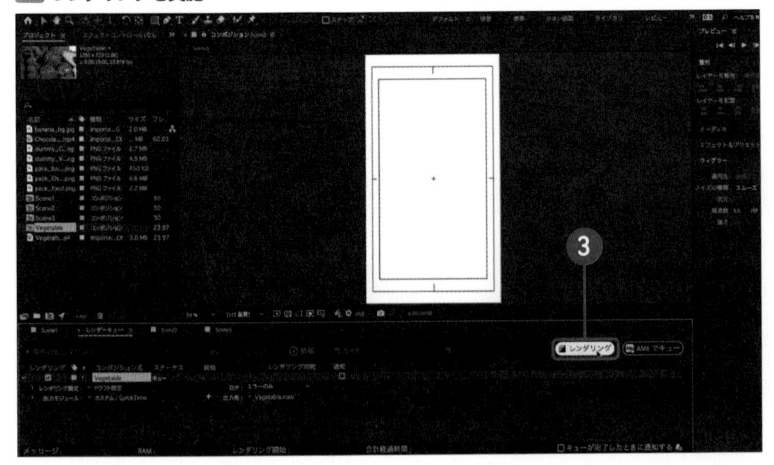

レンダリング (プロキシへの変換) が終了すると、プロキシ用のコンポジションが作成され、プロジェクトパネル上の元の動画の左側にはグレーの四角いアイコンが表示されます15。

15 プロキシコンポジション完成

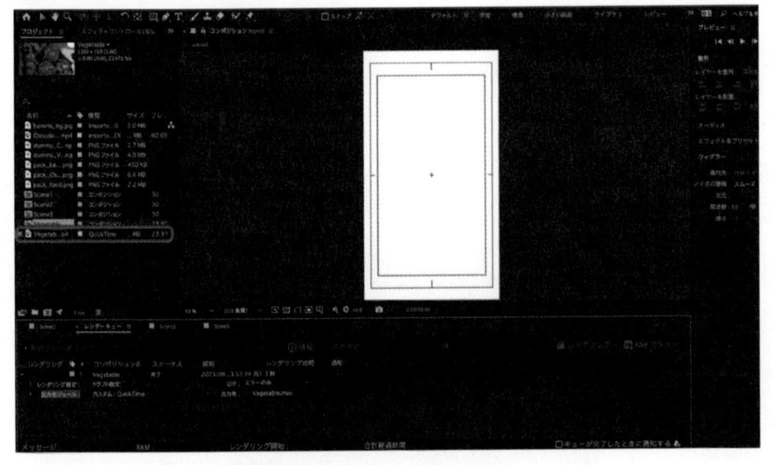

●写真とプロキシをコンポジションへ配置する

Step.3で作成した空のコンポジションを開いて、プロジェクトパネル上の写真や変換したプロキシのコンポジションをコンポジションパネルもしくはレイヤーへドラッグすると動画や画像を配置できます。事前に設計したIllustratorのデザインに沿って、3枚のカット (コンポジション) それぞれに静止画と動画を配置していきましょう16～18。

❶プロジェクトパネルのコンポジション「Scene1」をダブルクリック
❷プロジェクトパネルで配置する素材を選択
❸レイヤーへドラッグ
❹コンポジションパネル上で配置を調整
❺レイヤー同士をタイムラインパネル上でドラッグして重ね順を変更

16 「Scene1」の素材を配置

17 「Scene2」の素材を配置

18 「Scene3」の素材を配置

どのコンポジションにどの素材を使用するのかはサンプルを参考にしてください。なお、Scene2とScene3はコンポジションに背景レイヤーを設定しています。

ちなみに、After EffectsはIllustratorと同様、コンポジションパネル上で［Shift］キーを押しながら四隅に表示されているバウンディングボックスをドラッグすると、比率を一定に保ちながら画像やプロキシを拡大／縮小して配置できます。

◎プレビューの表示画質をコントロールする

コンポジションパネルの「解像度」のプルダウンからは、プレビュー（スペースバーを使っての再生）で使用する解像度を指定できます。動画やエフェクトが多数掛かるような大きな容量のデータを再生したい場合は「1/3画質」などの低画質に設定しておくとよいでしょう 19。

なお、サンプルのScene2とScene3では、プロキシに変換された動画が配置されています。これらを再生すると、変換された動画の再生も確認できます。

19 画質の調整

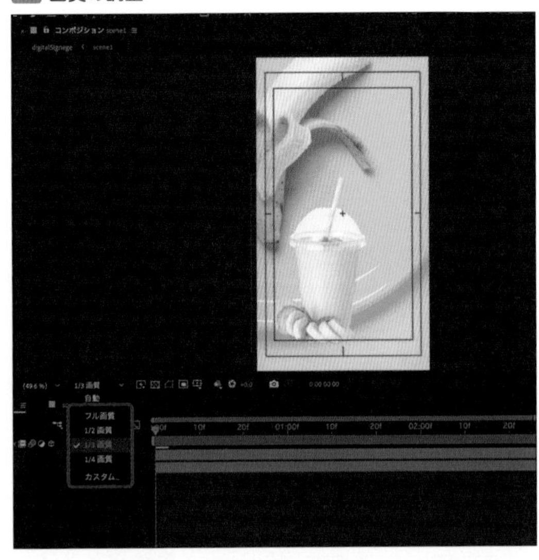

Column

PSDを読み込む場合は？

PhotosohopのPSDデータを読み込むことも可能です。その場合は［ファイル］メニュー→［読み込み］→［ファイル］を選択し、「読み込みの種類：コンポジション（レイヤーサイズを維持）」を選択すると、レイヤー構造を活かしながらAfter Effects内に読み込むことができます。レイヤーマスクなど、統合や変換されてしまう機能がある点には注意が必要ですが、PSDで合成したイメージをAfter Effectsで動かすこともできます。

Step.5 CCライブラリを使ってアセットを登録する

◎CCライブラリパネルを表示する

動画や写真の配置ができたら、After Effectsの［ウィンドウ］メニュー→［ライブラリ］を表示して、CCライブラリパネルを表示します 20 21。すると、先ほどIllustratorで登録したライブラリが表示されます 22。

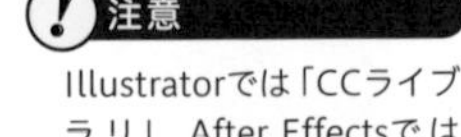

注意

Illustratorでは「CCライブラリ」、After Effectsでは「ライブラリ」表記ですが、同一の機能です。

❶［ウィンドウ］メニュー→［ライブラリ］を選択
❷ライブラリパネルを表示
❸Illustratorで作成したライブラリ（サイネージ）が表示される

20 ［ライブラリ］を選択

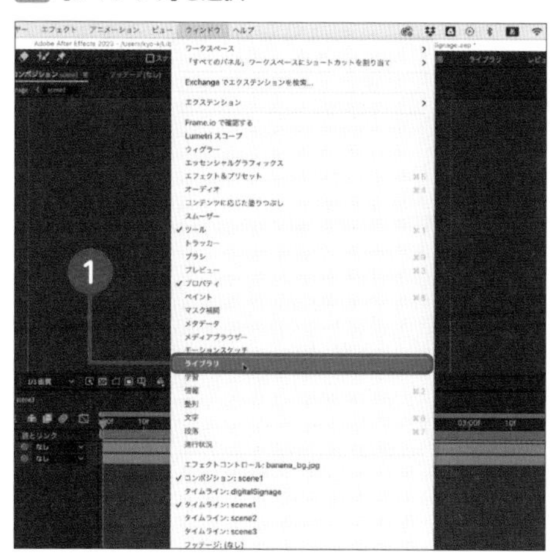

21 ライブラリパネルの表示

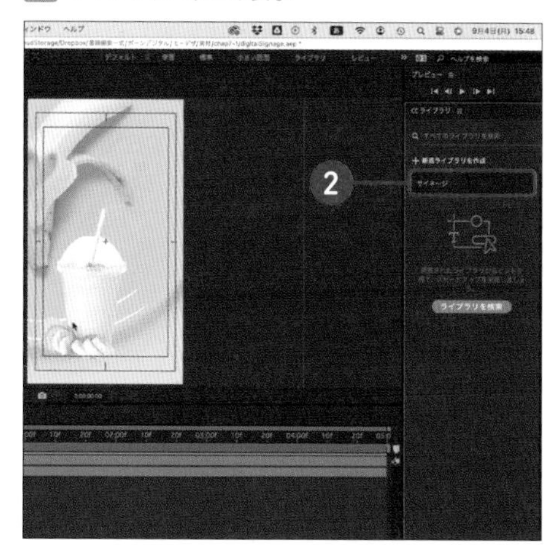

22 ライブラリの表示

注意

登録したライブラリは自動的に読み込まれ表示されます。もし表示されない場合はIllustratorの時と同様に、ライブラリパネルの3本線のパネルメニューから素材データの.cclibsファイルを読み込んでください。

●アセットをコンポジションパネルへドラッグする

ライブラリパネルからコンポジションパネル上へアセットをドラッグ＆ドロップして、Illustratorのデザイン通りに位置を整えます23。

23 アセットの配置

一度データを読み込んだ後に異なるコンピュータで作業をするなど、ライブラリにアクセスできない場合は画像が表示できないことがあります。ベクターで作成したデータの場合は、レイヤーを選択→右クリック→［作成］→［ベクトルレイヤーからシェイプを作成］でシェイプレイヤーに変換しておくと安心です 24 。

ただし、Illustrator側でテキストオブジェクトをベースにしたアセットを作成した場合はエラーのアラートが表示され、シェイプレイヤーに変換することはできません。シェイプレイヤーに変換する場合は、Illustrator側でアウトラインを取ってライブラリへ再登録する必要があります。

24 シェイプレイヤーに変換

Step.6 文字を入力する

各コンポジションの文字の部分についてはAfter Effectsで文字列に沿ったモーションをつけるため、［文字ツール］を選択してコンポジションパネルをクリックし、文字を入力します。基本的な操作はIllustratorとほぼ同じです。［縦書き文字ツール］を使用すると縦書きも使用できます 25 26 。

文字の入力が完了したら、［選択ツール］をクリックするなどして文字ツールを抜けます。入力した文字はテキストレイヤーとして管理されます。

❶［ウィンドウ］メニュー→［文字］を選択
❷ツールバーから縦書き文字ツールを選択
❸コンポジションパネル上をクリックして文字を入力
❹必要に応じて［文字パネル］［段落パネル］で編集

memo
一連の文字の編集作業はプロパティパネルでも可能じゃ。

25 ライブラリの表示

26 文字の入力

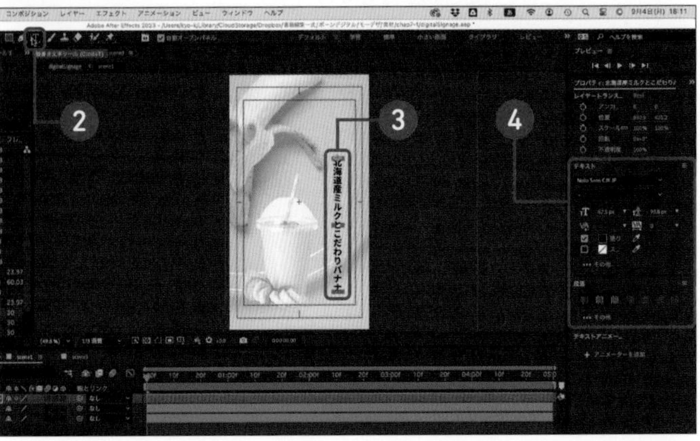

なお、IllustratorのCCライブラリで「テキスト」として登録したアセットをAfter Effectsでダブルクリック 27 すると、その要素だけをIllustratorで開くことができます 28。これをコピーしてAfter Effects側にペーストすると、フォントの種類や大きさをそのまま引き継ぐことができます 29。

❶プロパティパネルから登録した［CCライブラリ］を選択（［CCライブラリ］パネルが表示されていない場合は［ウィンドウ］メニュー→［ライブラリ］を選択）
❷編集したいアセットをダブルクリック（今回は「不足しがちな野菜を摂ろう」のテキスト）
❸Illustratorが開くのでテキストをコピー
❹After Effectsのコンポジション上で縦書き文字ツールを選択してペースト

注意

たとえば袋文字や影など、Illustratorのアピアランスを使った効果についてはAfter Effects側では文字ツールで再現することが難しいので、Illustrator側で作成してアウトラインを取ったり、パスを分割したものをAfter Effectsで使用します。

27 CCライブラリを選択

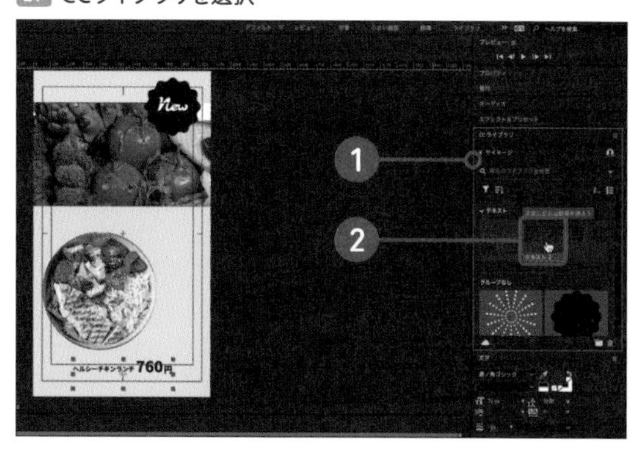

28 編集してIllustratorからコピー

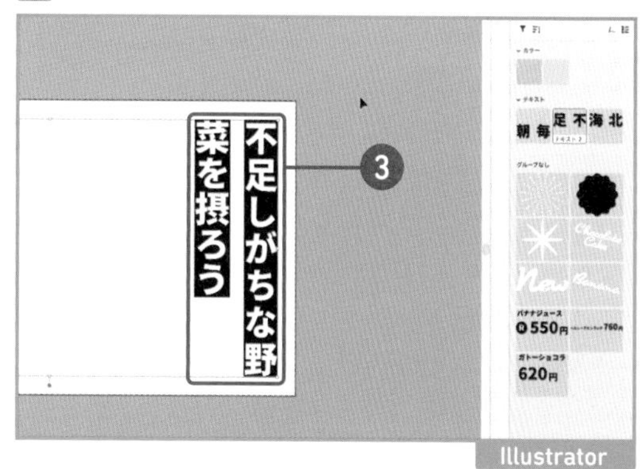

29 ペーストして配置

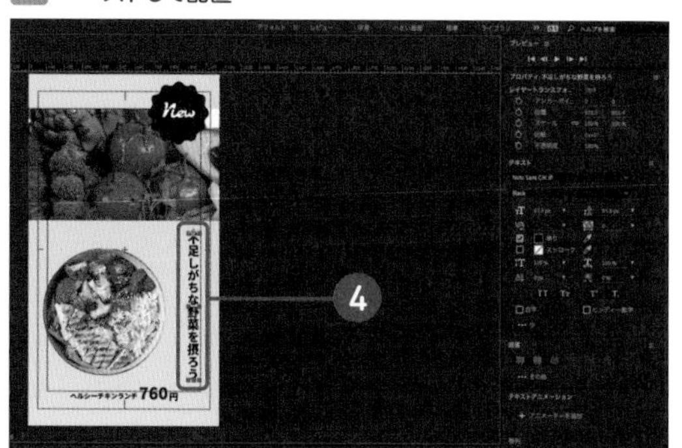

Step.7 アセットに動きをつける

配置したアセットに対して、簡単なモーションをつけていきましょう。なお、今回は主にScene1の動きについて解説します。Scene2とScene3は、動画がメインになるため、他のアセットを過度に動かすことはしません。具体的な手順は次ページから解説します。

●バナナの背景を動かす

1つめのコンポジションのバナナの背景をゆっくり左から右へ表示します。レイヤーの選択が難しい場合は、「ソロ」ボタンを選択してほかのレイヤーを非表示にしてから動きをつけます。

なお、サンプルデータでは、バナナの背景に「位置」と「スケール」の動きを加えています 30 。

❶タイムラインの0フレームめに時間インジケーターを移動
❷タイムラインパネルでバナナのレイヤー［banana_bg］の［トランスフォーム］を表示。［位置］のストップウォッチをクリックしてキーフレームを追加
❸最後のフレームまで時間インジケーターを移動
❹コンポジションパネルで選択ツールを使って背景画像を移動（または［トランスフォーム］の数値を変更）し、キーフレームを追加
❺2つのキーフレームを選択して右クリックし、［キーフレーム補助］→［イージーイーズ］を選択してイージングをつける

30 バナナの背景画像に動きをつける

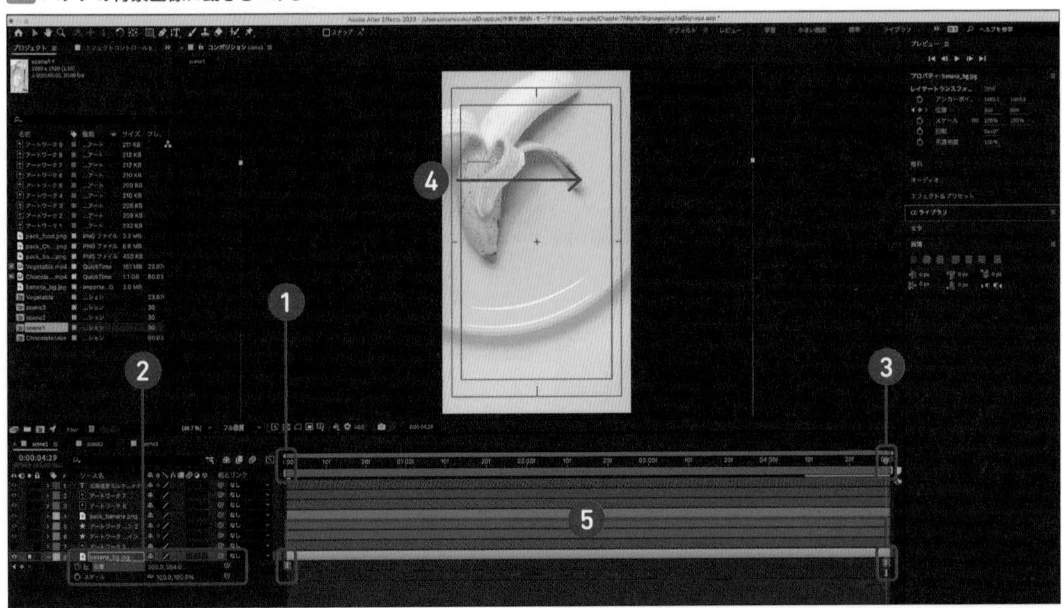

●そのほかの効果を追加

Scene1にある花火状のパーティクル模様、Scene2の黒いアイコン、Scene3の星形アイコンなどをトランスフォームの「回転」で回転させます（Chapter 3-3 P108を参照） 31 32 。手順はこれまで解説してきたものと同じなので、サンプルを参考に試してみてください。

31 Scene2のアイコンを回転

32 Scene3のアイコンを回転

Step.8 エフェクト&プリセットで文字に動きをつける

●「エフェクト&プリセット」パネルを表示して「Text」を展開

続いて、After Effectsで入力した文字にエフェクトをつけます。まずは、[ウィンドウ] メニュー→ [エフェクト&プリセット] からエフェクト&プリセットパネルを表示します 33 。

❶[ウィンドウ]メニュー→[エフェクト＆プリセット]
❷[アニメーションプリセット]→[Text]をクリック

33 エフェクトプリセット

●テキストレイヤーを選択して使いたいエフェクト＆プリセットをドラッグ

フォルダアイコンをクリックしてさらに展開して使用したいプリセットの[fx]マークがついたfxプラグのアイコンをテキストレイヤーにドラッグすると、ドラッグしたプリセットのアニメーションが自動でレイヤーに付きます。なお、レイヤーが多くテキストが選択しにくいような場合は、ソロボタンを使用してテキスト以外のレイヤー表示をオフにしましょう 34。

❶[アニメーションプリセット]→[Text]→[Animate In]をクリック
❷スタートさせたいフレームに時間インジケーターをドラッグ
❸After Effectsで打ち込んだテキストレイヤーを選択
❹[Animate In]→[スローフェードオン]のfxプラグのアイコンをコンポジションパネル上の文字のオブジェクトへドラッグ

34 コンポジションパネルの文字に[スローフェードオン]をドラッグして適用

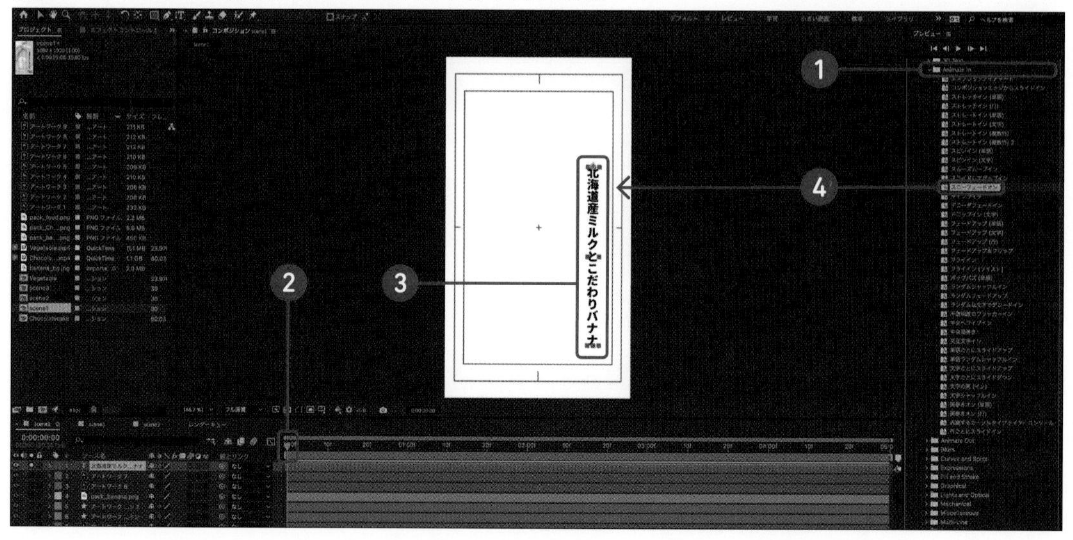

テキストレイヤーの文字がゆっくりと1文字ずつ表示される効果が適用でき、目を引く効果となります 35 。同じ手順でScene2とScene3にもエフェクトを適用します 36 37 。

35 コンポジションパネルの文字に[スローフェードオン]をドラッグして適用

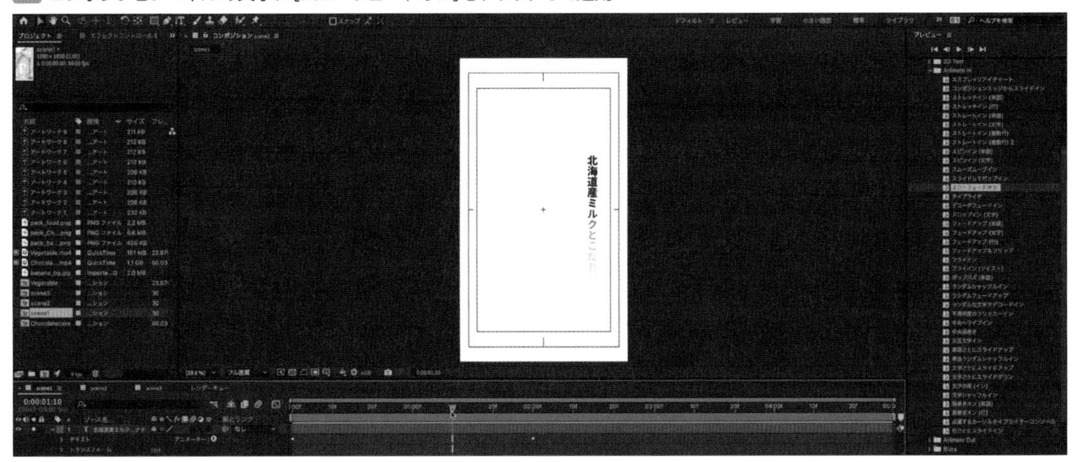

36 Scene2にエフェクトを適用

37 Scene3にエフェクトを適用

Column

Adobe Bridgeでエフェクト&プリセットパネルのイメージを確認する

文字による解説だけではなかなかイメージするのが難しい「エフェクト＆プリセット」の効果ですが、データのプレビューに特化しているアプリ「Adobe Bridge」を使うと、サンプルデータで効果のプレビューができます。After Effectsの［アニメーション］メニュー→［アニメーションプリセットを参照］を選択すると、Adobe Bridgeが立ち上がります。各エフェクトのフォルダを選択していくと、効果を一覧で確認できます。Adobe Bridgeのコンテンツパネル（中央部分）をダブルクリックするとAfter Effects側へエフェクトを適用できます。さまざまなエフェクトがあるので、興味を持ったものが見つかったらぜひ使ってみてください 01 。

01 Adobe Bridge

Step.9 背景用の平面レイヤーを作る

Scene1は背景画像が設定されていますが、Scene2とScene3には背景が設定されておらずコンポジションの背景色で着色した状態です。そこで、「平面レイヤー」で背景を作成する必要があります38。

❶Scene2でレイヤーのなにもない所を選択して右クリック→[新規]→[平面レイヤー]を選択(もしくは、[レイヤー]メニュー→[新規]→[平面])

38 平面レイヤーの作成

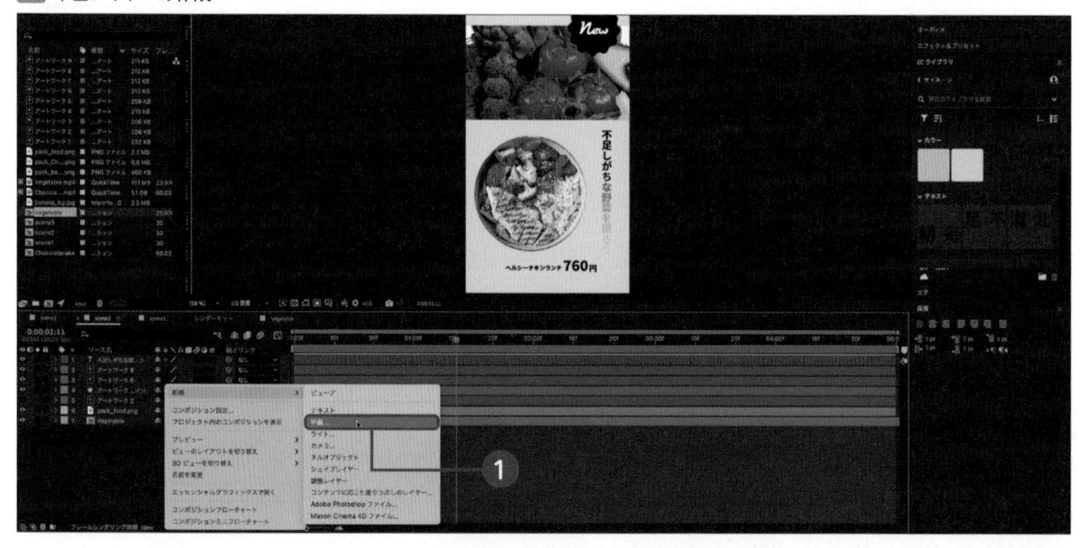

カラーのウィンドウが表示されたら、スポイトを選択して、ライブラリのカラーに登録しておいた色をクリックして抽出・適用します39。

❷カラーのウィンドウでライブラリのカラーを抽出・適用

39 ライブラリのカラーを使用

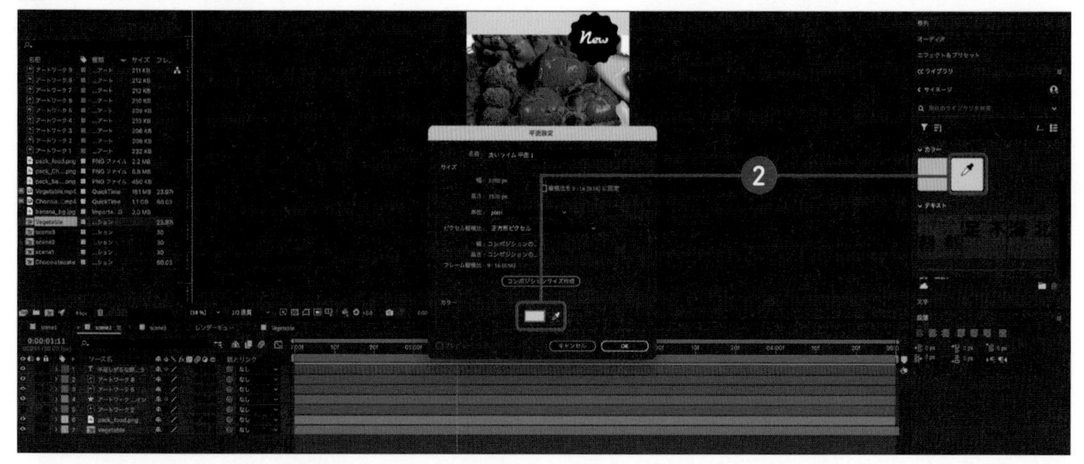

最後に最前面に配置された平面レイヤーをドラッグして最背面へ配置します40。同様の手順でScene3の背景レイヤーも作成します41。

❸平面レイヤーをドラッグして最背面へ配置

40 背景用レイヤーを最背面に設置

41 同様にScene3の背景レイヤーを作成

Step.10 コンポジションをまとめて並べる

●まとめるためのコンポジションを作る

ここまで作成した要素を1つのコンポジションにまとめます。

［コンポジションパネル］→［新規コンポジション］を選択して、1080px × 1920px（縦）の空のコンポジションを作成します。デュレーションは15秒(0:00:15:00)に設定します42。

コンポジションが作成できたら、あらかじめ作成しておいた各シーンのコンポジションをプロジェクトパネルからレイヤーパネルへドラッグして配置します43。

❶［コンポジションパネル］→［新規コンポジション］を選択して1080px×1920px（縦）、デュレーション15秒（0:00:15:00）の空のコンポジションを作成

42 コンポジション設定

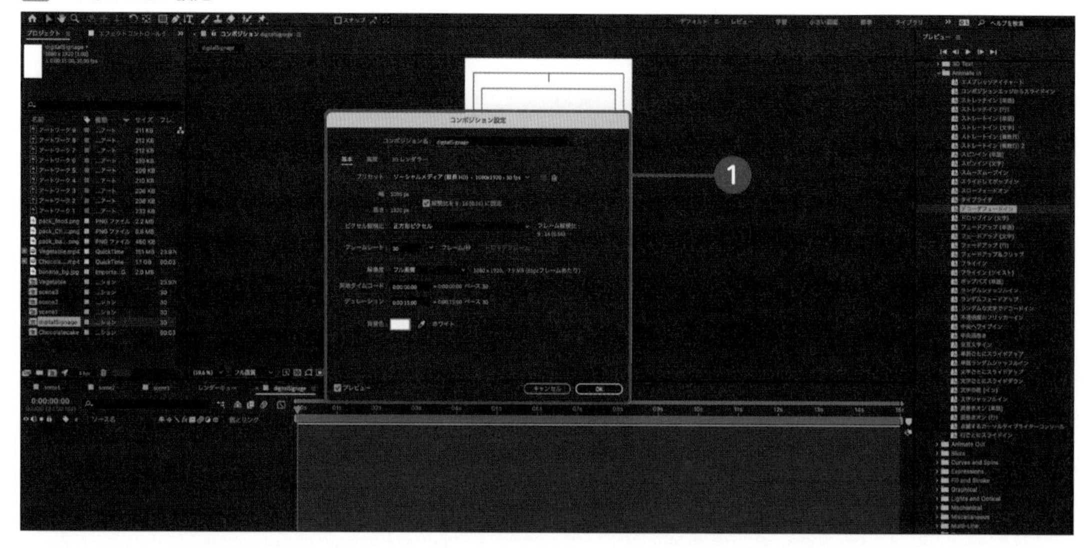

❷各シーンのコンポジションをプロジェクトパネルからレイヤーへドラッグして配置

❸Scene1から順番に流れるように配置

43 コンポジションを並べる

memo
トランジションなどにこだわるのであれば、前後に余裕を持たせた状態でコンポジション同士を配置したい。

Step.11 トランジションを作る

◎長方形のシェイプを使ったトランジション

幕やカーテンを左右に引くように長方形の移動で場面の移り変わりを隠してトランジションとします44 ～47。

❶どこも選択していない状態から[長方形ツール]を選択してコンポジション全体を覆う長方形のシェイプを作成(色は任意)

44 シェイプを作成

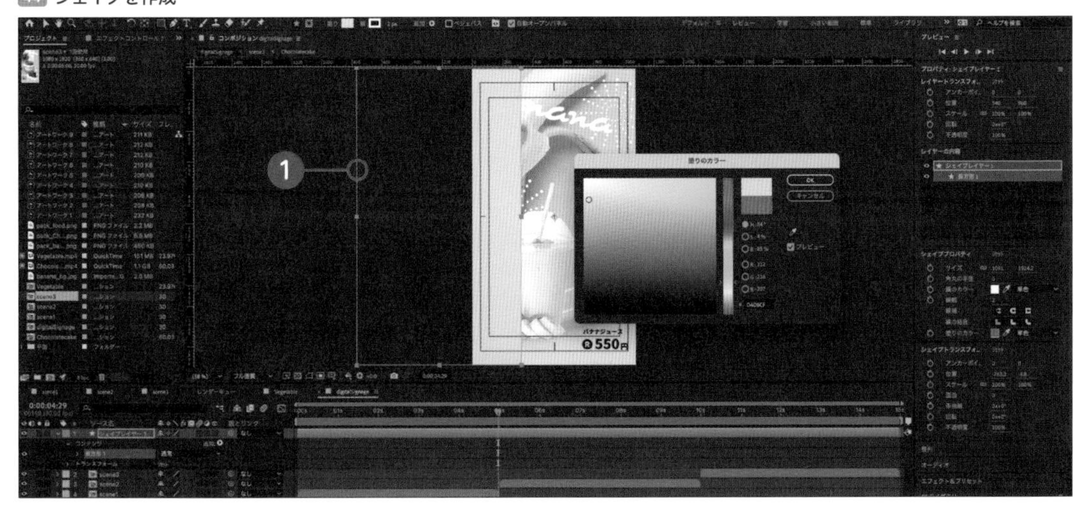

❷作成した長方形のシェイプレイヤーを選択し、レイヤーデュレーションバーの長さをドラッグ操作で調整。コンポジションのつなぎ目部分に配置
❸長方形のシェイプレイヤーを外側(左側)へ移動

45 シェイプを作成

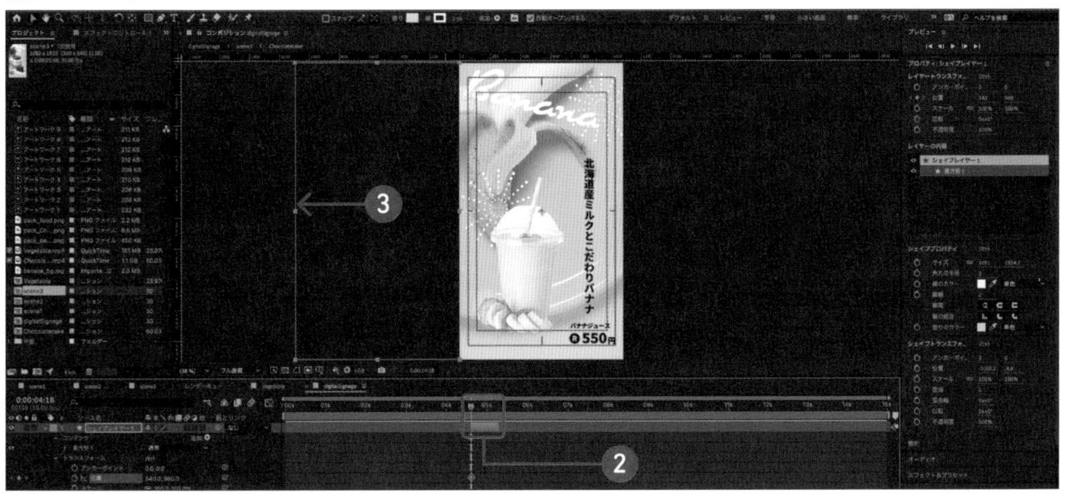

❹プロパティの［トランスフォーム］を選択して、［位置］のキーフレームを設定
❺時間インジケーターを移動させて［選択ツール］で長方形のシェイプレイヤーをドラッグして外側（右側）へ移動

46 シェイプを右へ移動

❻2つのキーフレームを選択して［キーフレーム補助］→［イージーイーズ］を選択
❼レイヤーをコピー＆ペーストして、次のつなぎ目にも同じように設定

47 レイヤーを2か所に設定

Step.12 MP4形式に書き出す

完成したら、[ファイル] メニュー→ [書き出し] → [Adobe Media Encoder キューに追加] を選択して、H.264形式でMP4ファイルに書き出します 48 ～ 49。

❶[ファイル]メニュー→[書き出し]→[Adobe Media Encoder キューに追加] を選択
❷H.264形式で書き出し

48 Adobe Media Encoderにキューを追加

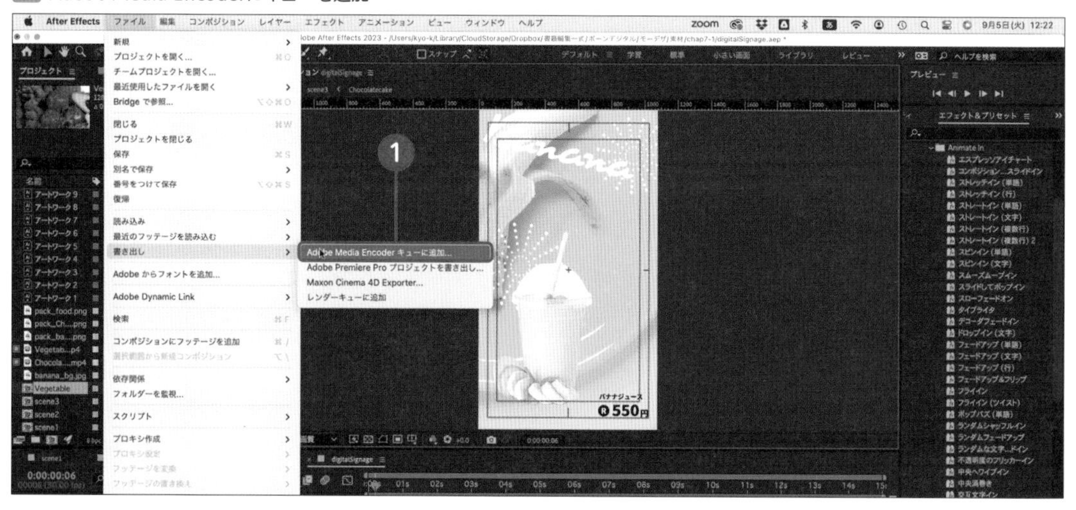

49 Adobe Media Encoderから書き出し

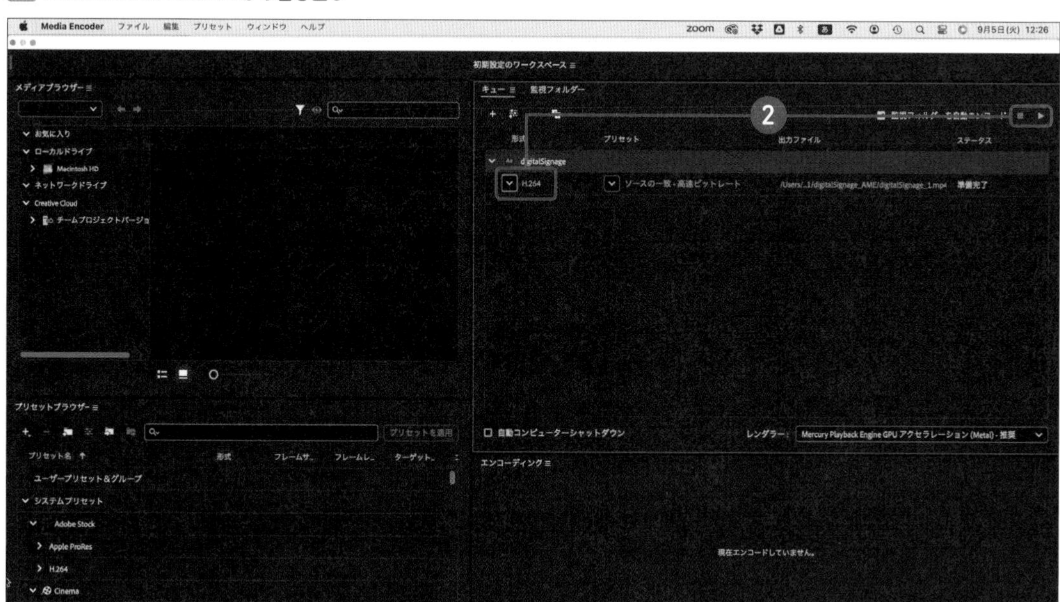

Chapter 7

02 3D機能の活用形

3Dレイヤーとカメラレイヤーを使うと、平面的なグラフィック作品に奥行きを持たせることができます。素材ファイルを使って基本的な3Dレイヤー・カメラレイヤーの操作を学んでみましょう。

◎完成データ：FinishFile/Chapter7/C7-2/3D.aep
◎素材データ：LessonFile/Chapter7/C7-2/3D.aep

このセクションでは次の操作を学べます
- 3Dレイヤーの設定と操作
- カメラレイヤーの設定と操作

イメージとゴール

After Effectsには「3Dレイヤー」という機能があります。3Dレイヤーにすると、平面的なレイヤー構造に奥行きの概念が生まれ、オブジェクト同士の関係をより深く調整することが可能です。「カメラレイヤー」と併用することで、シンプルなグラフィックをダイナミックに見せることができます 01。

01 作例のイメージ

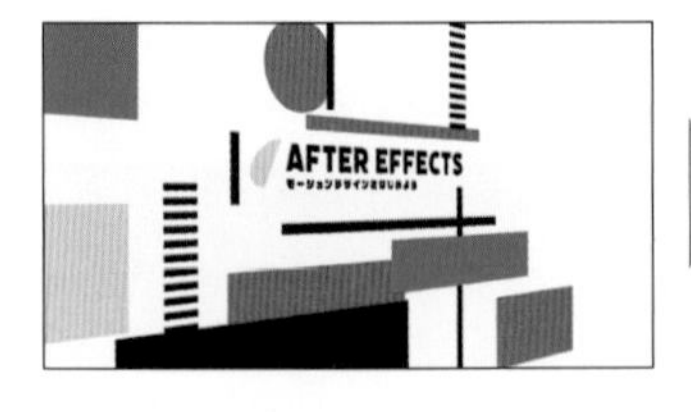

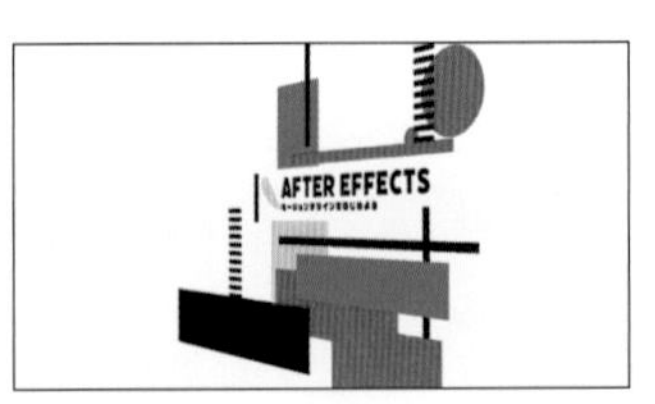

Step.1 素材ファイルを確認する

このセクションではあらかじめ用意されている素材ファイルを元に3Dレイヤーとカメラレイヤーを追加していきます。素材ファイルには背景［bg］、シェイプレイヤーが16枚、テキストレイヤーが2枚用意されています。はじめに構造を確認しておきましょう 02。

❶サンプルファイルを開く
❷プロジェクトパネルからコンポジション［comp_01］を開く

memo

自分で作成する場合は、IllustratorやPhotoshopで一度ガイドになるデザインを作ってAfter Effectsで読み込んだ上で、個別のシェイプレイヤーに変換するか、長方形ツールやペンツールで形をトレースする。

02 素材ファイルを確認

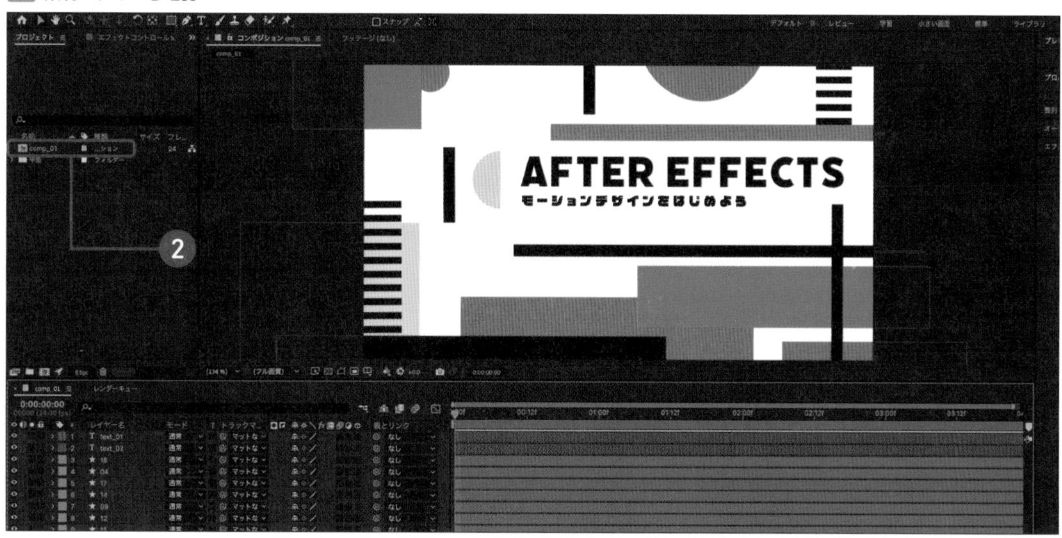

Step.2 3Dにするための準備

3D化するための設定や画面の調整をおこないます。背景［bg］以外のレイヤーについて、3Dスイッチ（立方体のアイコン）の列をそれぞれクリックしてキューブアイコンをつけ、3Dレイヤーとして扱えるようにしておきましょう 03。3Dレイヤー化ができると、X/Y/Zの座標を持った「変形ギズモ」と呼ばれるアイコンが表示されます 04。

❶［bg］レイヤー以外のレイヤーの3Dスイッチをオンにする。［bg］は3Dにせずレイヤーをロックする
❷ツールバーの「軸モード」の項目が「ローカル軸モード」になっていることを確認

03 3Dレイヤーのスイッチを選択

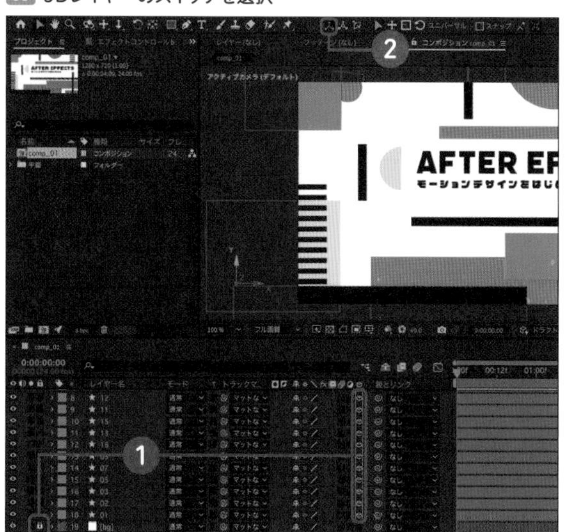

04 変形ギズモ

After Effectsの3D環境には[クラシック3D]と[camera4D]の2つがあります。今回はクラシック3Dを使用します 05。

❸コンポジションパネル右下部の3Dメニューからコンポジションレンダラーが[クラシック3D]になっているかを確認

05 クラシック3Dを選択

3D化するにあたって、レイヤー構造とカメラとの関係性や、実際の完成イメージを並列で確認するため、[レイアウト]を[2画面]に変更します 06。そして、右画面(ビュー)を[アクティブカメラ] 07、左画面を[カスタムビュー1] 08 にしておきます。

❹コンポジションパネルからビューのレイアウトを2画面に変更
❺右ビューを選択する(選択するとビューの四方に青い三角がつく)

06 右ビューを選択

❻コンポジション右下の3Dメニューから3Dビューを[アクティブカメラ]に変更

07 右ビューをアクティブカメラにする

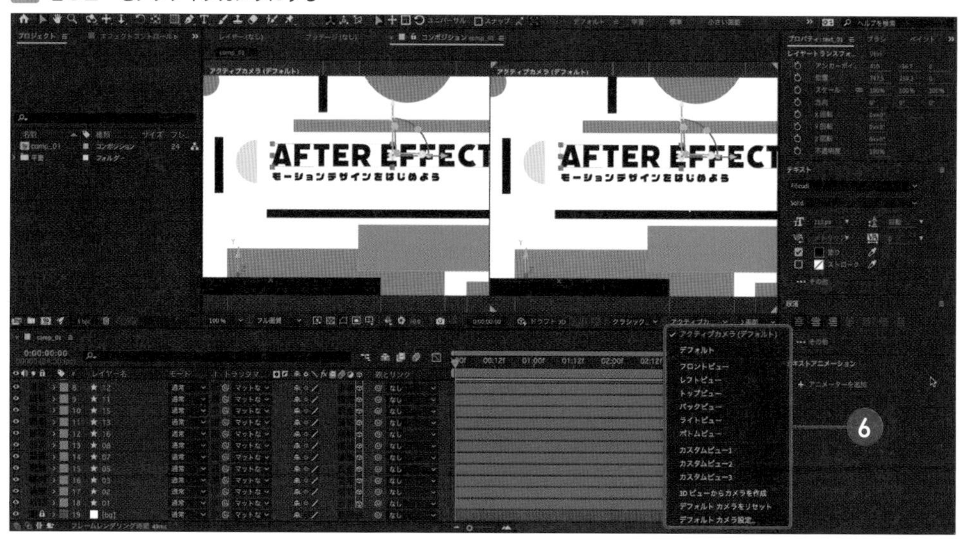

❼左ビューを選択する（選択するとビューの四方に青い三角がつく）
❽コンポジション右下の3Dメニューから3Dビューを[カスタムビュー1]に変更

08 左ビューをカスタムビュー1にする

memo

上部のメニューバーの中央に表示されている「軸モード」は3Dスイッチがアクティブになっているときにのみ表示・変更が可能。デフォルトはローカル軸モードなので、はじめて触るのであれば変更の必要はない。

Step.3 レイヤーを3D空間で動かす

［カスタムビュー1］は3次元空間の斜め上からコンポジションを見下ろすような視点になっていて、レイヤーの「奥行き」を確認しやすいのが特徴です。これを利用して、コンポジションパネル（［カスタムビュー1］）上に配置されているレイヤーの変形ギズモのZ軸（青色）をドラッグ操作して、奥行きを変更していきます 09 10。

❶左ビューに表示されているシェイプを選択。変形ギズモを操作して奥行き（Z軸）方向に移動させる。数値を上げると奥に、数値を下げると手前に移動する
❷移動すると右ビューのデザインの位置と大きさが変わるので確認しながら作業をおこなう
❸移動はプロパティパネルの［位置］にある数値を変更しても可能

09 青いシェイプの奥行きを調整した例

10 シェイプの奥行きが変わるとアクティブカメラの見た目も変わる

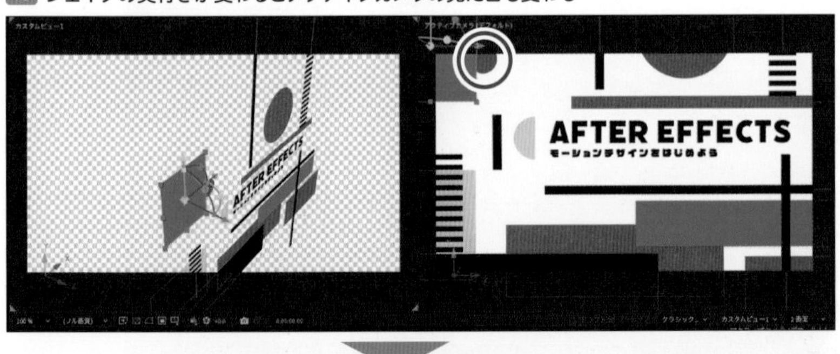

memo

慣れてきたらキーフレームを作り、トランスフォームの［移動］などを設定するとよい。

Step.4 カメラレイヤーを配置

「カメラレイヤー」を作成します 11 。メニューバーからの実行のほかに、レイヤーのなにもない所を右クリックしても作成可能です。ダイアログが開いたら設定をします 12 。

❶メニューバーの[レイヤー]メニュー→[新規]→[カメラ]でカメラレイヤーを追加

11 カメラレイヤーを作成

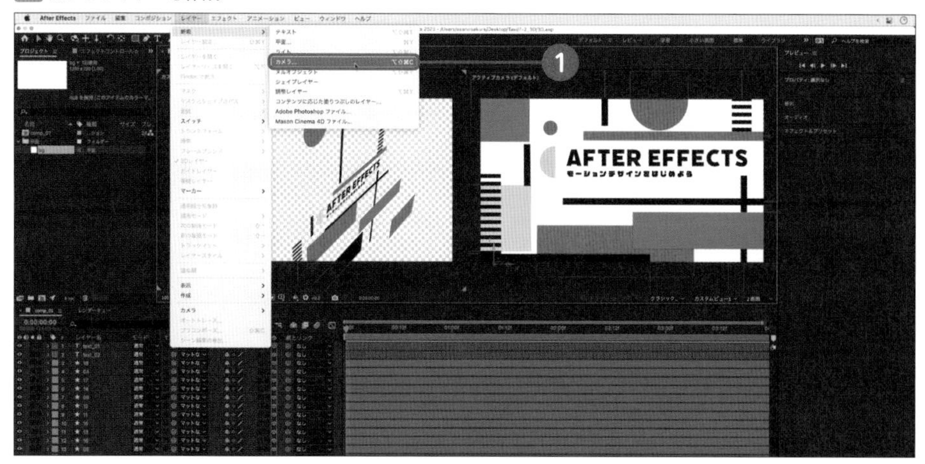

❷[カメラ設定]のダイアログが開く
❸カメラのタイプは2ノードカメラにし、プリセットは50mmにして［OK］をクリックするとタイムラインにカメラレイヤーが追加される

12 カメラ設定

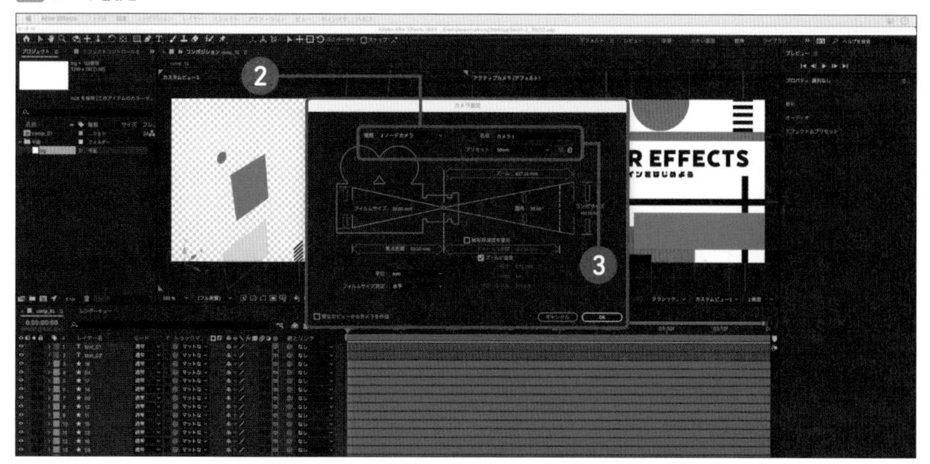

Step.5 カメラを動かす① 入る動き

ビューレイアウトから切り替えられる［トップビュー］は、カメラレイヤーに備わっている「カメラ」を真上から見た状態でカメラの位置を確認できます（真俯瞰からの見た目のため、特に位置などを設定していないオブジェクトは見えにくくなります）13。カメラの［位置］は通常のトランスフォームプロパティと同様にキーフレームで制御が可能です 14。はじめに左から中央へ移動する動きをつけていきましょう 15 16。

❶左のビューをクリックして選択し［カスタムビュー1］から［トップビュー］へ変更する
❷［トップビュー］の［拡大率］を小さくすると、画面外にカメラの設定を確認できる（赤い三角形状の表示）
❸メニューバーの「軸モード」を「ビュー軸モード」に変更する

13 トップビューと軸モードの変更

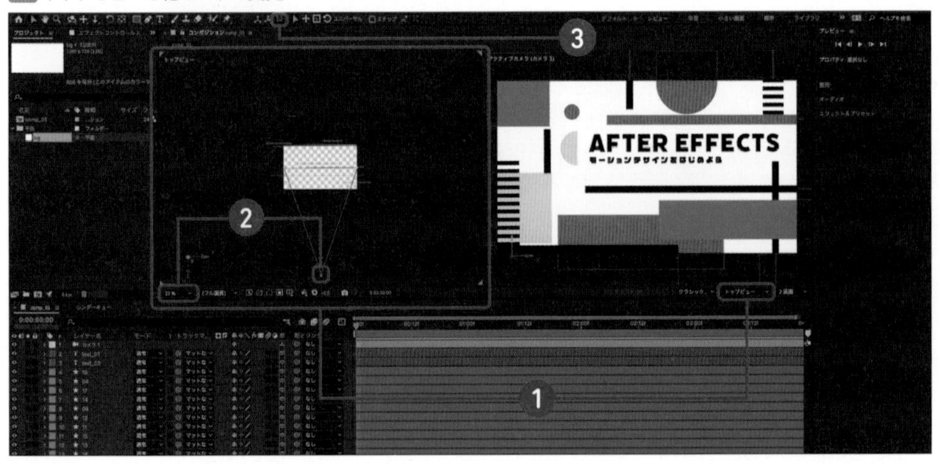

❹時間インジケーターが0フレームの位置になっているかを確認
❺カメラレイヤー ［カメラ1］の「トランスフォーム」→「位置」プロパティを開く
❻ストップウォッチをクリックし0フレーム目にキーフレームを追加

14 キーフレームを追加

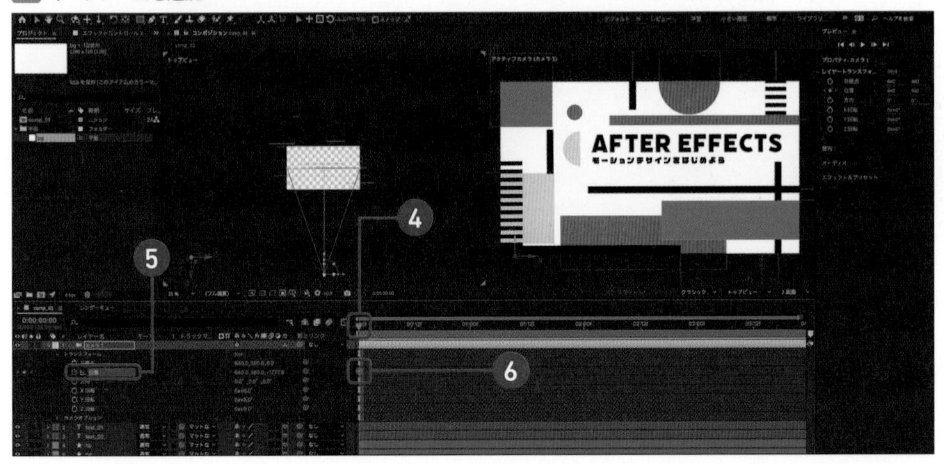

❼選択ツールでコンポジションパネルの［トップビュー］に表示されているカメラレイヤーのX軸の矢印（赤軸）を選択し、［command or Ctrl］キーを押しながら左へドラッグしてカメラの視点を移動する（ドラッグ操作のみの場合、目標点も移動してしまうので注意する）

15 左からカメラの位置がスタートする

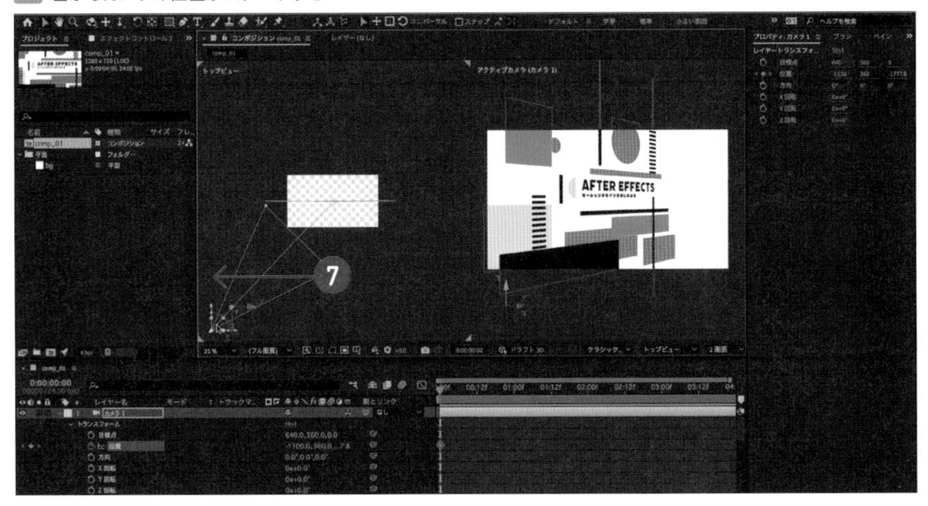

❽時間インジケーターを1秒めに移動する
❾［トップビュー］（左側）から、再度X軸の矢印（赤軸）を選択し、［command（Ctrl）］キーを押しながら左へドラッグしてカメラの視点を元の位置へ移動する

16 カメラが左から中央へ移動する

Step.6 カメラを動かす②　出る動き

入る動きができたら、同じように出る動きを作ります。最終的には、カメラレイヤーを4つのキーフレームで左→中央→右、という位置にしていきます17。

❶左タイムラインの時間軸を3秒めに移動する
❷タイムラインパネルからカメラレイヤーの［トランスフォーム］→［位置］プロパティで、現在の位置にキーフレームを追加する。ストップウォッチではなくキーフレーム追加ボタン(左側のダイヤのマーク)をクリックする
❸時間軸を4秒の手前に移動する
❹［トップビュー］(左側)から、再度X軸の矢印(赤軸)を選択し、[command or Ctrl]キーを押しながら中央から右へドラッグしてカメラの視点を右へ移動する

17 カメラが中央から右へ移動する

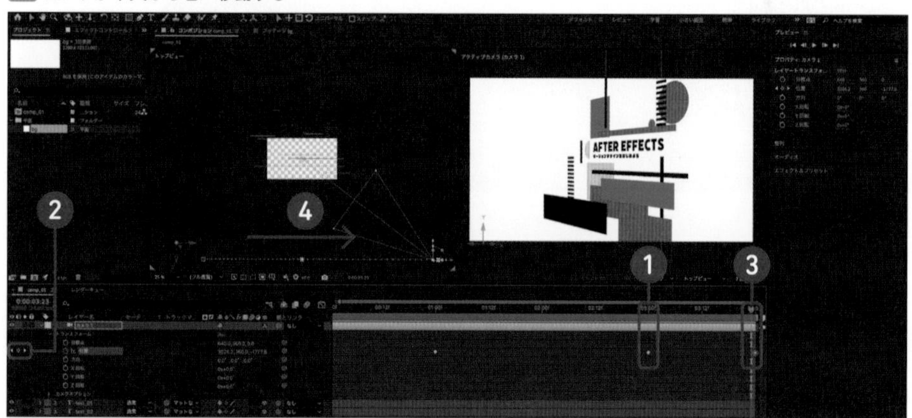

Step.7 カメラの動きにイージングをつける

カメラはほかのレイヤーと同様にイージングをつけることができます。カメラの動きに緩急がつくことで、より印象的な仕上がりになります18～20。

❶タイムラインパネルのカメラレイヤーのキーフレームをすべて選択する
❷右クリックして［キーフレーム補助］→［イージーイーズ］を適用する

18 イージーイーズを設定

❸[グラフエディター]を表示する
❹[速度グラフ]を表示する

memo

グラフが表示されない場合はまず、レイヤーの[位置]がきちんと選択されているかを確認する。

19 イージーイーズのグラフ

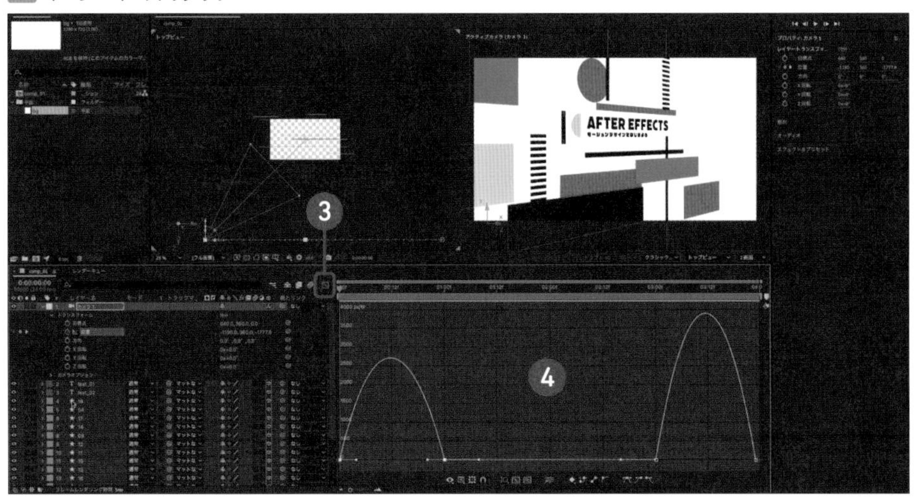

❺0秒から1秒の入ってくる動きはカーブの山のピークが左にくるようにハンドル(黄色)をドラッグして調整
❻3秒から4秒（付近）の出ていく動きはカーブの山のピークが右にくるようにハンドル(黄色)をドラッグして調整

20 速度グラフの調整例

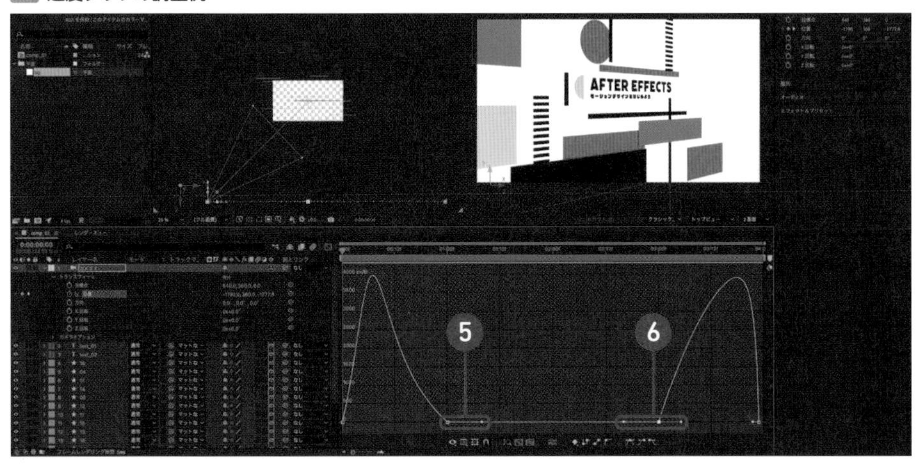

さらに個別のシェイプにモーションを加えると、より楽しい作品に仕上がります。カメラレイヤーの表示を非表示にしてから、それぞれのシェイプを選択し、プロパティ→[トランスフォーム]の[回転]や[移動]などのモーションをつけていきましょう。最後にカメラレイヤーの表示をオンにして動きを確認します。

INDEX 用語検索

英数字

50音

あ

か

さ

た

INDEX

著者プロフィール

浅野 桜 （あさの・さくら）

株式会社タガス代表 デザイナー

印刷会社、メーカー勤務を経て株式会社タガスを設立。Adobe Community Evangelist。印刷物やWebサイトに関するデザイン制作や運用のほか、書籍執筆や各教育機関や企業研修の講師を勤める。近著に『イラレの5分ドリル』『フォトショの5分ドリル』（翔泳社）、『Illustratorデザイン 仕事の教科書　プロに必須の実践TIPS&テクニック』（MdN）など。After Effectsはまだまだ初心者。

https://www.tagas.co.jp/

山下 大輔 （やました・だいすけ）

映像講師。モーション研究員。プロアマ問わずPremiere ProやAfter Effectsの講座や授業を行う。そのほかにも記事や書籍の執筆、イベント登壇などを生業としている。理解して進んでいくをモットーに日々興味のある研究を続けSNSで発信。X（旧Twitter）では、ヤマダイ（@ymrun_jp）の名前で、モーデザの作例を発信中。

［ カバー・装丁・本文デザイン ］　佐藤理樹（アルファデザイン）
［ DTP ］　佐藤理樹（アルファデザイン）
［ 編集 ］　小関 匡
［ 編集協力 ］　鈴木映利佳、梶原彩花、江口仁盛、Lottie Files

Webデザイナーのための
モーションデザインことはじめ

2023年11月25日　初版第1刷発行

［ 著　者 ］　浅野 桜、山下 大輔
［ 発行人 ］　新 和也
［ 発　行 ］　株式会社ボーンデジタル
〒102-0074
東京都千代田区九段南1丁目5番5号 九段サウスサイドスクエア
Tel：03-5215-8671
Fax：03-5215-8667
https://www.borndigital.co.jp/book/
お問い合わせ先：https://www.borndigital.co.jp/contact
［ 印刷・製本 ］　音羽印刷株式会社

ISBN978-4-86246-573-3
Printed in Japan